温室园艺
作物生产优化技术

Greenhouse horticulture
TECHNOLOGY FOR OPTIMAL CROP PRODUCTION

[意] 塞西莉亚·斯坦盖利尼　　[荷] 伯特·范·奥斯特　[荷] 埃普·赫弗利恩克　　著
Cecilia Stanghellini　　　　Bert van't Ooster　　　Ep Heuvelink

钱田　杨坤　戴剑锋　译
戴剑锋　审校

人民东方出版传媒
People's Oriental Publishing & Media

东方出版社
The Oriental Press

图字：01-2021-7064

GREENHOUSE HORTICULTURE

Cecilia Stanghellini，Bert Van't Ooster and Ep Heuvelink

First published in 2019 by Wageningen Academic Publishers

© Wageningen Academic Publishers，The Netherlands，2019

Translation rights arranged with the permission of Wageningen Academic Publishers.

图书在版编目(CIP)数据

温室园艺：作物生产优化技术/(意)塞西莉亚·斯坦盖利尼
(Cecilia Stanghellini)，(荷)伯特·范·奥斯特(Bert van't Ooster)，
(荷)埃普·赫弗利恩克(Ep Heuvelink)著；钱田，杨坤，戴剑锋译.
—北京：东方出版社，2022.4

书名原文：Greenhouse horticulture：Technology for optimal crop production

ISBN 978-7-5207-2509-5

Ⅰ.①温⋯　Ⅱ.①塞⋯　②伯⋯　③埃⋯　④钱⋯　⑤杨⋯　⑥戴⋯
Ⅲ.①温室栽培　Ⅳ.①S62

中国版本图书馆 CIP 数据核字(2021)第 272116 号

温室园艺：作物生产优化技术

(WENSHI YUANYI：ZUOWU SHENGCHAN YOUHUA JISHU)

作　　者：[意]塞西莉亚·斯坦盖利尼　[荷]伯特·范·奥斯特
　　　　　[荷]埃普·赫弗利恩克
译　　者：钱　田　杨　坤　戴剑锋
审　　校：戴剑锋
责任编辑：张洪雪　杭　超
出　　版：东方出版社
发　　行：人民东方出版传媒有限公司
地　　址：北京市西城区北三环中路 6 号
邮政编码：100120
印　　刷：北京雅昌艺术印刷有限公司
版　　次：2022 年 4 月第 1 版
印　　次：2022 年 4 月北京第 1 次印刷
开　　本：710 毫米×1000 毫米　1/16
字　　数：354 千字
印　　张：21.5
书　　号：ISBN 978-7-5207-2509-5
定　　价：129.00 元
发行电话：(010)85924663 85924644 85924641

内容简介

　　本书为作物生长和发育以及温室栽培和气候管理的技术方面提供了一种综合方法。它分析了作物产量与周围气候之间的关系，并且解释了设施中环境变化的原因和过程。有了改变环境的能力，种植者就需要在技术成本和收益之间找到平衡。本书概述了方法，并提供了一些示例来描述如何对技术设备作出"最优"的选择。

　　本书讨论了作物地上部和根系环境的可持续管理及其利弊，也讨论了当今热门的植物工厂。本书所述的过程，例如作物生长、能量平衡和质量交换，适用于任何类型的温室。因此，尽管有"技术"一词，但它不只适用于高端温室，而是适用于所有温室类型。

　　《温室园艺——作物生产优化技术》是一本易于阅读的教科书，适用于所有对设施种植感兴趣的人：从大学生到教师，从该领域的专业顾问到园艺公司的管理者，都能从这本书中受益。

自 2008 年起，兰桂骐公司组建调研团队开始了针对国内外农业发展的深入调研和学习。当时我们经常感到焦虑的，是中国农业和欧美等发达国家农业的巨大差距。近年来，随着国家对农业与农村发展的高度重视，特别是党的十九大提出"实施乡村振兴战略"把"三农"工作提高到国家战略层面，越来越多的企业投入到现代农业的行业，中国农业即将迎来高速发展的黄金时期。但是，很多的农业企业把更多的精力投入到设施、装备、设备等硬件领域，对农业知识和技术的重视程度相对较弱。

我认为，科技是引领时代发展的核心生产力，而人才则是科技的核心基石。兰桂骐以"科学探索自然奥秘，科技守护人类健康"为愿景，以知识和技术赋能中国现代农业为公司核心工作，多年间持续达成并深化与国内外顶尖科研院校和企业的合作，更是在 2018 年成为中国首家与荷兰瓦赫宁根大学联合培养博士的民营企业。

与荷兰瓦赫宁根大学的合作，源自我们对荷兰农业发展的关注。荷兰作为一个国土地域狭小，自然条件先天不足的欧洲国家，创造了农业产值仅次于美国，位居全球第二的惊人成绩，堪称世界农业史上的奇迹，非常值得我们深入学习。这背后的重要原因之一，就是对知识和技术的重视和不断加深的累积。以高度自动化和机械化为特色的现代温室体系是荷兰农业最具特色的显著优势，这一优势背后我们可以看到，荷兰瓦赫宁根大学保持着世界顶级的温室科研技术水平，荷兰代尔夫特理工大学有着建筑学、工程学领域世界领先的技术积累，等等如是。知识与技术在荷兰农业奇迹的背后发挥着重要的支撑力量，这个力量，中国农业也需要。

在与荷兰、日本等国农业科研机构和高校的深入交流中，我发现国外有很多非常优秀的专业教材和书籍，往往是因为语言或版权问题无法很好地被中国读者学习使用。这本书就是一个很好的例子。2019 年，兰桂骐欧洲事业部的钱田博士给我提到这本书时，我们经研究后很快就决定要将其翻译出版，传递给中国读者。本书英文原著作者之一，Ep Heuvelink 教授，恰好是兰桂骐在瓦赫宁根大学在读博士周小寒的导师，Cecilia 老师也在温室园艺技术培训领域与兰桂骐有良好的合作，他们知道兰桂骐公司具备专业的能力将此书翻译好，精准的传递原文信息。这样，在原著作者们的信任和支持下，我们很快和瓦赫宁根学术出版社就本书简体中文版权的引进和出版达成了共识。

本书内容的亮点，是它系统性地阐述了现代温室领域的技术和原理，并将理论与实际案例相结合，授人以渔。这也是兰桂骐在技术研发过程中始终提倡的：科研与应用结合、理论与实践结合。我期待这本书能成为中国温室园艺教育工作者的有益教材和工具，给广大的中国温室园艺读者带来更多的启发。希望温室园艺领域的专家、老师、同行们，以及广大读者对本书翻译不妥之处多提宝贵意见，我们将继续努力，在以后公司发展的道路上，将更多这样优秀的书籍带给大家。

谢谢！

兰桂骐公司董事长

2021 年 12 月 21 日于上海

近年来，我国设施园艺发展迅速，产业规模不断扩大，有效保障了蔬菜、瓜果、花卉等园艺产品的周年稳定供给。然而，与荷兰等发达国家相比，我国设施园艺产业仍处于一个相对低效的水平，机械化率不到35%，产量水平和土地利用率仍较低，虽然引进了多个国家的现代化温室，但由于投资与能耗成本较高，难以实现可持续运行，因此，我国设施园艺产业面临提档升级，亟须探索一条适合中国气候特征和经济水平的发展之路。荷兰是一个光热资源并不占优势的欧洲小国，全年光照严重不足，历年平均日照时数仅为1484小时，但荷兰人硬是以超凡的智慧，把气候温和的优势发挥到了极致，把光照不足的缺陷减少到最低，从而把温室产业做到世界最好。荷兰温室技术发展的很多经验值得我们学习和借鉴。第一，以光为核心的覆盖材料与结构轻简化技术创新，通过采用高透光玻璃覆盖与纹洛(Venlo)型结构，合理设计采光屋面角、最大限度地提高了覆盖材料的透光率，减少了骨架阴影等，大幅提升了光热效率；第二，通过岩棉基质材料的创新，使营养液栽培技术得以广泛应用，大大提升了温室管理效率和栽培控制水平；第三，通过温室模拟气候控制技术创新，使温、光、水、气、肥等环境因子自动控制成为可能，管理效率大为提高。总之，荷兰基于本国气候特征探索出了一条适合自身发展的设施园艺创新之路，非常值得我们借鉴。

《温室园艺——作物生产优化技术》一书就是荷兰学者最近几十年来在设施园艺领域技术探索的全面总结，该书是在瓦赫宁根大学一门非常受欢迎的课程 Greenhouse Technology 的基础上编辑完成的，作者塞西莉亚·斯坦盖利尼、伯特·范·奥斯特、埃普·赫弗利恩克是这门课程的主讲教师。2005年我在瓦赫宁根大学做访问学者时，导师 G. P. A. Bot 教授也是"温室环境与物理模型"课程的主讲教师，他建议我抽空听一下这门课程，我在导师的建议下参加了全程听讲，非常巧合的是当时还与本书译者之一钱田博士在同一个班上课。由于该课系统全面，深入浅出，信息量很大，是一门非常难得的专业课程，回国后我还多次安排我的助手和博士生们专程去荷兰旁听这门课。

该书以温室为载体从工程学、物理学与植物科学三个维度展开系统论述，通过"绪论"、"作物——光合生产机器"、"辐射、温室覆盖材料与温度"、"湿空气性质、空气处理的物理学原理"、"通风与质量平衡"、"作物蒸腾与温室湿度"、"作物与环境因子"、"温室加温"、"降温与除湿"、"温室补光"、"CO_2 施肥"、"作物地上部环境管理"、"根系环境管理：如何限制排放"、"植物工厂"、"展望未来"十五个章节详细介绍了温室所涉及的理论方法与关键技术，尤其是以"光"为切入点，分析了 1% 光照产出 1% 生物量的原理，着重强调覆盖材料以及结构优化对增加温室透光的重要性；以作物体为对象，分析了作物模型的构建原理，以及实现最优控制的途径与方法；通过以热辐射为基础，分析了热物理模型构建的理论方法，并提出了节能环境控制的技术途径；通过对作物根系环境的系统分析，介绍了水肥管控的技术路径；通过以 LED 技术应用为突破口，介绍了垂直农场的原理与方法，为未来农业的发展提出了展望与实现途径。该书无论对从事温室研究的学者，还是对从事温室管理的工作人员及相关专业都是一本很好的参考教材。

我与本书作者塞西莉亚·斯坦盖利尼、伯特·范·奥斯特、埃普·赫弗利恩克相识多年，多次邀请塞西莉亚和埃普来中国访问与交流，他们也非常希望能把荷兰的技术与中国实际结合起来，为中国设施园艺发展作出一些贡献。三位译者钱田、杨坤、戴剑锋都是活跃在设施园艺一线的青年技术骨干，尤其是在为荷兰技术与中国的结合方面作出了重要贡献，这次他们花费了大量心血将该文稿翻译成中文，也是希望更好地把荷兰的好技术好方法介绍给广大中国读者。钱田博士希望我为该译著作序，我欣然答应，写了上面的话，仅供参考。值此《温室园艺——作物生产优化技术》出版之际，谨向所有作者和译者们表示热烈祝贺！

中国农业科学院都市农业研究所

2021 年 8 月 12 日

长期以来，我国的设施农业教育重点关注日光温室、塑料大棚园艺业，培养了一大批适合生产实际的设施农业人才，研发推广了多种类型的覆盖产前、产中、产后各环节的设施技术和装备，基本满足了设施农业发展的需要。这些年来，我国各地通过全面或者部分引进国外技术装备建设的智能温室面积约有 5.5 万公顷，但是对以智能温室为代表的现代园艺业知之甚少，大多局限在设施设备层面，作物单产水平与当今世界最高水平依然相差 2 倍左右，可以说 5~10 年内难以企及，至于其原因，众说纷纭，往往简单地归结于设备、气候、管理等；各地政府对于是否应该发展以智能温室为代表的温室园艺业态度不一，大都认为温室成本太高、回报时间太久，不实用。

多年以来，我们对以智能温室为代表的现代园艺业研发投入少，知识体系不完善，工艺、工程水平低；同时，实验室研究多于实际应用，导致智能温室从设计到生产经营的多个环节知识缺乏、技术和装备不到位，核心技术装备大多依靠进口，对智能温室技术窥一斑而难以知全豹。智能温室园艺业是典型的资本、知识和技术密集型产业，是集农业、生物、物理、信息、建筑、环境等于一体的系统工程，人才培养必须着眼于智能温室建设和生产的系统性。

目前，北京市正在积极推进智能温室建设，从往年的建设经验看，专门从事智能温室园艺业的专业技术人才和掌握生产技能的产业工人匮乏是主要制约因素，亟须开展系统的教育和培训。但是，国内现有的设施农业教学资料难以满足需要。

荷兰是现代温室园艺业最发达的国家，这主要得益于瓦赫宁根大学的专家学者们对智能温室技术全面、系统的研究和运用。《温室园艺——作物生产优化技术》一书在瓦赫宁根大学多位从事物理、农业、系统工程研究的科学家的共同努力下，经过多年教学实践，内容不断完善，适合于多领域人员学习使用。本书从温室作物生理、温室气候变化、影响温室园艺作物生产的各种因素、温室气候的系统控制到现代化的植物工厂，解释了在温室中形成特定气候环境的过程，并分析了作物生产与环境之间的关系，既介绍了温室园艺业的基础知识，也推荐了一批实用技术，相对于国内的同类教材，系统、全面、实用，对于培养新型智能温室生产的现代专业技术人才和技能工人是一本不可多得的教材，能够满足当前国内智能温室园艺业对知识和技术的需求。正如作者所述，该书以温室园艺业背后的基本原理来引导人们，留给每一位学生和专业人士思考的空间，指导他们用自己的方式去处理温室中存在的各种问题。希望每一位从事智能温室学习、研究、生产经营的人员都能潜心学习，深入思考，举一反三，增强知识的系统性和熟练程度。

参与本书翻译的三位学者长期从事智能温室的理论研究和实践，有多年在荷兰瓦赫宁根大学和国内农业高等院校学习和工作的经历，在温室作物栽培生产、气候环境调控等方面积累了丰富的经验，保证了将英文原著译成中文的质量。相信《温室园艺——作物生产优化技术》一书的出版，必将对促进我国智能温室产业发展发挥极其重要的作用。

北京市农业农村局副局长、一级巡视员

2021 年 8 月 20 日

6

只有理解作物生产过程中的决定因素，才能保证良好的温室管理。这些决定因素指的是温室小气候及其对作物的影响，而温室小气候又会受到温室外界环境、温室结构以及对温室内部设备管理的影响。

我们在瓦赫宁根大学开设的"温室技术"课程是植物科学、物理学和工程学三门学科的独特组合。这是三门不同的学科，由于各自使用的专业术语不同而严重阻碍了学科间的重要交流。在教学过程中我们发现，"植物科学"专业的学生很难理解技术工程方面的知识，而"生物系统工程"专业的学生也很难理解植物生理方面的知识。

所以，很长一段时间以来，我们觉得有必要编写一本涵盖温室技术相关内容的图书。同时，当我们在世界各地讲课或者在瓦赫宁根大学每年举办的夏季培训中教授温室园艺课程时，有人经常会问我们："你们能不能推荐一本涵盖温室园艺相关内容的教材？"随着"温室技术"这门课连续两次获得瓦赫宁根大学优秀教育奖，更加坚定了我们写这本书的决心。

市面上温室园艺方面的书很多，但是，据我们了解，没有一本书将作物生理、温室栽培和气候管理技术方面的内容融为一体。本书填补了以上空白，阐释了在温室中产生特定环境的过程并分析了作物生产与环境之间的关系。本书概述了作物生产的方法，并通过权衡成本和收益，给出了通过技术及其操作作出最佳策略选择的例子。

尽管书名中有"技术"这个词，但这绝不意味着本书只针对温室高科技。在"温室技术"这门课中，荷兰学生的比例不到一半，我们希望这本书对全世界温室园艺的大学生和专业人士是有益的。我们坚信这个目标是能够实现的。

我们在写这本书的时候是有选择性的，因此本书没有涉及温室作物技术领域的所有方面。例如，本书没有涉及劳动力管理和机器人技术这两方面的内容。同时，温室小气候是通过静态方程来模拟计算的。本书的目的不是告诉读者处理问题的某种特定"经验"，而是帮助读者理解温室园艺背后的原理，从而让他们有能力去应对和处理温室管理中出现的各种不同的问题。

　　我们感谢自由撰稿人 Tijs Kierkels，他根据我们的课程制作了大纲，这也是本书各章节的由来。我们也特别幸运同事们用丰富的温室专业知识帮助我们完成本书。在这里特别感谢 Esteban Baeza、Sjaak Bakker、Jouke Campen、Silke Hemming、Frank Kempkes、Leo Marcelis、Rachel van Ooteghem 和 Wim Voogt 对本书编写过程中几个章节的阅读和修改。感谢 Luca Incrocci（意大利比萨大学）、Ignacio Montero（西班牙农业食品研究与技术研究所）以及很多匿名的评阅人对本书一些章节的阅读和修改。当然，如果本书中还存在一些错误，那是我们造成的而不是以上人员所致。

　　最后，我们感谢瓦赫宁根学术出版社，特别感谢 Mike Jacobs，感谢他们的热情和支持，让本书的出版成为可能。

Cecilia Stanghellini、Bert van't Ooster、Ep Heuvelink

温室园艺现代化发展的关键在于人，培养新型职业农业专业人员即培养中国农业的未来。温室园艺现代化要取得质的飞跃，要实现高产、优质、高效、生态、安全的温室生产方式，就迫切地需要依靠科技进步和提高劳动者素质。新型职业农业专业人员，是指能够依据科学文化、在现代农业生产系统中进行专业农事管理和操作的专业农业从业人员。他们与传统的农民有本质的区别。

20 世纪 90 年代开始，中国从美国、以色列、荷兰等国引进了先进的现代温室设施设备，同时也自主研发了农业机械化、自动化、智能化设施设备。然而，与之匹配的专业农业人员紧缺，即农业从业人员的专业水平与先进的设施设备不匹配。他山之石，可以攻玉，但温室园艺的专业性、季节性、地域性极强，这就要求我们不能生搬硬套，而需要在理解温室园艺背后的原理后，根据当地实际情况，因地制宜地制定针对性的种植管理策略。理解作物生产过程中的决定因素才能保证良好的温室管理。温室设施因提供作物生长所需环境而存在，因此，管理好温室生产需要充分结合植物科学和生物系统工程学两个领域的知识。这本书将这两方面的知识很好地结合在了一起。

关于温室园艺的中文教材很多，但据我们了解，多数教材是针对传统日光温室和塑料拱棚来进行介绍的，目前还没有哪本教材针对现代温室最新设施设备，将植物生理、作物栽培和环境控制技术相结合，从理论与实践相结合的角度来讲解和论述温室园艺。显然，教材和知识已经落后于国内温室园艺的发展速度。这本教材则恰好满足当前国内温室生产对知识和技术的需求，为了便于中国使用者的阅读，特将此英文原著译成中文，以填补以上空白。

本书的翻译出版得益于上海兰桂骐技术发展股份有限公司。兰桂骐始终认为，相对于设施设备，知识和技术在农业发展中的重要作用往往被低估了。人才，是农业发展的核心与关键驱动力，通过理论与实践结合的农业教育，才能为中国现代农业的发展提供真正的原动力。上海兰桂骐技术发展股份有限公司,以"为中国粮食安全、乡村振兴、'三农三产'融合发展贡献兰桂骐力量"为使命,以"科学探索自然奥秘、科学守护人类健康"为愿景,以"掌握现代农业关键核心技术"为奋斗目标,通过研发、孵化与践行农业科研与创新成果,力求为解决中国食品安全和粮食安全问题、为实现乡村振兴中国梦作出贡献。兰桂骐于2018年开始与瓦赫宁根大学开展深度的农业科研合作,期间发现了这本优秀的教材,于是决定将此书翻译成中文版本,服务于中国温室园艺职业农业专业人员。

本书由钱田、杨坤、戴剑锋三位译者基于多年的教学、科研和生产应用经验完成翻译。全书共分15章,钱田负责第3、4、5、6、8、9、10、11章以及前言、目录和缩略词对照、译者简介和封底的翻译,杨坤负责第1、2、7、12、13、14和15章的翻译,戴剑锋负责全书内容的审校(校译、润色)、统稿、定稿以及出版前的校稿工作。

最后,我们感谢上海兰桂骐技术发展股份有限公司,感谢参与本书翻译和出版工作的所有同事。感谢关心和支持本书出版的各位专家和老师。感谢东方出版社的支持让这本书顺利出版。感谢上海交通大学黄丹枫教授认真细致的阅读和提出的宝贵建议。

由于译者水平有限,不当之处在所难免,敬请各位专家、学者和广大读者不吝指正。

钱田 杨坤 戴剑锋

2022 年 1 月 3 日

AR	anti-reflection	抗反射
AS	artificial solar light	人造太阳光
B	blue(light)	蓝(光)
CAM	Crassulacean acid metabolism	景天酸代谢
CFD	computational fluid dynamics	计算流体力学
CHP	combined heat and power	热电联产
COP	coefficient of performance	能效比,性能系数
COP_c	coefficient of performance for cooling	降温能效比
COP_h	coefficient of performance for heating	加温能效比
DFT	deep flow technique	深液流技术
DIF	difference between day and night temperature	昼夜温差
DLI	daily light integral	光照日总量
DMC	dry matter content	干物质含量
DoS	degree of saturation	饱和度
DROP	drop-in temperature	短时降温
DVR	development rate	发育速率
EC	electrical conductivity	电导率
ETFE	ethyl tetra fluor ethylene	聚氟乙烯
EVA	ethylene-vinyl-acetate	乙烯醋酸乙烯酯
FR	far-red(light)	远红(光)
FvCB	Farquhar-von Caemmerer-Berry	FvCB 光合模型
GR	growth rate	生长速率
HET0	high transpiration	高蒸腾处理
HI	harvest index	收获指数
HPS	high pressure sodium	高压钠灯
HU	heat units	有效积温
IR	infrared	红外线
LAI	leaf area index	叶面积指数
LAR	leaf area ratio	叶面积比率

LED	light emitting diode	发光二极管
LET0	low transpiration	低蒸腾处理
LUE	light use efficiency	光能利用率
LWR	leaf weight ratio	叶重比
NAR	net assimilation rate	净同化率
NDIR	non-dispersive infrared	非色散红外
NFB	net financial benefit	净经济收益
NFT	nutrient film technique	营养液膜技术
NIR	near infrared	近红外
PAR	photosynthetically active radiation	光合有效辐射
PC	polycarbonate	聚碳酸酯
PCR	photosynthetic carbon reduction	光合碳还原
PE	polyethylene	聚乙烯
PER	primary energy ratio	一次能源利用效率
PFAL	plant factories with artificial lighting	人工光型植物工厂
PMMA	poly methyl methacrylate	聚甲基丙烯酸甲酯
PPF	photosynthetic photon flux	光合光量子通量
PPFD	photosynthetic photon flux density	光合光量子通量密度
R	red(light)	红(光)
RGR	relative growth rate	相对生长速率
RH	relative humidity	相对湿度
RTD	resistance temperature detectors	电阻温度检测器
RUE	radiation use efficiency	辐射利用率
SAS	shade-avoidance syndrome	避荫综合症
SLA	specific leaf area	比叶面积
STES	seasonal thermal energy storage	季节性热能存储
TIR	thermal infrared	热红外
UV	ultraviolet	紫外线
VMD	volume median diameter	体积中径
VPD	vapour pressure deficit	饱和水汽压差
WUE	water use efficiency	水分利用率

目　录

照片来源：Biagio Dimauro，西西里大区

在世界各地,农业从发源到现在已经有大约 12000 年的历史了。尽管这对我们的生活已经产生了巨大的正面影响,但直到最近,农业的进步还"限于"根际环境的管理(耕作、播种、灌溉、施肥)。20 世纪的"化学"工业革命,不仅改变了施肥的概念,同时发展了化工品在植保中的应用。尽管如此,大多数农场主的目标仍然只是丰收,他们仍然要为霜、冻、雨、雪及干旱等恶劣气候环境而担忧,就更不用说应对抗药性越来越强的各种农业害虫以及应对减少杀虫剂使用的各种法规了。

1.1 为什么用温室?

人们对覆盖物在抵御上述自然灾害中的作用早已有所了解和应用。例如,罗马人曾经在有覆盖的保护地引种外来作物,保护设施的窗户使用的材料为透光性云母片。后来,玻璃制造工艺的改进实现了大尺寸高透光玻璃的量产,文艺复兴时期的设施橘园向阳的窗户使用了大型玻璃。不过事实上,直到 20 世纪上半叶,也只有非常特殊和罕见的外来植物才值得如此精心的呵护。在当时的荷兰,已经出现装配有加温炉和玻璃屋顶的设施用于葡萄种植,这是商业化设施园艺最早的尝试(图 1.1)。当然,葡萄并没有成为设施农业的"未来之星",当今荷兰 9500 ha 玻璃温室中鲜有葡萄栽培就证明了这一点。塑料产业的革命性进步,极大地降低了温室覆盖材料的成本。据估算,世界保护地蔬菜商业化种植面积在 50~200 万 ha 之间(具体数量取决于对保护地的定义),而在这当中,仅有 4 万 ha 为玻璃温室(Rabobank,2018a)。通常,设施园艺、温室园艺、可控环境农业(CEA)这三个词往往用来表达同一个概念,即生长环境可控的作物栽培系统。

图 1.1　在欧洲修道院和城堡的花园中所建的带有山墙的温室（左图：现代重建温室）和
橘园，能够满足反季节栽培的要求并可以种植外来作物，这也是商业化温室园艺发展的
第一步。随后，平板玻璃出现并得到应用（左图与右图前景），主要用于提前作物茬口
和收获、或用于露地作物的育苗。当平板玻璃被安装于一定高度、底下可以走人的温室
结构之上时，著名的文洛型温室由此产生（右图远景）。

　　事实上，作物的生长和发育过程受控于若干环境因素（图 1.2），我们意
识到，在先进的技术设备与封闭环境条件下，可以实现对作物生长和发育的
完全掌控。然而，这种对作物的完全掌控却不具经济可行性。尽管如此，温
室种植者仍然拥有很多大田（露天、露地）种植者梦寐以求的生产管理"工
具"，只是这些"工具"的使用"指导"太过缺乏。

　　因为园艺设施可以有效提高并保持环境温度，从而实现外来作物或反季
节作物种植，因此，早期的设施园艺主要集中在相对寒冷的地区。现在，我
们了解到园艺设施还有其他更多的作用，例如，在雨量充沛的亚热带地区，
相对于温室，露天环境温度和湿度都更有利于作物的生长，但具备遮盖物的
温室仍被广泛使用，以避免作物受到暴雨的损害。同样，在沙漠地区，尽管
纱网温室会遮光，有降低植物光合作用的弊端，但人们仍然利用纱网温室来
限制作物的过度蒸腾，并且防止叶片的日灼伤害。

　　世界设施园艺总面积的相关数据很难做到准确统计（表 1.1），一方面是
因为数据包含很多临时性结构的温室，另一方面，世界设施园艺面积一直在
不断增加，这使得任何数据都有滞后性。而驱动设施园艺规模不断增长的主
要因素，首先是全球消费者对高品质园艺产品（包括反季节蔬菜和进口产品）
的需求量不断增长。其次，物流和采后处理技术的发展也促使园艺产品跨区
域销售成为可能。

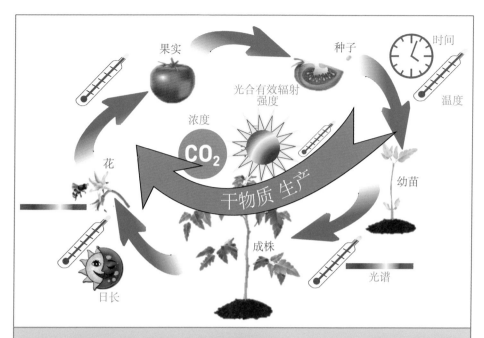

图1.2　上图描述了某植物的生命周期及其影响因子。由于生长(生物量积累)是植物进行任何发育活动的前提，因此，光合有效辐射(PAR)和 CO_2 浓度这两个决定光合速率的因子在作物生产过程中最为重要。温度对植物发育速率的影响最为显著，而在一定温度范围内植物的生长速率(光合速率)受其影响较小。现在我们开始逐渐了解到光谱在植物的许多生理活动中都起到重要作用，包括光谱对授粉昆虫、害虫及天敌的影响。

表1.1　世界各地区温室蔬菜生产的估测面积(单位：ha)			
	亚寒带至温带	地中海至亚热带	热带至赤道	合计
亚洲和大洋洲	2300	173400	100	175800
欧洲	47000	131000		178000
美洲	2400	6800	7300	16500
非洲		30200	100	30300
近东地区		74800		74800
总计	51700	416200	7500	475400

按照主要气候带进行分组(参考图1.8)。由于缺乏数据，上述估测面积未包含中国日光温室(框注3.8)和观光温室(Hickman，2018)。在一些发达国家(如荷兰)，观赏作物的种植面积很大，甚至与蔬菜作物面积相当。在非洲和美洲赤道地区的一些国家，特别是高海拔区域，观赏作物种植面积非常大，常常是蔬菜作物种植面积的几倍，主要用于出口。

荷兰 Rabobank 总结了一些决定温室产业在不同区域能否生存的"关键成功要素"(2000):

▶ 地理:产地与主要消费市场的距离;

▶ 气候;

▶ 生产资料/能源的成本;

▶ 国内市场:当出口受到阻断时,国内市场消化产品的能力;

▶ 人工成本;

▶ 资本:投资环境;

▶ 基础设施:物流、能源、电力、灌溉水源的可靠性;

▶ 技术储备:充足的劳动力和外延的服务;

▶ 政策环境:稳定的政策环境决定了投资规模。

事实上,世界上任何一个设施园艺生产区都拥有大多数上述有利条件。

可以肯定的是,设施栽培面积的增加在一些边缘农业用地尤为普遍,这要归功于相对较高的投资回报率以及(稀缺)资源的高效利用。那些由露地栽培转化而来的设施栽培模式,确实极大提高了单位土地面积的产出和效益。例如,西班牙东南部的阿尔梅里亚(图 1.3),拥有接近 30500 ha(Cajamar,2017)塑料大棚,正是这些设施园艺产业支撑着阿尔梅里亚在 2007 年经济危机前后的 20 年里始终保持着强劲的经济增长(Caja Rural Intermediterránea,2005)。

尽管设施园艺仅占农业总用地很小的一部分,但作为资本、劳动和能源密集型的作物栽培模式,设施园艺在地方经济、甚至在国家经济中都扮演着重要角色。例如,在荷兰,虽然温室种植面积仅占农业用地总面积的 0.7%(2016),但温室种植年收益已经超过每公顷 100 万欧元(KWIN,2017),占年度农业总收入的 20%(CBS,2018)。一般来说,从环境因素考虑,设施园艺生产主要集中在离城市较近的相对较小的城市郊区(图 1.4)。

当今世界的生产技术正在经历现代化革新以应对生产和市场全球化带来的日益激烈的竞争。除此之外,农业对环境污染、人们对食品安全的需求以及资源的短缺(如水资源)等等这些社会意识的提高,也迫使种植者应用更加可持续的种植技术。例如,为了应对主要出口市场越发严格的农药残留标准,阿尔梅里亚地区的温室种植者正在逐渐增加生物制剂的使用以防控虫害,仅从 2006 年至 2007 年，该地区害虫防治生物制剂的使用面积就从 3% 增长至 28%（Bielza 等，2008）。

图 1.3　阿尔梅里亚西部 Campo de Dalia 平原连片的塑料薄膜温室（白色区域）。图片来源：NASA 约翰逊航天中心地球科学和图像分析实验室（http://eol. jsc. nasa. gov）ISS008-E-14686，inset：ISS004-E-13199。

图 1.4　左图：几乎覆盖荷兰韦斯特兰地区每一寸土地的玻璃温室（照片来源：瓦赫宁根大学温室园艺档案）。右图：马来西亚吉隆坡附近的塑料薄膜温室（照片来源：Jouke Campen，瓦赫宁根大学及研究中心，温室园艺组）。

1.2　什么是温室？

　　一般来说，只要具备覆盖物并以某种方式改变作物生长环境的栽培模式，都可以称之为"设施栽培"。换句话说，这种栽培模式使用某种永久性或临时性的覆盖物在整个作物生长期保护作物以达到增产目的。如图 1.5～1.7 所示，满足上述"设施栽培"定义的栽培系统有很多种模式，因此，更多的详细描述（框注1.1）有助于我们更好地理解，在这里我们从欧洲食品安全局（EFSA）（2010：13～18页）提炼了一些保护地的定义，读者可以参照相应的图片来更好地理解此概念。

图1.5　设施栽培的两个极端例子：左图为意大利南部低矮的临时性塑料小拱棚；右图为荷兰高端玻璃温室，可以控制天窗、调控气候以及进行人工补光。照片来源：Cecilia Stanghellini。

图1.6　左图：比利时典型的草莓栽培设施，高屋顶、棚体部分覆盖。右图：葡萄牙的鲜食葡萄栽培设施，顶部配有防虫网和防鸟网。照片来源：左图，Paolo Battistel Ceres s.r.l.；右图，Frank Kempkes，瓦赫宁根大学及研究中心，温室园艺组。

图1.7　左图：智利Arica的网棚番茄种植；右图：意大利的连栋拱棚生菜种植。照片来源：Cecilia Stanghellini。

框注 1.1　不同类型的栽培保护设施及其作用。

简易低矮拱棚	被动升温，无加温设施，采收前拱棚可以完全移除。
高屋顶覆盖拱棚	主要用来防雨和防鸟，无加温设施。
遮阳网棚	适用于高光强、干旱的区域，保护叶片不受日灼，增加冠层环境湿度。
中型拱棚	屋顶高，空间大，无加温设施。
连栋拱棚	无加温设施，一般通过手动开窗和季节性涂白实现有限的控温。
高科技温室/玻璃温室	温室环境实现计算机自动控制。温度通过通风及加温控制，湿度通过喷雾及通风控制，CO_2浓度通过人工补充及通风控制，光照强度通过遮阳和人工补光控制。
植物工厂/垂直农场	生产过程完全避免外部干扰，全面控制所有生产要素。

"温室"指的是这样一类设施：结构足够高（人能够进去作业）、永久性（多年使用）、配有环境控制设施，如可开启的通风口用于通风控制。我们说的高科技温室，则是指装配了更为先进的环境自动化控制系统的温室。例如，具备（全部或者部分）通风系统（通风窗或风机）、加温系统、CO_2施肥系统、高压喷雾系统、降温系统、除湿系统、幕布系统和补光系统。通常情况下，"玻璃温室"常被用来描述这类高科技温室，因为玻璃温室一般都装配有上述部分或全部的环境控制设备和系统。但由于这些环控系统与覆盖材料并没有必然联系，所以在本书中玻璃温室一词我们仅仅特指以玻璃为覆盖材料的温室，并不一定就是高科技温室。

植物工厂则是与外界环境完全隔绝的一种栽培系统，其中的作物生产完全受控。这种生产模式最大的不足是必须使用人工光照来弥补阳光的缺失。Graamans 等（2018）的研究表明，只有当植物工厂的产品利润极大，或者传统生产中由于其他（稀缺）资源（如土地、水）短缺的投资能够平衡植物工厂的补光电力成本时，这种生产模式才具有经济可行性。

1.3　如何选择温室类型

如今，针对我们提到的各类温室系统，人们已经很清楚是哪些因素在影响着温室作物。最显而易见的一个因素就是温室环境，例如，在某些地区，种植者需要遮光以避免叶片灼伤，而在其他一些地区，种植者则无法在没有加温的条件下进行种植。某种程度上，目标作物是另一个重要的因素。例如，甜椒与蓝莓的温度控制策略截然不同。不过，只要选择适当的技术手段，我们就能够打破地域环境和品种特性的局限，在任何地方成功种植任何品种。而盈利能力才是真正的挑战所在。

决定特定地区的最适温室系统的终极因素是盈亏平衡点：温室产出产品的市场价值往往限制了生产成本的投入，进而限制了种植者对技术设备和资源的投入。大多情况下，温室的技术装备、尤其是安装在温室内部的设备数量，会随着纬度升高而增加，这主要是不同纬度的气候和当地消费市场规模的不同导致的结果(也有极少例外)。图1.8汇总了全球三种主要气候区域下运营典型温室所面临的挑战。

	限制因子	改进措施	结果
亚寒带至温带	冬季气温低 冬季光照不足	加温 人工补光	高能耗 或低产量
地中海至亚热带	春/夏季高温 冬季的临界气温和光照	通风和/或涂白	夏季无法生产 冬季低产
热带至赤道	高光照 高温	高海拔生产 蒸发降温 永久性遮光	有限的选择 高耗水量 低产量

图1.8　世界主要气候区温室生产的主要限制因子。这些限制因子有些能够通过设施的改进而减轻影响，有些则无法改变并影响生产。特定气候区有共同的主要限制因子(如表所列)，尽管该限制因子的影响程度不尽相同。

然而，有一些趋势可能会加速全球温室产业的变革。例如，由于反对通过化石燃料来进行温室加温的呼声日益高涨，寒冷地区的温室管理策略不得不作出相应调整。再比如，在温带区域，随着消费者可支配收入和食品安全意识的提高，农业生产会逐渐转变为需求驱动型。为了满足这些新增的需求，就需要在温室生产中应用更多的技术。

1.4 温室技术的不断优化

多年前,从荷兰种植者("世界上最好的种植者")积累的经验所衍生出来的一整套温室技术被世界各地广泛接受。然而,适合荷兰的温室技术不一定同样适合于其他地区(比如墨西哥)。除此之外,同一地区的环境也在不断变化,消费者的喜好也在改变。一些在当下有成本效益的策略在将来不一定可行,反之亦然。这也意味着,种植者当下采取的栽培策略放到未来不一定是正确的决策。因此,如果要深挖生产的潜力,设施园艺就需要从依靠经验转变为依靠科学知识,从环境、温室和作物三个层面去理解那些决定作物生产的步骤,进一步使种植者和专家认识到任何改变可能会带来的结果,并引导他们做出正确的决策(如图1.9)。

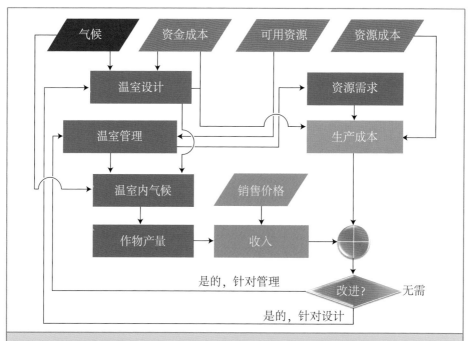

图1.9 温室决策体系。可以为温室设计和温室生产管理方面提供更合理的建议(Vant-hoor,2011)。环境保护的约束(例如对化石燃料的限制使用)限制了一些资源的使用。而其他一些资源也有可能在未来受到限制,例如水资源、技术工人等。

本书中,我们将会综合介绍温室小气候形成过程的理论知识以及这些小气候因子对温室作物生产的影响(图1.9中的蓝色方框)。本书中涉及的过程

（作物生长、能量平衡、质量交换）适用于任何类型的温室，因此，尽管有"技术"一词，但它不是一本仅适用于高科技温室的书。技术影响的是种植者改变温室内环境以提高农作物生产力的能力。因此，本书中的大部分示例所说的温室，指的是装配有种植者可能需要利用的某种技术的温室。

第二章
作物——光合生产机器

照片来源：Paolo Battistel Ceres s.r.l.

为了更好地了解和预测环境因子和作物管理(如种植密度调整、疏花疏果操作)对作物生长和产量的影响,就需要对作物生长习性有深刻的理解。本章我们将重点阐述作物产量及其内在运行机制,讲解植物(作物)生长分析的方法和原理,明确发育与生长的区别,并讨论光照截获、光合作用、呼吸作用以及同化产物分配等问题。对于本章没有深入讨论的内容如植物开花机理、植物激素等,建议读者参考专著《温室植物生理》(Heuvelink 和 Kierkels,2015)。

2.1　生长与发育

　　生长与发育这两个概念常常被认为含义相近,但严格意义上这两个概念是不同的。生长一般是指植株大小(如株高、面积或重量)的增加,影响生长的主要因素是光照和 CO_2。

　　而发育则是不同的过程,涉及作物新生组织或器官(如叶片或花朵)的形成,是作物从一个生命阶段向另一个生命阶段转变的过程。例如,从种子到幼苗的过程就是发育,相应的发育阶段称为"发芽"。接下来则是从幼苗阶段转变成为能够开花的成株阶段。需要注意的是,在这个发育阶段,生长伴随着发育同时进行。有时候发育过程会独立进行,但生长过程中,植株大小、体积和重量等指标的增长,是作物进入下一个阶段的前提条件。总之,幼苗必须具备一定的光合能力(叶面积)或者光合产物积累,才能支撑自身进行生长和发育。然而,生长与发育并没有直接关联,例如 50 天苗龄带一穗花的番茄幼苗,可能长得很大,也可能长得很小。显然,它们的发育阶段是相同的,但生长速率却有差异。发育可以定义为在生命周期中,植物生命体按照遗传程序而进行的系统性活动(图 2.1)。影响发育的主要因素是温度。一般来说,在发育阶段转变的过程中总是伴随着新生器官的形成。

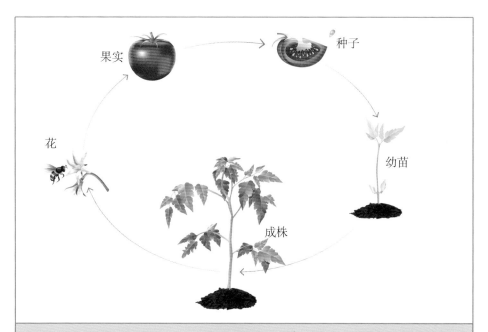

图 2.1　番茄生命周期示意图。番茄生命周期始于发芽的种子，出苗后（植株露出基质或土壤），进行营养生长（根、茎、叶），接下来生殖生长与营养生长并行，先分化出一穗花，然后长出三片叶，再发育出一穗花。这种三片叶隔着一穗花的生长发育顺序在无限生长型品种上会重复多次。花朵在开花期授粉并坐果，随后发育成熟至采收。果实内含有的番茄种子，会开始下一个生命周期。

每个发育阶段在其生命周期中都有其典型特征。例如，第一穗花的分化意味着生殖生长的开始。发育速率与相邻两个发育阶段转变所需的时间成反比。例如，作物从开花期过渡到果实转色期（果实转色期是指果实即将从绿转红并至成熟这个阶段）一共经历了 40 天时间，那么，作物发育速率即为 $1/40 = 0.025(\mathrm{d}^{-1})$。

如前所述，发育主要取决于温度，这是发育速率对温度的最优响应（如菊花开花所需时间，Larsen 和 Persson，1999）。实际上，发育速率（DVR）在发育最适温度之下的很大一段温度范围内随着温度升高而线性增加（图 2.2，出叶速率，Karlsson 等，1991）。可以认为完成某个特定发育阶段所需的积温是一个固定值，具体到此例中的发育阶段就是一片新叶的出现。这个固定积温（℃ d）会因作物或品种不同而异。每种作物都有生长发育的下限温度，称生物学最低温度或生物学下限温度，发育也受生物学下限温度影响：当温度低于生物学下限温度时，发育过程停止。

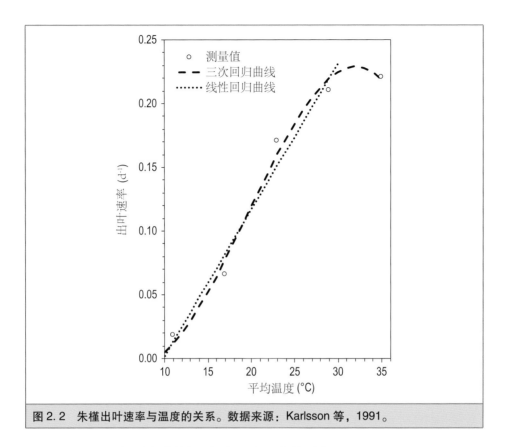

图 2.2　朱槿出叶速率与温度的关系。数据来源：Karlsson 等，1991。

积温可通过如下公式计算（假定温度 T 保持不变）：

$$\mathrm{HU} = d \cdot (T - T_{min}) \qquad (2.1)$$

HU 为有效积温（℃ d）；T 为日平均温度（℃）；T_{min} 为生物学最低温度或下限温度（℃）；d 为天数。

上述公式可以转换为发育速率与温度的线性关系，如下式所示：

$$1/d = T/\mathrm{HU} - T_{min}/\mathrm{HU} \qquad (2.2)$$

这意味着我们可以从上述线性关系中推导出 HU 和 T_{min}（框注 2.1）。HU 是线性关系中斜率的倒数，$-T_{min}/\mathrm{HU}$ 则是线性关系的截距。

如果要推算作物的发育阶段（框注 2.2），并且采用每天的实际温度，而不是假定的恒定温度，则可以采用公式 2.3：

$$DVS_t = \sum_{i=1}^{t} (T_i - T_{min})/\mathrm{HU} \qquad (2.3)$$

公式中 DVS_t 表示在时间 t 时的作物发育阶段；T_i 为实际日平均温度（℃）；T_{min} 为作物发育需要的最低温度（℃）；HU 为有效积温（℃ d），$T_i - T_{min}$

为有效温度(℃)。

同理,可以采用生物学上限温度 T_{max}(当温度高于生物学上限温度 T_{max} 时,发育过程停止)来计算高于最适温度范围的有效积温。

框注 2.1　例 1:番茄开花至采收所需的天数。

以下数据为实测值(发育速率为天数的倒数,如 0.012987 = 1/77)

温度	天数	发育速率
17	77	0.012987
20	63	0.015873
23	52	0.019231

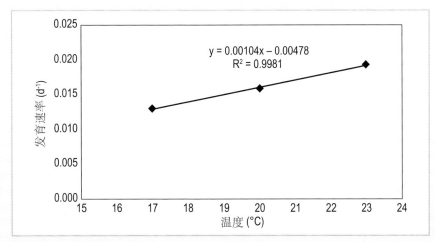

根据上图中发育速率与温度的线性关系以及公式 2.2 计算可得,积温 HU = 1/0.00104 = 961 ℃ d,生物学下限温度 T_{min} = 0.00478 · 961 = 4.6 ℃。

框注 2.2　例 2:萝卜从出苗到采收所需天数。

假设萝卜生长最低温度为 5 ℃,从出苗到采收需要 500 ℃ d 的积温。我们可以分别计算出在 10 ℃ 和 15 ℃ 下,种植萝卜所需的天数。
恒定的 10 ℃ 温度下,每天的有效积温为 10-5 = 5 ℃ d,从出苗到采收需要 500/(10-5) = 100 天。

恒定的 15 ℃ 温度下,采收所需天数为 500/(15-5) = 50 天。因此,温度从 10 ℃ 增加到 15 ℃,萝卜的生长期会缩短 50%。

从图2.3可以看出，在17~24℃这个温度范围内，番茄果实发育速率（从开花至采收）和作物发育速率（每天发育的果穗数量）基本与温度保持线性关系。在22℃时，作物每天发育速率为0.16，这意味着每形成一穗果需要6天时间（1/0.16≈6）。同样，在22℃时，果实从开花到采收需要大约50天时间，可据此计算出果实发育速率为1/50=0.02每天。De Koning（2000）研究表明，根际盐分或果实负载（植株上果实数量）对果实发育速率几乎没有影响。而对于不同品种，尽管其果实发育速率不尽相同，但不同品种的果实发育速率对温度的响应趋势一致（温度与品种之间无互作）。该研究者在另一篇关于作物发育速率的文章中也得出同样的结论：尽管不同品种之间的作物发育速率（以出叶速率来衡量）有10%左右的差异，但作物发育速率对温度的响应趋势是一致的（De Koning，1994：36页）。

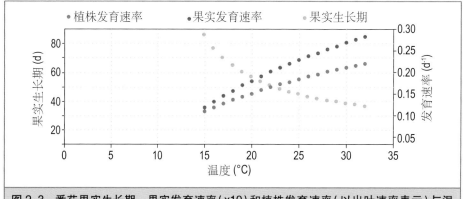

图2.3 番茄果实生长期、果实发育速率（x10）和植株发育速率（以出叶速率表示）与温度之间的关系。数据来源：De Koning，1994。

基于对番茄、黄瓜、菊花以及百合的观测，作物发育速率对日温和夜温的响应是等同的，所以发育速率对24小时平均温度也具有相同的响应（De Koning，1994：39页）。然而，从图2.3中稍显弯曲的发育速率趋势曲线来看，较高昼夜温差下的发育速率会低于根据24小时平均温度预测的发育速率。

虽然种植者或科研人员一般都是对空气温度进行测量和控制，但实际上真正与生长发育速率相关的是作物或器官组织的温度。一般认为，作物器官的温度与空气温度相同，但也可能会有很大偏差。Savvides等（2013）研究表明，即使在温和适宜的温度条件下，植株生长点温度（生长点温度决定出叶速率）也会大幅度偏离空气温度，并且不同作物的偏离程度不同。例如，在番茄作物上，温度偏离范围在-2.6~3.8℃之间；而在黄瓜上，温度偏离范围则在

-4.1~3.0 ℃之间。相对于番茄,黄瓜生长点温度要比空气温度更低,这是因为黄瓜生长点处的幼叶具有更强的蒸腾作用(蒸腾带来降温)。

2.2 生长分析

作物生长分析是对植株或作物在不同基因型、不同环境条件、不同营养条件等情况下的生长差异所采用的一种定量分析方法。该方法主要用于叶面积、光照截获、光合作用、干物质积累以及同化产物分配等方面的研究。除非特别说明,本章中的生长量均指干重(干物质重量)。生长分析是一个非常有用的概念,是建立作物生长模型的第一个步骤。作物生长曲线与时间之间的关系是典型的 S 型曲线:前期为指数生长,中期为线性生长,后期的作物生长速率逐渐减缓(Lee 等,2003)。当我们比较线性生长阶段的生长速率时(如比较不同年份之间的生长),生长曲线的斜率(线性生长阶段保持恒定)的差异,也即生长速率的差异就能很好地说明问题。而在指数生长阶段,生长速率不再恒定,因而引入相对生长速率的概念(见下节)。在作物早期的指数生长阶段,植株在一个没有相互竞争的环境下生长。

2.2.1 幼苗(作物早期阶段)

作物生长分析是以一种全面、综合的方式来解释作物外在形态和内在功能的方法。这种分析方法根据干重、面积、体积和植株成分等简单的基础数据来分析整个作物内在运行机制(Hunt 等,2002)。

作物绝对生长速率(GR; $g\ d^{-1}$)可以根据特定时段内作物干重(g)的变化除以这段时间长度(d)来计算:

$$GR = (W_2 - W_1)/(t_2 - t_1) = \Delta W/\Delta t \qquad (2.4)$$

W_2 和 W_1 分别为 t_2 时间点和 t_1 时间点的作物干重。当时间间隔 Δt 趋于无限小,上述公式可以表达为:

$$GR = dW/dt \qquad (2.5)$$

由此可见,作物生长速率是作物干重函数对时间的导数。

在作物生长早期即幼苗期,作物生长速率并不是各作物间进行生长分析对比的最佳参数,因为生长速率一直在改变(即干重与时间之间并非线性关系)。幼苗生长以指数形式进行,可用如下公式表示:

$$W_t = W_0 \cdot e^{RGR \cdot t} \tag{2.6}$$

W_t 为在 t 时间点的作物干重(g);W_0 为起始时刻的作物干重(g);e 为自然对数的底数;RGR 为相对生长速率(恒定值;d^{-1});t 为从起始时刻到当前的天数(d)。

指数生长是指作物干重的自然对数与生长时间呈线性关系。我们可以采用与前面计算生长速率同样的方法来计算该线性关系的斜率,即相对生长速率 $RGR(d^{-1})$:

$$RGR = (\ln W_2 - \ln W_1)/(t_2 - t_1) = \Delta \ln W/\Delta t \tag{2.7}$$

当时间间隔 Δt 趋于无限小,上述公式可以表达为:

$$RGR = d\ln W/dt \tag{2.8}$$

$d\ln W/dt$ 表示 $\ln W$ 对时间 t 的导数。根据数学推导,$\ln W$ 的导数是 $1/W$;因此

$$RGR = 1/W \cdot dW/dt \tag{2.9}$$

因干重(W)自身就是时间(t)的函数,所以公式 2.9 可以以 dW/dt 的形式表示。$RGR(g\ g^{-1}d^{-1}\text{或}\ d^{-1})$ 是指单位时间下单位干重的作物干重增量;换句话说,是作物单位干重的生长速率 dW/dt。合并指数生长公式(2.6)和 RGR 公式(2.7),可得:

$$\ln W_t = \ln W_0 + \ln(e^{RGR \cdot t}) = \ln W_0 + RGR \cdot t$$

综上,$RGR = (\ln W_t - \ln W_0)/t$

RGR 的两个构成要素

公式 2.9 描述了 RGR 的计算,将公式右边的分子和分母同时乘以叶面积 A,RGR 计算结果保持不变,可得公式 2.10:

$$RGR = 1/W \cdot dW/dt = 1/A \cdot dW/dt \cdot A/W = NAR \cdot LAR \tag{2.10}$$

其中,A 为叶面积(cm^2),NAR 为净同化率($g\ cm^{-2}d^{-1}$),LAR 为叶面积比率(cm^2g^{-1})。

$$NAR = 1/A \cdot dW/dt \tag{2.11}$$

$$LAR = A/W \tag{2.12}$$

NAR 反映了单位叶面积的作物生长速率,因此 NAR 与净光合速率(叶片光合速率减去呼吸速率)紧密相关。叶面积是作物生长过程的重要驱动变量,只有叶片截获的光照才能驱动和影响光合作用并进一步影响作物生长。RGR 不仅取决于净同化率,同时也受到叶面积与作物总干重比率的影响,叶面积与作物总干重之间的比率称为叶面积比率(LAR)。

LAR 的两个构成要素

同样，采用公式 2.10 的处理方法，将公式 2.12 右边的分子和分母同时乘以叶片干重（W_{leaf}；g），便可以将 LAR 分解为两部分：

$$LAR = A/W = A/W_{leaf} \cdot W_{leaf}/W = SLA \cdot LWR \qquad (2.13)$$

其中，SLA 为比叶面积，即单位叶片干重的叶面积（$cm^2 g^{-1}$），LWR 为叶重比（$g\ g^{-1}$）。

$$SLA = A/W_{leaf} \qquad (2.14)$$

$$LWR = W_{leaf}/W \qquad (2.15)$$

如果叶片较薄，则 SLA 会较高，意味着单位叶片干重的叶面积较大；反之，较厚的叶片，SLA 则会较低。叶重比是叶片干重与作物总干重的比例，反映同化产物对叶片的分配。

RGR = NAR · LAR；LAR = SLA · LWR；可得，

$$RGR = NAR \cdot SLA \cdot LWR \qquad (2.16)$$

上述公式表明，相对生长速率 RGR 有如下三个构成要素：光合作用（NAR）、叶片厚薄（SLA）、光合产物分配（LWR）。后两者共同描述了作物在形态学方面的变化。当叶片光合速率（NAR）较高或者叶片较薄（SLA 较高）或者分配给叶片的同化产物较多（LWR 较高）时，RGR 就会较高。

公式 2.16 可以解释处于不同环境条件或不同作物之间的幼苗生长差异。例如，Shibuya 等（2016）曾经使用作物生长分析来解释黄瓜幼苗在不同的红光/远红光配比条件下 RGR 的差异。

Bruggink（1992）应用作物生长分析的方法解释了番茄幼苗生长速率远远高于康乃馨幼苗生长速率的原因（图 2.4）。对于番茄幼苗，其 RGR 大约比康乃馨幼苗 RGR 高 5 倍之多（图 2.4A 和 2.4B）。进一步分析可得，两种作物的 NAR 没有太大差异（图 2.4C 和 2.4D），所以单位叶面积的光合速率不能成为 RGR 存在显著差异的原因。真正能解释两种作物 RGR 存在显著差异的是作物形态学方面的因素：番茄幼苗 LAR（图 2.4F）大约比康乃馨幼苗 LAR（图 2.4E）高 5 倍，并且番茄幼苗 LAR 在弱光条件下会升高，而康乃馨幼苗 LAR 却不随着光照而变化。对 LAR 分析可见，番茄和康乃馨的 LWR 大致相同，番茄较高的 LAR 是由于番茄有较高的 SLA（图 2.4 中没有给出 SLA 和 LWR 的信息；LAR = SLA · LWR）。番茄叶片薄（SLA 大），康乃馨叶片则要厚得多，这就解释了番茄 RGR 要高数倍的原因。对于幼苗而言，相对薄一些的叶片会更有利，因为这意味着在相同叶片干重下，叶面积会较大，可以截获和利用更多的光照，否则，这些光照会直接照射到地面而不能被作物利用。

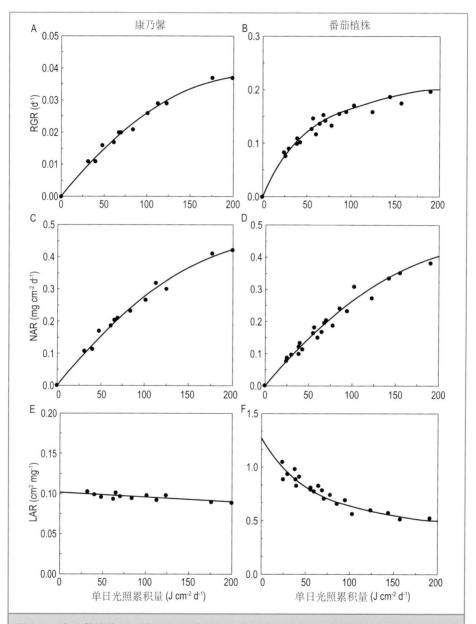

图2.4　康乃馨幼苗(A、C、E)和番茄植株(B、D、F)的相对生长速率(RGR)、净同化率(NAR)和叶面积比率(LAR)与平均单日光照累积量 R(PAR)之间的函数关系。值得注意的是，上图中 RGR 和 LAR 的纵坐标数值范围因作物不同而存在很大差异。数据来源：Bruggink，1992。

作物生长分析也用于下面的例子中解释光照强度对黄瓜幼苗生长的影响。

作物在高光强下 NAR 显著升高，所以，光强越高，RGR 越大（图 2.5A）。另一方面，光强增高的同时，LAR 会降低。尽管如此，LAR 降低的程度不及 NAR 升高的程度，RGR（RGR = NAR·LAR）总体上还是随着光照增强而呈现增大的趋势。高光强下 LAR 降低是由于 SLA 降低而导致（光照增强带来叶片增厚），但是 LWR 却不受光照强度的影响（图 2.5B）。这也反映了一个普遍现象：LWR 相对恒定，而 SLA 对环境因素则要敏感得多。

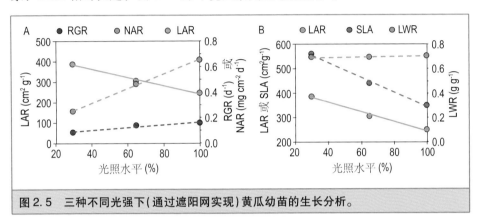

图 2.5　三种不同光强下（通过遮阳网实现）黄瓜幼苗的生长分析。

2.2.2　产量构成分析

要想充分了解作物产量差异的形成，最重要的问题就是先弄清楚产量形成的基本过程，这可以通过产量构成因素的深入分析而获得（框注 2.3）。Higashide和Heuvelink（2009）应用产量构成分析的原理，研究了荷兰近 50 年来作物育种对温室番茄产量提升的影响。研究认为，现代栽培品种的高产并非因为新品种比老品种具有更高的果实干物质分配，而是归功于消光系数降低（作物形态学变化）和叶片光合速率提高（作物生理学变化）而带来的作物整体光能利用率的提高。值得注意的是，消光系数的降低增加了光照在冠层的垂直穿透，带来了更好的冠层垂直光照分布。在较高的叶面积指数下，低消光系数使得冠层上层光照截获略低（更多光照能够进入叶片较密的下层），因而使得这种光分布改变的效应显得更为重要。

框注 2.3　像侦探一样思考。

在进行产量构成分析时，分析思路非常重要，要像侦探一样思考：怎么解释你所观察到的现象？例如，今年果实鲜重产量较去年提高了 10%，这是由于果实干物质产量提高了，还是因为果实的含水量提高了？是作物整体干物质积累增加了，还是仅仅因为果实的干物质分配提高了？是因为植株截获了更多的光照，还是作物光能利用率更高？到底哪个原因可以解释这些现象？

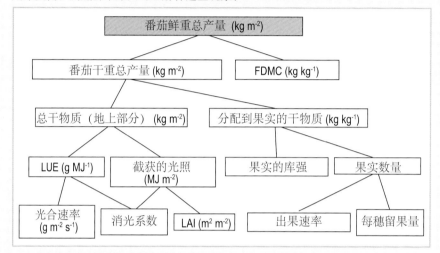

番茄果实产量及其构成因素。例如：番茄果实鲜重产量＝果实干物质产量/果实干物质含量，因此，果实干物质总量的提高和/或果实干物质含量的降低(更多水分)都可能带来番茄果实鲜重的增加。

FDMC＝果实干物质含量，LUE＝光能利用率，LAI＝叶面积指数。

2.2.3　作物生长与产量：循序渐进的过程

　　作物生长分析非常适合用于解释不同作物或不同品种间的幼苗生长差异。随着作物的生长发育，到了指数生长阶段结束后的成株阶段，因为其相对生长速率 RGR 不再恒定，因而无法用于对成株的生长分析；不过，如前所述，在线性生长阶段，绝对生长速率 GR 保持相对恒定，所以 GR 用于成株阶段的生长分析非常有效。Marcelis 等 (1998) 基于广泛的文献分析，发表了关于园艺作物生长和产量形成基本过程的文献综述。其中最重要的部分是从光照截获到作物产量形成的过程，如图 2.6 所示。

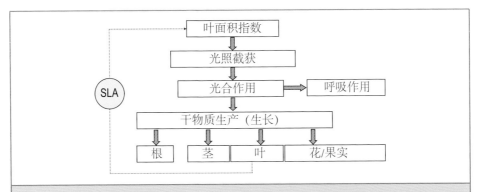

图2.6　作物生长和产量形成的过程。只有被绿叶截获的光照才能参与光合作用（同化物生产）。光合产物的一部分形成作物生物量（干物质），另一部分用于呼吸消耗。最后，干物质会分配到各器官。叶片干重增长带来叶面积增长（两者通过比叶面积 SLA 来关联）。

2.2.4　叶面积指数

叶面积指数（LAI）是指单位土地面积上的作物绿叶总面积（$m^2\ m^{-2}$）。当 LAI 较低时，就会有部分光照未被作物截获、漏到地面而无法被光合作用所利用。

光照截获与 LAI 的曲线关系可以用朗伯-比尔定律来表达（图2.7）

$$F_{int} = 1 - I/I_0 = 1 - e^{-k \cdot LAI} \tag{2.17}$$

公式中，F_{int} 表示光照截获的比例，I 为冠层下方光照强度（$\mu mol\ m^{-2} s^{-1}$），I_0 为冠层上方光照强度，k 为冠层消光系数，LAI 为叶面积指数。对于大部分温室作物，k 值介于 0.6~0.8 之间。消光系数与作物种类有关，并且受叶片的倾角、大小、厚薄以及叶片在茎干着生方式的影响，这也意味着消光系数在作物生长发育过程中并不完全恒定。在计算过程中，通常将消光系数假定为恒定值，据此估算的光照截获已经足够准确。但对于剑兰这类消光系数很低的作物，特别是几乎竖直着生的叶片，这种情况下，与叶片相对水平着生的作物相比，同样的 LAI，其光照截获要小得多。

假定消光系数为0.8，当 LAI 等于1时（如作物幼苗期），光照截获比例大约只有55%，几乎有一半光照没有被截获用于光合作用。而当 LAI 增大到2时，光照截获比例提高到80%，当 LAI 增大到3时，光照截获比例则提高到90%。当 LAI 较低时，光照截获比例几乎与 LAI 成正比。此时，LAI 对于光照截获非常重要。而当作物已经具备了较高的 LAI 时，略大或略小的 LAI 都很难对光照截获产生影响，进而很难对作物生长产生影响。

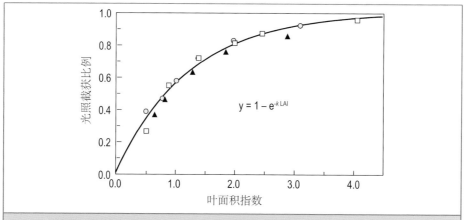

图2.7 番茄叶面积指数 LAI 对作物光照截获比例的影响（k 为消光系数，图中 k = 0.8）；图中的不同标记代表不同试验中的实测值，实线代表朗伯-比尔定律的曲线。

荷兰的商业化种植农场，在一个生产季中，种植者会对 LAI 进行多次调整，如图2.8所示。在1993年，定植120天后，LAI 会逐渐降低，但现今的种植者会通过给部分植株增加侧枝，从而在整个栽培季保持 LAI 高于3。在12月的定植阶段，种植者一般采用每平方米2.5株的初始栽培密度，而到春季，每两株会额外增加一个侧枝，栽培密度提高到每平方米3.75株（严格来讲，这里单位不应是株，而是茎），更高的栽培密度意味着单位面积有更多叶片。除此之外，现在的番茄生产中广泛采用嫁接技术，砧木有更强的活力，促进了植株生长发育的同时还保证了较高的叶面积，尤其是在番茄周年生产的后期（气温高、茎长、植株衰老）。Heuvelink（2005）对番茄生产的最优叶面积做了详细分析。

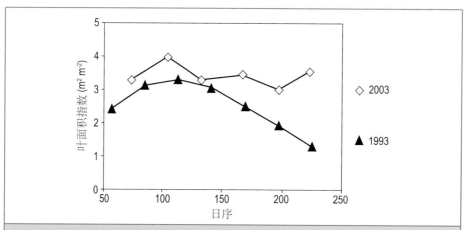

图2.8 番茄种植过程中的叶面积指数（1993年和2003年测量于商业生产型温室）。数据来源：De Koning, 1993；Heuvelink 等, 2005。

2.2.5 温室作物的光照截获

Jones 等(2003)对太阳辐射和光合有效辐射进行了很详细的描述(这部分会在第 3 章详细阐述)。然而,作物并不能利用所有的光照。太阳辐射(指太阳发出的所有短波辐射)的波长介于 300~2500 nm 之间,只有波长介于 400~700 nm 的辐射才能被作物利用进行光合作用。这部分辐射被称为光合有效辐射(PAR),这也是可见光波长的大致范围,本章节如果没有特指,光照均表示光合有效辐射。

尽管 PAR 的波长范围相对于太阳光谱是非常小的一部分,但 PAR 却占了太阳辐射总能量的 50% 左右。换句话说,较短的光波部分集中了更多的能量。对于温室,基于其自身结构特性,一般只有大约 70% 的 PAR 可以进入温室照射到作物。其余 30% 左右的光照会被覆盖材料(玻璃或塑料)和屋顶骨架结构所拦截而不能到达作物(详见第 3 章)。目前最先进的温室,其透光率可达80%,但全世界的温室平均透光率不超过 55%~60%。在同一地区,大田作物要比温室作物具备好得多的光照条件。

在荷兰,晴朗夏天的太阳辐射总量可以达到 20 MJ m^{-2}d^{-1}。而温室内到达作物冠层的 PAR 实际只有 7 MJ m^{-2}d^{-1}(= 20×0.5×0.7)。还要强调的是,作物截获的光照并不完全等同于作物吸收利用的光照,作物截获的光照是作物冠层之上的光照 I_0 减去穿过作物落在地面上的光照 I_{floor},即 $I_{intercepted}$(= I_0-I_{floor})。在计算作物真正吸收的光照时,我们还必须考虑作物反射的光照部分($I_{reflected\ crop}$),以及地面反射回作物上的光照部分($I_{reflected\ floor}$),尤其是地面铺有白色塑料薄膜的情况。

只有作物吸收的光照(I_{abs})才能参与光合作用。

$$I_{abs} = I_0 + I_{reflected\ floor} - I_{floor} - I_{reflected\ crop} \tag{2.18}$$

一般情况下,I_{abs} 大约是 $I_{intercepted}$ 的 95% 左右,在计算中,通常认为作物吸收的光照即为作物截获的光照。

2.2.6 叶片光合作用

光合作用是作物生长发育最基本的过程:即植物吸收光能,把 CO_2 和水在植物体内合成有机物(主要是糖),同时释放氧气的过程。

$$6CO_2 + 6H_2O \rightarrow C_6H_{12}O_6 + 6O_2 \tag{2.19}$$

如框注 2.4 所示，有不少公式都可以用来描述光合作用速率与光照的关系。Farquhar 等(2001)建立了叶片水平的光合作用模型，也就是光合作用的生化模型(简称 FvCB 光合模型)。这是一个综合考虑了 C_3 植物光合碳同化多方面生化过程、并与作物叶片气体交换相结合的数学模型。几乎所有温室作物都属于 C_3 植物，C_3 植物光合作用过程中的关键酶是核酮糖-1,5-二磷酸羧化酶/加氧酶(Rubisco)，它能够催化所有绿色植物和绿藻的光合碳还原(卡尔文循环)的第一步反应，也就是碳的固定(Ghannoum，2018)。相对于 O_2，Rubisco 对 CO_2 的专一性较差，常常会结合 O_2 而引起光呼吸消耗，降低了光合效率。C_4 途径(如玉米)和景天酸代谢途径(CAM 途径，如蝴蝶兰和长寿花)是不同于 C_3 途径的另外两种碳同化途径，通过 CO_2 浓缩机制富集了 CO_2，抑制了光呼吸，极大提高了 Rubisco 的羧化效率。碳代谢途径常随作物生育期以及环境条件而变化，如长寿花幼苗采用 C_3 途径，而成株则表现为 CAM 途径；再比如，凤梨科的果子蔓属和莺歌凤梨属植物，在水分充足的条件下，选择 C_3 途径，而在干旱条件下则选择 CAM 途径。CAM 植物会在夜间张开气孔，白天关闭气孔。这些植物大多起源于高温、干旱的区域，在高温干旱的环境下，如果白天气孔张开，会快速失水干枯。因此，对 CAM 植物，在白天的绝大部分时段补充 CO_2 没有生产意义，傍晚 CAM 植物的气孔张开时补充 CO_2 则可以促进光合作用。

框注 2.4　光合作用-光响应公式。

一般来说，负指数方程(公式 2.20)可以很好地描述光响应曲线：

$$P_g = P_{g,max}(1 - e^{\alpha \cdot I/P_{g,max}}) \tag{2.20}$$

P_g　：实际总光合作用速率($\mu mol\ m^{-2} s^{-1}$)

$P_{g,max}$　：最大总光合作用速率($\mu mol\ m^{-2} s^{-1}$)

α　：初始光能利用率($\mu mol\ \mu mol^{-1}$)

I　：作物吸收的 PAR($\mu mol\ m^{-2} s^{-1}$)

更常见的公式为含有三个参数的非直角双曲线(Thornley，1976)：

$$P_g = \frac{\alpha \cdot I + P_{g,max} - \sqrt{(\alpha \cdot I + P_{g,max})^2 - 4 \cdot \theta \cdot \alpha \cdot I \cdot P_{g,max}}}{2 \cdot \theta} \tag{2.21}$$

公式中 P_g、$P_{g,max}$、I 和 α 所代表的含义与公式 2.20 中一致，θ 为非直角双曲线的曲角参数(当 $\theta = 0.7$ 时，曲线形状与公式 2.20 非常相似)。

这些公式适用于单叶光合速率的计算，也可以用于冠层光合速率的计算(即大叶模型)。应当注意的是，冠层水平与单叶水平的光合速率计算所用的参数值不同。

光合作用过程可以通过借助电学中的欧姆定律来理解(框注 2.5)。叶片

对 CO_2 的吸收速率(光合作用速率)等于叶片内、外部 CO_2 浓度差除以 CO_2 从叶片外部进入到叶片内部所受到的阻力。实际上,CO_2 要先从温室空气中移动到植物叶肉部位,接着进入细胞内并最终抵达光合作用发生的位点叶绿体。在这个过程中有多重阻力:

- ▶ 边界层阻力:指叶片表面很薄的一层非流动性空气层对 CO_2 吸收产生的阻力。在温室环境下,边界层产生的阻力要比露天环境下大很多,这是因为温室内空气的自然流动很弱(见第 6 章)。附有绒毛且面积较大的叶片(与植物种类相关)会形成更厚的边界层,因而这类植物对 CO_2 的边界层阻力更大。

- ▶ 气孔阻力:植物叶片气孔的保卫细胞可以收缩或膨胀,以此调节气孔的张开或关闭,进而对 CO_2 的吸收产生或大或小的阻力。

- ▶ 叶肉阻力:指 CO_2 从气孔下腔到叶绿体所受到的阻力。这部分阻力占了整个 CO_2 吸收阻力的很大部分。因为 CO_2 必须在叶肉中溶解于细胞液才可以用于光合作用。

框注2.5 光合作用(参照欧姆定律)。

光合作用速率 $= (CO_{2air} - CO_{2int})/(r_s + r_b) = (CO_{2air} - CO_{2chloroplast})/(r_s + r_b + r_m)$ (2.22)

CO_{2air} :温室内空气 CO_2 浓度($\mu mol\ mol^{-1}$)

CO_{2int} :叶片内 CO_2 浓度($\mu mol\ mol^{-1}$)

$CO_{2chloroplast}$:叶绿体 CO_2 浓度($\mu mol\ mol^{-1}$)

r_s :气孔阻力($m^2\ s\ mmol^{-1}$);$1/r_s$ 为气孔导度($mmol\ m^{-2}\ s^{-1}$)

r_b :边界层阻力($m^2\ s\ mmol^{-1}$)

r_m :叶肉阻力($m^2\ s\ mmol^{-1}$)

公式中这些阻力的解释和量化将在章节 6.1 中展开讨论。

作物自身的起源和特性往往就已经决定了其光合表现:相对于起源于弱光环境的作物,起源于强光环境的作物,其叶片往往能够适应更高的光照强度(图 2.9),起源于弱光环境的作物会在较低的光照强度下达到其潜在最大光合速率。图 2.9 中曲线的初始斜率表示叶片的初始光能利用率 α,由图可知,不同起源的作物其初始光能利用率并没有太大差异,只是弱光起源作物叶片的光补偿点更低。除此之外,品种之间的差异可能很大,例如,番茄能够适应更强的光照,而一些源于喜阴作物的盆栽则无法适应强光。

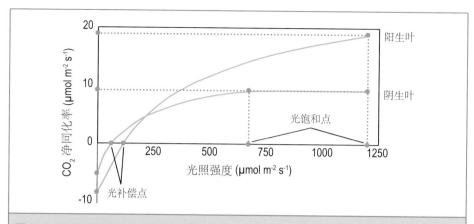

图 2.9　阳生叶和阴生叶在不同光强下的光响应曲线。这也可以代表番茄叶片分别在冬季和夏季时的光合速率，或者代表喜阴作物（如一些起源于热带雨林的盆栽作物）和喜光作物的光合速率（http://tinyurl.com/y9wb9sgz）。

2.2.7　冠层光合作用

　　大多数关于光合作用对环境条件的响应研究都在叶片水平开展，但从种植者的角度来看，我们更需要从作物冠层整体水平来考虑。作物冠层光合作用可以看作关于冠层光照截获的函数（大叶法，将整个冠层看作一片大叶，采用与单叶光合类似的公式并选取不同的参数来计算冠层光合，如负指数方程），或者更精确的方法是将冠层进行分层，把不同叶层的吸收光照与单叶光合模型结合起来进行计算。单叶光合作用与冠层光合作用的情况显然不一样（图 2.10）。如果单叶在光强为 500 $\mu mol\ m^{-2}s^{-1}$ 时达到最大光合速率，那么，冠层则要在光强为 1000 $\mu mol\ m^{-2}s^{-1}$ 时才能达到最大光合速率。单叶光合与冠层光合的这种差异表明单叶的最优光合并不能代表冠层的最优光合，也就是，最优单叶光合并不能带来最佳的作物生长和产量。

　　冠层光合作用强度与其截获的光照量有很紧密的关系，因此，叶面积指数 LAI 就显得尤为重要。当 LAI 为 1 时，仅有一半光照可以被作物截获，无论光照水平如何，光合作用强度都会很低。而当 LAI 为 2 时，约有 80% 的光照可以被作物截获（如图 2.7）。在高光强条件下，作物光合作用强度会趋于平稳，因为作物的上部叶片已经达到光饱和点。然而，从作物整体来看，其光饱和点要远远高于单叶的光饱和点，这是因为由于遮阴的影响，作物下部叶片总是处于弱光环境，接受的光照远远低于光饱和点。这也意味着，如果给这些叶片提供更多光照，仍可以提高作物整体光合作用强度。在荷兰温室生产中，种植者认为对于番茄或黄瓜这类喜光作物而言，光照强度没有上限，光照越强，则光合作用越强、产量越高。唯一的限制因素是，如果温室不能很好地控制温度，强光会导致太高的温度和/或空气饱和水汽压差 VPD（VPD越大，表明空气越干燥）。

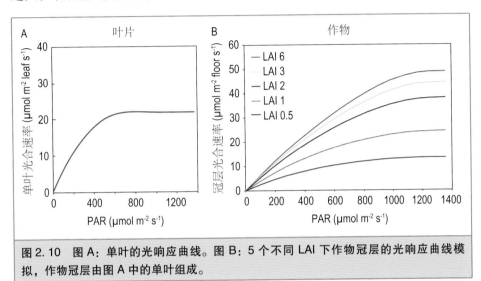

图 2.10　图 A：单叶的光响应曲线。图 B：5 个不同 LAI 下作物冠层的光响应曲线模拟，作物冠层由图 A 中的单叶组成。

现在外界大气 CO_2 浓度大约为 400 μmol mol^{-1}。而在温室内，如果没有 CO_2 施肥，其浓度会显著降低（如框注 5.4）。当 CO_2 浓度降至 200 μmol mol^{-1} 时，产量也大幅度降低（如图 2.11），这就是现代温室普遍装备 CO_2 施肥系统的原因。当 CO_2 浓度从 340 μmol mol^{-1} 提高到 500 μmol mol^{-1} 时，增产效应非常显著（图 2.11），而当 CO_2 浓度高于 800 μmol mol^{-1} 时，补充 CO_2 对增产的作用却很小。因此，将 CO_2 浓度维持到 1000 μmol mol^{-1} 以上并没有任何意义。相反，在高浓度 CO_2 下，气孔会部分关闭，继而导致过高的叶温，叶片黄化，最终降低光合作用强度。

如图 2.11 所示，提高 CO_2 浓度可以增加作物产量，CO_2 浓度每提高 100 μmol mol^{-1} 所带来的作物产量相对增量可以根据如下经验公式来计算（Nederhoff，1994）：

CO_2 每增加 100 μmol mol^{-1} 所带来的产量相对增量 $= 1.5 \times 10^6 / [CO_2]^2$

$$(2.23)$$

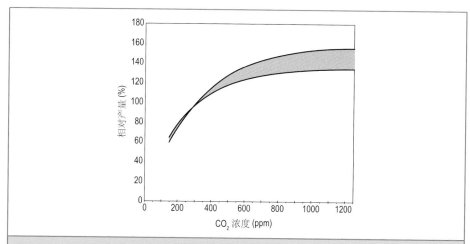

图 2.11 不同 CO_2 浓度下的作物相对产量。以大气 CO_2 浓度下（1985 年为 340 ppm）的产量为 100%。两条曲线间的较大差异源于品种和环境的差异。数据来源于世界各地 60 篇针对多种温室作物开展的研究论文（Nederhoff，1994）。

其中，$[CO_2]$ 指起始 CO_2 浓度。例如，CO_2 浓度从 250 μmol mol^{-1} 增加到 350 μmol mol^{-1}，产量相对增量可计算为：$1.5 \times 10^6 / 250^2 = 24\%$。当 CO_2 浓度从 350 μmol mol^{-1} 增加到 450 μmol mol^{-1} 时，产量相对增量则为：$1.5 \times 10^6 / 350^2 = 12\%$。而当 CO_2 从 1000 μmol mol^{-1} 增加到 1100 μmol mol^{-1} 时，产量相对增量仅为 1.5%。Nederhoff（2004）从应用角度进一步提出了很多关于温室增施 CO_2 的建议。关于 CO_2 施用技术和设备选择将在第 11 章详细阐述。

在 15~25 ℃ 的温度范围内，作物总光合速率几乎不受温度影响，而在此温度范围之外，总光合速率会降低（图 2.12）。尽管如此，在 15~25 ℃ 的范围内，温度还是会影响作物的生长，还有其他一些生理活动，如呼吸作用、发育过程等，都会受到温度的很大影响。

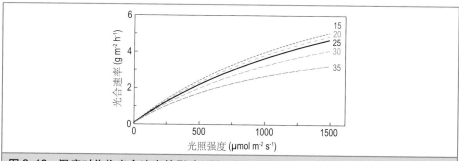

图 2.12 温度对作物光合速率的影响（TOMSIM 模拟结果，以 CH_2O 为单位，CO_2 浓度为 340 μmol mol^{-1}，LAI 为 3）。

2.2.8　干物质生产

作物生长通常以干物质增长量来表示。光合作用合成的有机物要转化为结构物质，例如蛋白质、木质素、有机酸、脂肪等等，在这些有机物的分配过程中，会优先用于维持作物自身的代谢过程。光合作用合成的一部分有机物会被消耗用于维持呼吸。植株合成替换受损的酶、维持体内细胞膜内外的离子浓度梯度，这些过程都需要消耗能量，但这些生理活动却不会增加植株干重。作物因维持生命和正常生理功能而消耗的光合产物称为维持呼吸。当温度每提高 10 ℃，维持呼吸将会加倍。根据经验法则，维持呼吸大约是总干物质量的 1.5%，这意味着，每 100 g 干物质，维持呼吸每天需要消耗 1.5 g 的有机物。

除去维持呼吸消耗，剩余的光合产物才可以用于形成干物质产量，转化成为作物自身结构物质的这个过程需要消耗的能量部分，称为生长呼吸，如：离子吸收所消耗的能量通常被认为就是生长呼吸的一部分。

从光合、呼吸到单日生长速率

作物单日生长速率可以采用公式 2.24，根据作物单日光合作用与呼吸作用计算：

$$dW/dt = C_f(P_{gd} - R_m) \qquad (2.24)$$

其中，dW/dt 为作物生长速率（$g\ m^{-2}\ d^{-1}$），C_f 为干物质转化效率或干物质转化因子（每克 CH_2O 能够转化成的干物质量，$g\ g^{-1}$），P_{gd} 为作物总同化速率（$g\ CH_2O\ m^{-2}\ d^{-1}$），R_m 为作物维持呼吸消耗（$g\ CH_2O\ m^{-2}\ d^{-1}$）。这里要强调一点，光合作用和呼吸作用既能以 CO_2 为单位，也能以 CH_2O 为单位，1 g $CO_2 = 30/44 = 0.68\ g\ CH_2O$。这些转化是 CO_2 逐步同化为产量（鲜重）的步骤之一（框注 2.6）。

对于大多数温室作物而言，C_f 值大约为 0.7。这也意味着 1 g 有机物（指减去维持呼吸后剩余的有机物）能够形成 0.7 g 干物质（损失的 0.3 g 这部分即为生长呼吸）。

框注 2.6　从 CO_2 同化到果实产量。

（番茄照片：Paolo Battistel；生菜照片：Cecilia Stanghellini）

每同化 1 kg CO_2 并不能等量产生 1 kg 产品。首先需要考虑到的是生长呼吸（转化效率为 0.7，公式 2.24）以及单位的转换。在 CO_2 转化为以 CH_2O 形式表示的有机物的过程中，1 个氧原子被替换为 2 个轻得多的氢原子，分子量下降到之前的 68%（$M_{CH_2O}/M_{CO_2} = 30/44$）。基于这两个因素，固定 1 kg CO_2 只能转化成大约 0.5 kg 干物质（70%×68% = 48%），并且其中一部分会分配到根、茎、叶等非收获产品的器官中。因此，只有一部分干物质会储存在果实、花枝或叶片（如生菜）这些产品器官中，这个比例称为收获指数（HI）。番茄收获指数约为 66%，因此，每同化 1 kg CO_2 可以转化为大约 0.325 kg 果实干重。番茄果干物质含量一般为 6% 左右，意味着每同化 1 kg CO_2 可以生产 5 kg 左右番茄（0.325/0.06）。生菜收获指数约为 90%，叶片干物质含量一般为 7%，因此，每同化 1 kg CO_2 可以生产超过 6 kg 生菜。

目前已经在很多作物上观察到干物质产量（g m^{-2}）与光照累积量（MJ m^{-2}）的线性关系，线性关系的斜率被称为作物光能利用率（简称 LUE，g MJ^{-1}）。光能利用率实际上是简单地综合了作物光合作用和呼吸作用这两个过程（框注 2.7）。可以采用这个参数根据作物截获的光照量直接计算出其生长速率（公式 2.25）。我们还经常会在文献中看到辐射利用效率（RUE）一词，这个概念是指累积生物量与累积太阳辐射的比值。由于光合有效辐射的能量大约是太阳总辐射能量的一半，因此以 PAR 表示的光能利用率 LUE 通常等于以太阳辐射表示的辐射利用效率的两倍，也即 1.5 g MJ^{-1} 的辐射利用效率等于 3 g MJ^{-1} PAR 的光能利用率。

框注 2.7 光能利用率 LUE：每摩尔光照可以生产多少克产品?

我们可以根据周年生产的作物产量和光照数据来估算平均 LUE。菊花的 LUE 介于 3～6 g MJ^{-1} PAR(图 2.13)。1 MJ PAR 太阳光约合 4.6 mol(框注 10.3)，因而菊花的 LUE 大约为 1 g mol^{-1} PAR。

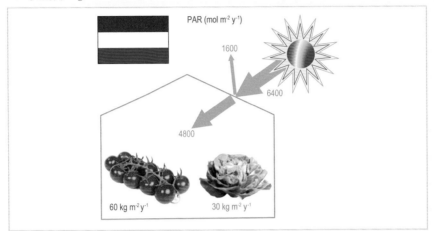

由框注 2.6 可知，1 kg 干物质量相当于 10 kg 番茄和 12 kg 生菜，可以根据上图的数据估算出荷兰温室番茄和生菜生产的 LUE：番茄的 LUE 约为 1.25 g mol^{-1}，生菜的 LUE 约为 0.52 g mol^{-1}。

由于每生产 1 kg 干物质需要固定 2 kg CO_2，因此，在荷兰温室中，番茄生产的 CO_2 固定效率为 2.5 g mol^{-1} PAR，生菜生产的 CO_2 固定效率约为番茄的一半。

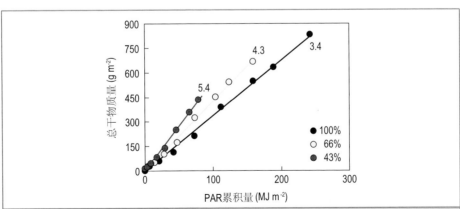

图 2.13 夏季 3 种不同光照条件下(通过遮阳网实现)切花菊的光能利用率(LUE，g MJ^{-1})，即总干物质量和 PAR 累积量的线性关系曲线的斜率(每条曲线顶端的数值)。

从光能利用率到单日生长速率

$$dW/dt = LUE \cdot (1-e^{-k \cdot LAI}) \cdot I \qquad (2.25)$$

其中，dW/dt 为作物生长速率$(g\ m^{-2}\ d^{-1})$，LUE 为 PAR 的光能利用率$(g\ MJ^{-1}\ PAR)$，k 为消光系数，LAI 为叶面积指数，I 为光照日总量$(MJ\ m^{-2}\ d^{-1})$。这里需要注意的是，$(1-e^{-k \cdot LAI})$特指作物截获的这部分光照比例（公式 2.17）。

公式 2.25 中假定光能利用率 LUE 固定不变，这在大田作物中是很常见的事实。大田作物通常在春季播种或定植，在夏末或秋初收获。然而，温室作物是周年种植，LUE 不一定保持不变，因为在温室中会增施 CO_2，这就使得作物在相同光照下会有更多的光合产物，同时，LUE 并非一成不变的另一个原因是，相对大田作物的短栽培期而言，温室周年生产过程中的光照变化更大。图 2.13 表明夏季三种不同光照水平下切花菊 LUE 的差异，当光照为100%时，LUE 为 3.4 g MJ^{-1}。遮光提高了作物 LUE：光照为 66%时，LUE 为4.3 g MJ^{-1}；光照为 43%时，LUE 为 5.4 g MJ^{-1}。LUE 与光照水平紧密相关，这在作物生产上是合乎逻辑的，因为相对于低光照水平，更接近光饱和点的高光照水平会降低 LUE（图 2.10B）。

2.2.9　叶面积增长

对于作物生长和产量形成，叶面积指数 LAI 是一个极为重要的指标。如果已知消光系数，则 LAI 可以根据朗伯-比尔定律，通过测量冠层上、下方的光照强度来进行估测（公式 2.17）。然而，当我们想要模拟作物生长时，该如何来模拟 LAI？

对于大田作物，LAI 一般会根据作物发育阶段而定，作物发育阶段由积温决定。对于温室作物，这种简单的关系不成立，因为种植者往往可以独立于室外光照而调控温室温度。这种情况下，可以结合叶片干重（公式 2.26）和比叶面积 SLA（公式 2.14）来估算 LAI。SLA 的大小受品种影响较大（表 2.1），同时也受到植株年龄、栽培季节和环境条件的影响，如干旱会导致 SLA 增加。尽管如此，我们往往将 SLA 视为恒定数值（框注 2.8）。

表 2.1　不同作物 SLA 的代表值($cm^2\ g^{-1}$)	
康乃馨	130~170
黄瓜	130~180
菊花	320~420
玫瑰	280~350
生菜	520~600
番茄	150~350

框注 2.8 基于作物生长速率的叶面积指数模拟。

$$LAI_t = LAI_{t-1} + GR \cdot F_{leaves} \cdot SLA/10000 \qquad (2.26)$$

LAI_t，LAI_{t-1}：第 t 天和第 $t-1$ 天的叶面积指数（$m^2\ m^{-2}$）

GR ：作物生长速率（$g\ m^{-2}\ d^{-1}$）

F_{leaves} ：分配到叶片的比例

SLA ：比叶面积（$cm^2\ g^{-1}$）

10000 ：cm^2 与 m^2 的换算系数，$1\ m^2 = 10000\ cm^2$

2.2.10 同化物分配

同化产物的分配是作物产量形成的关键因素。通常情况下，作物只有一部分可以成为具有经济价值的产品（表 2.2），如番茄或黄瓜的果实。对于这类作物，同化产物在果实和营养器官（根、茎、叶）之间的分配主要由留果数量决定。

表 2.2 一些温室作物的收获指数（HI）和干物质含量（DMC；%）

作物	收获指数	干物质含量	文献
玫瑰	0.65~0.80	20~25	Kool（1996）
菊花	0.85	11~13	Lee（2002）
盆栽植物	0.9~1.0	10~12	
生菜	0.85	5	Seginer 等（2004）
黄瓜	0.7	2.5~4.0	Marcelis（1994）
甜椒	0.8	8.5	Wubs（2010）
番茄	0.5~0.7	4~8	Heuvelink（1996，2018）
部分数据来源于 Heuvelink 和 Challa（1993）。			

尽管同化产物会分配到所有器官，但器官之间的相对库强决定了它们获得同化产物的比例大小（Marcelis，1996）。器官库强可以通过其潜在生长速率来进行量化，这里的潜在生长速率是指在同化产物没有供应限制条件下的植株生长速率，以黄瓜举例，其潜在生长速率指植株仅有一根黄瓜时的植株生长速率。如果换成番茄，则是指当植株每穗仅有一个果实时的植株生长速率。

当一个果实在与其他果实竞争生长的条件下，摘掉其他竞争果实之后，这个果实会迅速达到其潜在生长速率(图 2.14)。这就清晰地表明，植株潜在绝对生长速率(非相对生长速率)是库强的一个很好的衡量参数。

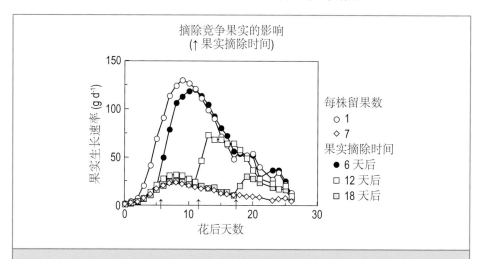

图 2.14　摘除竞争果实对第九节位黄瓜生长速率的影响。上图中 5 条曲线分别表示：植株上只保留 1 根黄瓜、保留 7 根黄瓜、分别于第 9 节位开花后第 6 天、12 天和 18 天摘除 7 根黄瓜中的 6 根黄瓜后的果实生长速率。摘除黄瓜的日期如图中箭头所示。数据来源：Marcelis，1993。

如框注 2.9 所示，可以根据相对库强来计算同化产物的分配：

$$果实同化产物的分配比例 = \frac{SS_{fruits}}{SS_{fruits} + SS_{veg}} \tag{2.27}$$

其中，SS_{fruits} 表示所有果实作为一个整体库强，SS_{veg} 表示所有营养器官(包括根、茎、叶)作为一个整体库强。因此，植株上的果实生长数量可以极大影响到同化产物的分配情况。以定植 100 天的番茄成株为例，如果每个果穗上只留 1 个果，大约会有 20% 的同化产物分配到果实中去。而当每个果穗留 7 个果，则大约会有 64% 的同化产物分配到果实中去(Heuvelink，1997)。

同化产物分配并不会受到同化产物总量的影响。无论是充足还是少量的同化产物，这些同化产物都会根据作物各器官的相对库强按比例分配给各器官。

框注2.9　干物质分配的计算。

假设在番茄植株上，叶片（含节间）和果穗分别需要1g和7g同化产物。由公式2.27可知，当每个果穗留有三片叶时，果实可获得70%的同化产物。如果我们摘除一片叶，果实将会分配获得更多的同化产物（77%）。值得注意的是，我们在计算中假设了（在叶片发育早期）摘除1/3的叶片会相应地将营养生长库强也降低1/3，尽管这样的假设只会在相邻果穗间只有两片叶的新品种里实现（节间也将只有两个）。

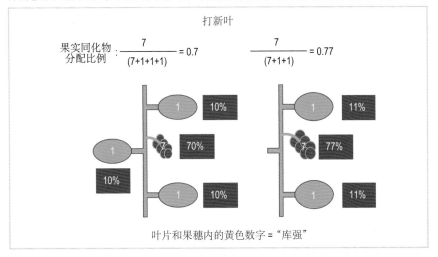

果实同化物分配比例：$\dfrac{7}{(7+1+1+1)}=0.7$　　打新叶　$\dfrac{7}{(7+1+1)}=0.77$

叶片和果穗内的黄色数字 = "库强"

2.2.11　果实干物质含量

到目前为止，本章一直集中在作物的干物质产量。园艺产品并不以干物质作为最终产品，而是以鲜重形式作为最终产品，这些产品富含水分。虽然干物质在重量上只占很小的比例（表2.2），但就是这部分干物质决定了产品潜在的鲜重。如果要将干重换算为鲜重，需要用干重除以干物质含量。例如，当作物生产了4 kg番茄干重，果实干物质含量为5%，那么番茄鲜重可以计算为：4/0.05＝80 kg（框注2.6）。在实际生产中，比较复杂的情况是：干物质含量并不是一成不变。以黄瓜为例，为期两个月的生长试验表明其干物质含量在2.5%～4%之间变化（Marcelis等，1998）。除此之外，不同品种间的干物质含量也有很大差异，如樱桃番茄干物质含量一般为8%左右，常见的中果型番茄干物质含量只有4%左右。干物质含量的差异会对鲜重的计算结果产生很大影响，这也是樱桃番茄鲜重产量总是低于中果型或大果型番茄鲜重产量的原因之一。

2.3 小结

要想清晰地了解环境因子如何影响作物的生长和产量，就必须区分作物发育(主要受温度影响)与生长(主要受光照和 CO_2 影响)之间的区别。作物生长分析是一个非常有效的工具，可以解释作物在不同环境或遗传因素下的生长差异是基于光合生理方面还是基于作物形态学方面的原因。产量分析帮助我们理解了光照截获、光能利用率、同化产物分配和叶面积形成这些基本过程。本章提出了关于作物生长和产量形成的一些重要概念，在我们应用这些知识来进行温室环境调控之前，有必要先了解一下温室能量和质量平衡，这将是后面章节将要阐述的内容。

照片来源：Cecilia Stanghellini（左图），Frank Kempkes（右图），瓦赫宁根大学及研究中心，
温室园艺组

世界各地的种植者都通过建造温室来保护作物、提高产量，以及更高效地利用水分、肥料和植保产品。这不只是给作物提供了保护设施，这个设施里的整个内部环境都发生了变化。这些变化可以根据物理定律去预测，因此温室生产与物理学基础知识息息相关。我们将从温室最重要的特性开始讨论：温室如何利用太阳辐射，以及如何与室内温度关联起来。

我们将从最简单的温室——不通风的空"温室"（指没有作物）开始，然后在随后章节中逐步使温室更符合实际（更复杂）。为了能理解不通风温室内发生的状况，需要对光照/辐射特性、温室覆盖材料特性、热量传递原理、斯蒂芬-波尔兹曼定律和能量平衡有一定的了解。

3.1　太阳辐射

到达地表太阳辐射的波长范围约在 300~2500 nm 之间（图 3.1），也被称为"光"。严格来讲，光是我们肉眼能看到的波长约在 380~750 nm 之间的辐射部分。然而，在日常用语中我们常常混淆和错误使用术语，比如"紫外光"和"红外光"，实际上这里应该用"辐射"而不是用"光"。

对于作物生产，有必要将太阳辐射光谱分成三个波长范围（波段）：紫外辐射（UV，300~400 nm）、光合有效辐射（PAR，400~700 nm）、近红外辐射（NIR，700~2500 nm）。PAR 是太阳辐射中能被植物用于光合作用的光谱波段（也是我们肉眼能看到的光谱）。UV 和 NIR 不能被用于光合作用，但对作物某些发育过程有影响。太阳辐射中大约一半能量在 NIR 波段，而 UV 波段所含能量非常少（百分之几），因此可以认为太阳辐射所含的能量，一半在 PAR 波段，一半在 NIR 波段。最近的研究表明，植物的某些发育过程会受一些特定波长或窄波段的影响（Van Ieperen，2016）。尽管如此，在绝大多数情况下，讨论温室生产时只考虑 PAR、NIR 和 UV 这三个波段已经很充分了。

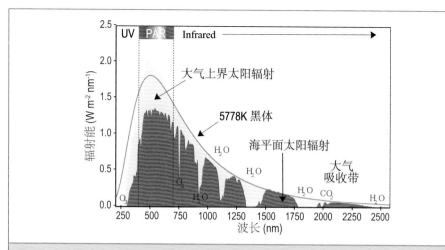

图 3.1　地球大气上界（黄色区域）和海平面（红色区域）的太阳辐射光谱，分为紫外辐射（UV）、光合有效辐射（PAR）和红外辐射（Infrared）三个波段。太阳产生的辐射分布与5778 K（5505 ℃）黑体的辐射分布相似（参见斯蒂芬-波尔兹曼定律），黑体温度与太阳表面温度相近。当太阳辐射经过地球大气层时，其中一部分辐射被具有特定吸收带的气体所吸收。曲线基于美国材料与试验协会（ASTM）的地面参考光谱所绘（https://commons.wikimedia.org/wiki/File：Solar_spectrum_en.svg）。

辐射由称为光子的基本粒子组成，光子所携带能量的大小与其波长成反比（框注 3.1）。例如，蓝光光子能量几乎是红光光子能量的两倍。然而，PAR波段内所有波长的光子对光合作用的贡献（几乎）一样（框注 3.2）。因此，光合作用只取决于 PAR 波段内光子的数量，而不取决于它们所携带的能量。这就是为什么我们研究辐射对光合作用的影响时，用摩尔（mole）作单位来衡量

框注 3.1　辐射能量：焦耳和微摩尔的联系。

波长为 λ 的光子能量 $E = h c \lambda^{-1}$。将普朗克常数 h 和光速 c 的值代入公式，可得$E \cong 2 \times 10^{-25}$ J λ^{-1}，其中，E 的单位是 J（焦耳），λ 的单位是 m（米）。那么，1 μmol（约等于 6×10^{17} 个）波长为 λ 的光子能量约等于 1.2×10^{-7} J λ^{-1}。

如果把波长 λ 的单位换成 nm（纳米），就是 120 J λ^{-1}。

太阳光谱中 PAR 的平均波长约为 500 nm（绿色），因此太阳辐射中 1 μmol PAR 光子能量约为 0.24 J。再考虑到 PAR 能量约为太阳辐射总能量的 47%，可得，

1 W m^{-2} 太阳辐射 $\approx$ 2 μmol m^{-2} s^{-1} PAR（1 J $\approx$ 2 μmol→1 MJ $\approx$ 2 mol）。

上述数字关系只适用于太阳辐射，对其他光源（比如灯），需要知道灯光的波长分布（见框注 10.3）才可以计算出灯光的辐射能量及其对光合的贡献。

辐射，而当我们研究辐射对温度的影响时，就必须用能量单位焦耳(J)来衡量辐射。显然，当研究的某个过程涉及速率和强度时，我们使用通量密度($\mu mol\ m^{-2}\ s^{-1}$和$W\ m^{-2}$)这个物理量。

框注 3.2　人眼与植物对光的响应。

人工光源无处不在，人们对光照的测量主要取决于光照是否满足对房屋、办公室、工厂和街道等场景的照明需求。人眼敏感的波段与 PAR 波段相似。但人眼更容易看到某些颜色，比如黄色看起来很亮，蓝色看起来较暗。"勒克斯 lux"这个度量光照的单位主要考虑了人眼和大脑的所有特殊性。

这就意味着 lux 根本不适用于表征光照/辐射对植物是否有用。植物叶片的光合作用在 PAR 范围内对辐射的响应曲线与人眼对不同波长辐射的敏感性是完全不同的。所以，对植物而言，需要一个不同的光照度量单位：$\mu mol\ m^{-2}\ s^{-1}$。尽管如此，植物补光灯的光输出有时还是以 lux 来表示。

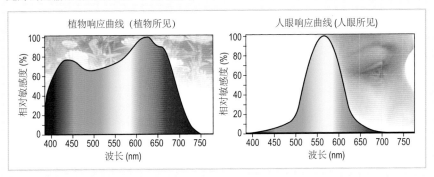

(图片来源：左图，https://sunmastergrowlamps.com/plant-science；右图，https://sunmastergrow-lamps.com/lamp-science)

理想的 PAR 仪(光量子仪或测光表，$\mu mol\ m^{-2}\ s^{-1}$；框注 3.3)的测量值与理想的总辐射仪(日光计，$W\ m^{-2}$)的测量值之间的关系取决于被测光源的光谱分布，两个测量值之间依靠光子能量来关联。我们根据太阳辐射的光谱分布(图 3.1)，就能够估算出 1 $W\ m^{-2}$太阳辐射大约相当于 2 $\mu mol\ m^{-2}\ s^{-1}$ PAR(框注 3.1)。除了计算中采用一些近似方法外，太阳光的光谱分布还受大气状况(云、烟雾)的影响，所以计算结果会是一个近似值。此外，在实际应用中，传感器本身的波长响应也会影响测量结果(框注 3.3)。

框注 3.3　如何测量辐射?

如何选用恰当的辐射传感器取决于测量目的。如果测量太阳辐射能量,可使用总辐射仪(或称日光计,见左图),单位为 $W\ m^{-2}$;而测量 PAR,则使用光量子仪(或称测光表,见右图),单位为 $\mu mol\ m^{-2}\ s^{-1}$。

辐射测量原理都是相同的:传感器中黑色感应面和高反射感应面在接受辐射后会产生温差,温差与入射辐射能量紧密相关。传感器上的光学滤波器(如上左图中的双层透明部分,上右图中的白色部分)决定了要测量的波段。由于没有任何一个滤波器是非常完美的(下左图为三个光量子传感器的波长响应曲线),因此人们应该考虑滤波器的响应,尤其是在测量单色光源时。

上述两个传感器都是对单个"点"光源辐射的测量,如果光照不均匀(例如在温室屋顶下)或在作物冠层内部/下方,则可能需要进行多点测量。特别是对于后者,可以使用杆状传感器(下右图,长约 1 m)。由于传感器面积大得多,因而读数受具体测量位置的影响较小。这是测量作物冠层内光照的理想选择。

郎伯余弦定律指出,完全均匀的(朗伯)表面下的辐射强度与入射光和表面夹角的余弦成正比。光照传感器通常采用余弦校正对测量半球内任何角度的光线进行校正。这种校正在杆状传感器中不是很精确,杆状传感器对来自接近水平方向的光线的测量值通常会偏低。

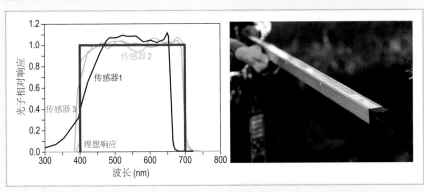

由于太阳光在大气中被部分散射，地表接受的太阳辐射具有空间分布：我们接受来自空中各个方向的光照，从太阳所在的地方，我们接受直接辐射，从其余地方接受的是散射辐射，即被大气散射的太阳辐射。太阳相对地平线的高度越低，其通过大气传输的路径就越长，散射辐射比例就越大。这是纬度(高纬度→太阳高度角低)、季节和一天中的时刻这三个因素共同作用的结果。散射辐射可以采用总辐射仪配以遮光环来进行测量，遮光环可以根据一天中太阳的运动轨迹(日出到日落)来连续遮挡太阳直射光，因而总辐射仪所测读数即为散射辐射。

除了这种几何空间效应之外，云、水蒸气和烟雾也会增加大气的散射效果(图3.2)。例如，在阴天(完全多云的天空)，地面只有散射辐射，最多只有大气上界辐射的30%。相反，在晴天，地表接受的辐射中约80%为直接辐射，总辐射量占大气上界辐射的70%甚至更多。

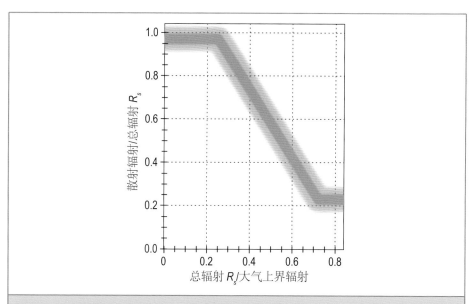

图 3.2　散射辐射占总辐射(Rs)的比例 VS 总辐射(Rs)与大气上界辐射之比。横坐标是反映大气浑浊度或云量的指标之一。该图经 Roderick(1999)汇总横跨赤道两侧 50°纬度和超过 500 m 以上海拔的数据资料后重新绘制。

世界各地的辐射情况因上述各因素而异，例如，在荷兰的冬季，只有 20%的总辐射来自直接辐射，夏季有 35%来自直接辐射；而在亚利桑那州，夏季有 80%的辐射来自直接辐射，即使在冬季也仍然有 70%是直接辐射；在意大利南部，夏季有 60%的辐射是直接辐射，冬季有 40%的辐射是直接辐射。

3.1.1　太阳辐射的反射、吸收和透射

无论温室覆盖材料是玻璃还是塑料，它总会对太阳辐射产生反射、吸收和透射(图3.3)，所以反射、吸收和透射系数三者之和必须等于1。对于温室覆盖材料来说，透射率(也称透光率)应尽可能高，相应地，反射率和吸收率应尽可能低。

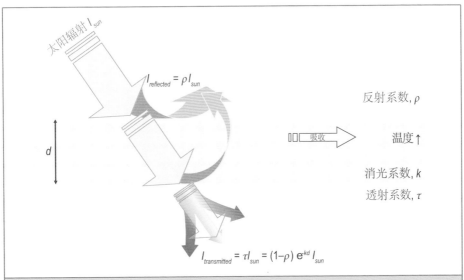

图 3.3　温室覆盖材料相关特性示意图。玻璃(或薄膜)内外两侧均可发生反射，透射光与入射光在光谱和几何(散射)特性方面可能存在差异。

可以通过改变温室覆盖材料表面的结构或增加涂层来改变其反射属性。反射系数ρ(反射与入射辐射之比)用于表征反射属性。吸收率取决于材料的"浑浊度"和厚度。透过厚度为d的混浊介质后的辐射(I_d)可按照以下公式计算：

$$I_d = I_{sun} e^{-kd} \qquad\qquad \text{W m}^{-2}\text{或 μmol m}^{-2}\text{ s}^{-1} \quad (3.1)$$

其中，I_{sun}为入射太阳辐射，k为消光系数，是材料本身的属性。一种材料是否适合用于温室覆盖材料取决于其强度(因强度决定所需厚度)和透明度的综合考量。例如，4 mm 高透明度(低消光系数)玻璃板和0.1 mm 低透明度聚乙烯(PE)薄膜的效果一样。要注意的是，覆盖材料吸收的辐射也会增加覆盖材料的温度。

温室覆盖材料的总透射率用τ表示，那么：

$$I_{transmitted} \equiv \tau I_{sun} = (1-\rho)\,e^{-kd} I_{sun} \qquad\qquad \text{W m}^{-2}\text{或 }\mu\text{mol m}^{-2}\text{ s}^{-1} \quad (3.2)$$

$\equiv$ 符号表示这是(τ 的)定义

垂直辐射的反射和吸收损耗最少。当辐射不是垂直入射时，通过材料的辐射传输路径 d 比垂直方向的传输路径长，因而辐射被吸收更多。然而，入射辐射被材料吸收的量其实很小，高入射角辐射的透射率削减主要由材料外表面和内表面的高反射造成。通常，在地球上任何位置、任何形状的温室中，只有极少(如果有)的太阳辐射垂直射向(一部分)温室覆盖材料表面，因此用垂直透射率会严重高估(至少高估10%，且材料之间差异很大，表3.1)进入温室内部的太阳辐射。所以半球透射率可以更好地表示太阳辐射透过覆盖材料到达作物表面的平均光照量，半球透射率可以在受到均匀光照的(朗伯体)圆顶装置下进行测量，或者取多个不同入射角下透光率的平均值而得。

表3.1　温室覆盖材料PAR(垂直和半球)透射率的代表值(Hemming 等，2005)[1]		
	透射率(%)	
	垂直	半球
传统玻璃	89~90	82
超白玻璃	90~91	83~84
抗反射玻璃	95~97	89~91
散射玻璃	90~91	76~82
抗反射散射玻璃	95~97	85~91
PE/EVA 膜	85~90	78~82
PE/EVA 散射膜	85~90	73~80
ETFE(F-clean)膜	93	86
ETFE(F-clean)散射膜	93	81
PC 板	76~80	60~70
PMMA 板	89~92	76

[1] AR=anti-reflection 抗反射；ETFE=乙基四氟乙烯；EVA=乙烯-乙酸乙烯酯；PC=聚碳酸酯；PE=聚乙烯；PMMA=聚甲基丙烯酸甲酯。

辐射进入温室后，会产生两种效应：一是光量子用于光合作用(PAR 部分）；二是辐射所携能量（PAR 和 NIR 部分）用于加热包括作物、温室部件以及温室内设备在内的所有物体。光合作用在任何时候都是需要的，第二种效应只有在特定情况下才需要（取决于温室所处位置和季节）。

对于喜光作物而言，几乎不会发生 PAR 过多的情况。单叶会出现光饱和现象，但作物冠层却很少达到光饱和（图 2.10）。并且，在大多数气候带，都会有较暗即光照较少的季节，光便成为作物生长的限制因子。所以种植者在投资建设新温室时特别注重覆盖材料的高透射率。有足够证据表明，对于所有常见的温室作物来说，每一份（光合）光照的增加都会带来相应的产量增长（Marcelis 等，2006）。

此外，现代技术（温室散射覆盖材料；框注 3.4）可以做到在不（大幅度）降低透射率的情况下增加覆盖材料的散射效果（如改变玻璃表面结构和增加抗反射涂层）。这种覆盖材料的使用可以提高荷兰温室作物的产量（Li 等，2014）。通常，透明板材（如汽车玻璃）的光散射特性用"雾度"来量化，"雾度"的定义反映了在大多数情况下不希望出现雾度的事实。Hemming 等（2016）研究表明，雾度无法提供足够的信息来描述光照的几何空间分布。因而在"温室覆盖材料和幕布光学特性表征的新规范（NEN2675）"里引入了"园艺散射度"（Hortiscatter）这个名词，用于描述温室覆盖材料的散射特性。

由于散射覆盖材料只是影响太阳辐射的直接辐射成分，该材料在太阳直接辐射比例高于荷兰的地区的作用更大，如纬度较低的地区。荷兰温室常用的覆盖材料为普通玻璃（荷兰科研温室常用材料），没有散射功能。但在较暖地区常用的温室标准覆盖材料是"透明"的塑料薄膜，其散射度约为 20%，因而在讨论覆盖材料散射效果带来的园艺增效时，应首先考虑评估用于对照的覆盖材料。此外，关于高光强条件下散射光效果的研究还很少。

3.1.2　遮阳

辐射透过温室覆盖材料进入温室，带入的能量可能会导致温室内温度过高（第 4 章）。当通风不能充分降温时（第 5 章），就有必要减少进入温室的辐射，即遮阳（框注 5.3）。应当注意的是，这也会降低光合作用，由此可见，遮阳有利有弊。在设计温室时，应优先充分考虑良好的通风能力，其次考虑遮阳。

框注 3.4　散射覆盖材料：散射作用和材料技术能带来什么？

散射覆盖材料将入射的光束散射到更宽的角度。较高的散射意味着大部分入射光会以较大的角度偏转。因此（少）部分光将被反射回去。这意味着，增加散射率会降低覆盖材料的总透射率，如下图所示。

图中每个点表示具有不同散射度的材料相对应的半球透射率：左图为塑料薄膜［根据Hemming（2015）的研究重绘］，右图为玻璃［根据 Hemming 等（2014）的研究重绘］。由于"园艺散射度"的概念是在图中的数据收集完成之后才被引入设施园艺研究的，所以图中仍旧采用"雾度"作为横坐标。从图中可以看出透射率随着雾度的增加而下降的趋势。

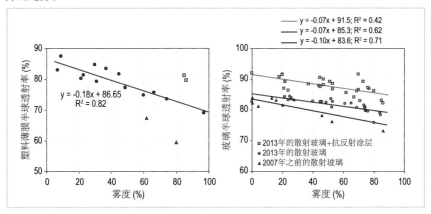

然而，两个图都表明，材料技术可以在此方面做一些贡献：左图中红色三角和绿色方框与蓝色直线所示的总体趋势（雾度每增加 10%，透射率降低 1.8%）偏离很大。相对而言，"绿"点代表的两种材料性能稍好，而"红"点代表的材料性能则要差得多。

右图表明，在温室引入散射玻璃后的最初六年，温室散射玻璃覆盖材料已经有所改进：2007 年，雾度每增加 10%，透射率降低 1%；而到 2013 年，透射率仅降低0.7%，这要归功于在玻璃上使用了新开发的结构（非平板玻璃表面）。此外，通过引入超白玻璃，玻璃基础材料的透射率也提高了约 2%（截距即为透明玻璃的透射率）。"绿"点为 2013 年问世的经过抗反射涂层处理的商用覆盖材料。趋势线表明，这样的处理将透射率平均提高了 6% 以上（对散射玻璃和透明玻璃均如此），并且该处理对透射率随着雾度的变化趋势没有任何正面或负面的影响（雾度每增加 10%，透射率降低 0.7%）。

　　最广泛应用的遮阳处理方法是涂白，即在温室表面涂一种白色涂料，以反射一部分太阳辐射。通常使用一种水溶性碳酸钙涂料，在春末至秋初应用，之后冲洗掉即可。白色可确保高反射率，使得覆盖材料不变热。涂白后覆盖材料透射率（τ）的下降幅度很大程度上取决于涂层厚度，通常会降低 30% ~ 50%。白色涂料具有散射作用，涂白后温室内光照是散射光，这在某种程度上可以减少涂白的遮阴对产量的负面影响。

涂料配方在不断地改进，某些具有光谱选择性的临时涂料对 NIR 的反射率比对 PAR 的反射率高，这在理论上可保证总透射率(τ)一定的情况下，尽可能具有更高的 PAR 透射率(→光合作用)(另见框注 3.5)。一些临时涂料在变湿后会更透明，这在辐射太少(而不是太多)时能保证高透射率，例如栽培季遭遇下雨或下雾的时候。但在实际应用中，目前市场上这两种涂料对透射进温室的太阳辐射光谱组成的改变都不算最佳。最近问世的一些有色临时涂料，可以用于调控特定的植物形态(如玫瑰花枝长度)。

框注 3.5 近红外过滤：吸收或反射？

理论上，能够过滤太阳辐射中的 NIR、同时完全透射 PAR 的材料可以使温室内凉快得多，会降低约一半的作物蒸腾，而不会对光合作用或产量有任何影响。这就难怪人们对 NIR 选择性过滤材料产生了极大的兴趣，特别是在温暖地区的温室应用。

过滤材料可以通过吸收或反射目标波段的辐射来达到过滤目的。

吸收的辐射使过滤材料(覆盖层)变热，总之会有相当大部分能量将最终以热或热辐射的形式进入温室。反射似乎是更好的选择。但叶片本身已经对 NIR 具有相当高的反射率(大约 50%)，因此，通过不完美的"反射镜"(指温室覆盖层)透射进来的所有 NIR 最终都会被留在两个反射镜(覆盖层和叶片)之间，最终的效果将低于过滤材料所描述的性能参数(Stanghellini 等，2011)。

反射和吸收的 NIR 过滤材料都可以在市场上买到。但还未出现理想的材料：吸收过滤材料对 PAR 也具有很强的吸收，反射过滤材料对 NIR 最多只能达到 50% 反射率，尽管目前正在研究更好的材料。

另外，对于某些地区的不加温温室，在生长季的低温时段，透射进入温室的近红外提高了温室的温度，Garcia Victoria 等(2012)在西班牙阿尔梅里亚的研究表明这是很有必要的。

采用可折叠式遮阳网(内遮阳和外遮阳)来遮阴的优势是，只要温度允许(如在早晨、傍晚或阴天)，它们都可以折叠收拢起来。如果内遮阳网很靠近温室通风窗，就会妨碍通风口内外空气的交换，减弱了通风带来的降温效果。外遮阳网可以阻止太阳辐射进入温室且不会妨碍通风，但外遮阳网对风害和灰尘非常敏感，因而很少安装使用。不管是外遮阳还是内遮阳，另一个问题是折叠收拢后会遮光，应注意确保幕布的收拢体积足够小而不产生遮光。

最后，也应关注幕布所使用的材料。最常用的多功能幕布(用于白天遮阳和夜间保温)在编织技术上采用铝箔条以镂空结构交替编织而成，在最低限度降低通风的情况下达到遮阳效果。但铝是夜间保温的合适之选，因为铝的低发射率(章节3.2)可防止辐射降温(另见图3.4),这种机制使得在晴朗夜晚、需要使用幕布保温时非常有效。所以不能在遮阳幕布上使用铝箔,而应使用高反射率(和高散射率)、高发射率和高红外透射率(相应地具有低红外反射率)的白色条状材料。

3.2 热辐射:斯蒂芬-波尔兹曼定律和维恩位移定律

任何温度高于绝对零度的物体(0 K=-273.15 ℃)都会以辐射的形式释放能量。斯蒂芬-波尔兹曼定律量化了"黑体"(一种理想物理体,吸收任何入射频率或入射角入射的所有电磁辐射)释放的辐射能量。斯蒂芬-波尔兹曼定律指出,黑体的辐射能力与黑体本身绝对温度(K)的四次方成正比,这个比例系数称为斯蒂芬-波尔兹曼常数,$\sigma = 5.67 \times 10^{-8} [\text{W m}^{-2} \text{K}^{-4}]$

$$R = \sigma T^4 \qquad\qquad \text{W m}^{-2} \quad (3.3)$$

释放辐射的波长取决于物体本身的温度。根据维恩位移定律,黑体辐射能力最大值所对应的波长与其表面绝对温度成反比:

$$\lambda_{max} \approx \frac{2.9 \times 10^6}{T} \qquad\qquad \text{nm} \quad (3.4)$$

其中,λ 以 nm 为单位,温度以 K 为单位。太阳的温度约为 6000 K,释放出的辐射在 300~2500 nm 波长范围(图3.1)。地表处于常温状态下(大约 300 K)释放的辐射是我们看不到的(除非戴上特殊眼镜)波长在 6000~20000 nm(=6~20 μm)之间的辐射。该波长范围称为远红外或热红外(TIR)。有时将其称为长波辐射,以区别于短波辐射,如太阳辐射(300~2500 nm)就是短波辐射。

3.2.1 发射率

非黑体的物体(有时称为"灰体")发射出的辐射要少一些。发射率(ε)被定义为在相同温度下灰体发射的辐射与黑体发射的辐射之比,其值显然介于0到1之间。发射率是材料表面的特性,潮湿物体的发射率等于1(例如水),无论干燥时其发射率是多少。大多数天然材料的发射率高于0.7,大多数建筑材料的发射率甚至高于0.9。铝是唯一价格低廉的低发射率材料,其发射率在0.03~0.2之间,具体取决于其表面抛光程度。

3.2.2 净辐射

所有物体在发出辐射的同时，也会从周围环境接收辐射，时刻都在进行能量交换。知道某个物体发出和接受的净能量非常重要，例如温室内作物顶部的叶片从温室覆盖材料、其他叶片/茎干、土壤和温室内的加温设施接收能量或向它们发射能量。在这种情况下，叶片能够"看见"与之进行辐射交换的每个元素的比例就非常重要，这可以用视角系数($F_{1,2}$)来表示。例如，$F_{leaf,cover}$指对叶片自身而言，温室覆盖材料占叶片"视野"的比例。显然，一个点的所有视角系数之和必须为1。叶片的净热辐射可以通过以下公式计算：

$$Net_{TIR} = \sigma \sum_{i=1}^{n} F_{leaf,i}(T_{leaf}^4 - T_i^4) \qquad \text{W m}^{-2} \quad (3.5)$$

其中i指在"叶片的世界"中所有可能存在的物体。对于温差相对较小的情况，可将公式线性化(即泰勒展开的第一项；框注3.6)：

$$Net_{TIR} \approx 4\sigma T_{mean}^3 \left(T_{leaf} - \sum_{i=1}^{n} F_{leaf,i} T_i \right) \qquad \text{W m}^{-2} \quad (3.6)$$

这意味着可以将叶片世界中的"表观"辐射温度估算为所有物体的平均温度，该平均温度根据每个物体的相对大小加权平均而得。公式中$4\sigma T_{mean}^3$的单位量纲与传热系数(α_R，W m^{-2} K^{-1})相同，一般在4.13(−10℃时)到7.0(40℃时)之间变化。据此可知如下非常基本的经验值，就是两个"地面"温度的物体，每一度温差引起的净辐射约为6 W m^{-2}。

框注3.6 线性化。

两个物体之间的净辐射交换是其温度（横坐标）的四次方（纵坐标）之差。这是通过温度差乘以四次曲线在这两个温度范围内的斜率得出的。在温度区间内，总会存在某个点(T_m)，该点切线的斜率等于两端点连线的斜率。切线斜率由四次曲线在该点的导数计算而得：

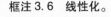

$$\frac{\Delta y}{\Delta x} = \left[\frac{\partial y}{\partial x} \right]_{x=T_m} \qquad \Delta y = 4\sigma T_m^3(T_2 - T_1)$$

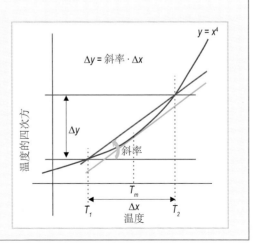

根据以上描述，就可以估算出温室系统散发到大气中的辐射热。空气越干燥、大气层越透明，越有利于热辐射，天空的表观温度也越低(温度随着高度增加会下降很多)。一些气象站有实测的表观天空温度(框注 3.7)，否则必须通过气温、湿度和云量，依靠经验模型来估算天空的表观温度(如 Cheng 和 Nnadi，2014)。

在晴朗且寒冷的夜间，温室和大气层上层之间的温差很容易达到 50 ℃，仅温室对天空的辐射损失就可能达到 150 W m^{-2}(天空只占了温室"视野"的一半，6×50×0.5 = 150)。这也是良好的节能幕布材料必须含铝 50% 以上的原因。但是，当铝箔变湿或变脏时，这种幕布的保温功效会大大降低。

框注 3.7　如何测量净辐射？

地面辐射仪与太阳总辐射仪的测量原理相同，唯一的区别是滤波器仅让波长高于 2500 nm 的辐射通过。传感器本身在此波段中也向外发出辐射，测量值是传感器与天空交换的净辐射(传感器朝天空方向时)。

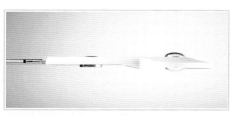

通过测量(或控制)传感器温度可以进行绝对准确的测量，这也是气象站测量天空温度的方法。如果将两只传感器背靠背、朝向相反方向整合在一起(如分别向上和向下)，两只传感器测量值之差即为传感器上、下方的净辐射交换。可以在此基础上再加两只背靠背的总辐射仪进行更完整的测量。

3.3　传热(传导、对流)和蓄热

除了辐射交换外，还存在热交换。只要两个物体之间存在温差，热量就会从较热物体传递到较冷物体。我们把两个物体直接接触产生的热交换称为热传导。当热量先被释放到一种流体(例如空气)、然后流体再去加热其他较冷物体，这种热传递我们称之为对流。传热速率均与温差成正比，比例常数称为传热系数，通常用 α 表示，单位为 W m^{-2} K^{-1} 或 W m^{-2} ℃$^{-1}$。

温室内通常比温室外温暖，因此，温室内的热量会通过覆盖层损失：

$$H_{in,out} = \alpha_{cover} \frac{A_{cover}}{A_{soil}} (T_{in} - T_{out}) \qquad \text{W m}^{-2} \qquad (3.7)$$

其中：

$H_{in,out}$　　单位(占地)面积的温室热量损失，$W \ m^{-2}$

A_{cover}　　温室覆盖层(外壳)的表面积，m^2

A_{soil}　　温室占地面积，m^2

T　　　温室内或外的温度，℃或 K

α_{cover}　　温室覆盖层的传热系数，$W \ m^{-2} \ K^{-1}$

温室覆盖层的传热系数取决于材料，比如，多层的传热系数比单层要低得多。也取决于风速，因为风可以带走覆盖层表面的热量，使得散热更快。在粗略估算时，我们可以假定单层覆盖层的热传导随风速线性增加。

在设计温室时会使用一个 U 系数(另见章节 8.1.1)，该系数和传热系数的单位一样($W \ m^{-2} \ K^{-1}$)，它反映了热传递和热辐射二者的综合损失。U 系数用于确定供暖设备的功率，它不仅取决于温室结构和覆盖材料，还取决于温室的地理位置(温室所在地的云量情况、平均风速等)。U 系数是平均综合传热系数，不可以用于特定时间(或特定外部条件下)温室内温度的计算。

同样，温室内空气与土壤(通常，白天土温比气温低，夜晚土温则较高)之间也存在热传递。

$$H_{in,soil} = \alpha_{soil}(T_{in} - T_{soil}) \qquad\qquad W \ m^{-2} \quad (3.8)$$

其中：

$H_{in,soil}$　　单位(占地)面积的温室内空气与土壤的热交换，$W \ m^{-2}$

T　　　温室内空气温度和土表温度，℃或 K

α_{soil}　　从空气到土壤的热传递系数，$W \ m^{-2} \ K^{-1}$

温室内空气与地表的热交换取决于土表的隔热程度(如土表是混凝土、有塑料薄膜或无纺布覆盖物)以及土表附近的空气流动状况。

进入土壤的能量使土壤表层变暖，土壤表层又使土壤表层之下的土层变暖，依此类推，每层土壤中都存储了热量。同时，传递的热量会有延迟，相对于表层土壤，下层土壤的温度变化幅度较小。夜间，如果温室内空气比土表冷(通常，加温温室中不会出现)，热传递方向就会逆转，表层土壤的热量就会释放到温室空气中，下层土壤的热量也会向上传递。可以想象，在某个深度下，土温的日变化不再明显，甚至土温的年变化也不再出现。简而言之，较薄的土壤，每天都与温室空气进行热量交换，而较厚的土壤则在夏天存储热量，在冬天释放热量。每层的厚度由土壤热容量决定，土壤热容量取决于土壤类型(砂土、壤土、有机质含量、岩土)及其含水量。土壤颗粒间隙含水时比干燥时能存储更多的热量。当然，土壤成分及其含水量都随深度而变化，可以假设土壤性质不随深度变化，进而估算出各土层温度的近似值。

3.4 能量平衡与温室温度

物理学基本定律之一是能量守恒定律。也就是说，在稳定状态下，进入温室的能量必须等于温室散发的能量。当条件发生变化时，在达到新的平衡之前，能量会储存在温室中或从温室释放，或者说，温室会变暖或变冷。离开温室的能量通量（其次是进入温室的能量通量）取决于温室温度，很明显，温度是为了保持能量平衡而不断变化的变量。我们将不通风温室的温度定义为 T_{tunnel}，并且假设温室覆盖层温度等于温室内空气温度。

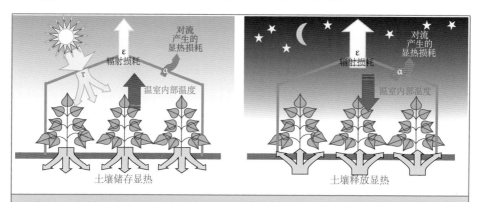

图 3.4　不通风且不加温温室的能量通量示意图：白天（左）、夜晚（右）。符号 τ、ε 和 α 分别代表温室覆盖材料的三个非常重要的特性：太阳辐射透射率、热辐射发射率、传热系数。

图 3.4 总结了不加温且不通风温室中的能量通量。综合本章中所有信息，就可以计算出不通风的空温室（如封闭的拱棚）里的温度。根据能量平衡，通过覆盖层进入温室的太阳辐射必须等于从温室内向天空、外部空气和土壤散发的能量总和。

$$\tau I_{sun} = F_{tunnel,sky}\varepsilon_{cover}\alpha_R(T_{tunnel} - T_{sky}) + \frac{A_{cover}}{A_{soil}}\alpha_{cover}(T_{tunnel} - T_{out})$$

$$+ F_{tunnel,soil}\varepsilon_{soil}\alpha_R(T_{tunnel} - T_{soil}) + \alpha_{soil}(T_{tunnel} - T_{soil}) \qquad \text{W m}_{soil}^{-2} \quad (3.9)$$

其中：

τ　　　　覆盖层的太阳辐射透射率，-　　　　　　　　　　　公式 3.2

I_{sun}　　太阳辐射，$W\ m^{-2}$

$F_{a,b}$　　从 a 看 b 的视角系数，-　　　　　　　　　　　　公式 3.5

ε_{cover}　　覆盖材料的发射率，包含幕布的作用，-　　　　　　公式 3.3

α_R　　热辐射的表观传递系数，$W\ m^{-2}\ K^{-1}$　　　　　　公式 3.6

T_{tunnel}　　不通风温室的温度，K 或℃

T_{sky}　　天空表观温度，K 或℃（除其他因素外，还取决于云量情况）

T_{out}　　温室外空气温度，K 或℃

T_{soil}　　土表温度，K 或℃

$A_{cover,soil}$　　覆盖层表面积、温室占地面积，m^2　　　　　　　公式 3.7

α_{cover}　　覆盖材料的传热系数（包含可能的幕布），$W\ m^{-2}\ K^{-1}$　公式 3.7

α_{soil}　　土壤的传热系数（包含可能的土表覆盖物），$W\ m^{-2}\ K^{-1}$　公式 3.8

对于不受高层建筑阻挡的温室，我们可以假设 $F_{tunnel,sky}=F_{tunnel,soil}=0.5$。当外部条件和覆盖材料（以及土表覆盖物）的特性已知时，可以根据公式 3.9 求出不通风空温室的温度。

$$
\begin{aligned}
T_{tunnel}-T_{out} &= \frac{\tau I_{sun}-F_{tunnel,sky}\varepsilon_{cover}\alpha_R(T_{tunnel}-T_{sky})}{\dfrac{A_{cover}}{A_{soil}}\alpha_{cover}} \\[2em]
&\quad -\frac{F_{tunnel,soil}\varepsilon_{soil}\alpha_R+\alpha_{soil}}{\dfrac{A_{cover}}{A_{soil}}\alpha_{cover}}(T_{tunnel}-T_{soil}) \qquad ℃ \quad (3.10)\\[2em]
&= \frac{\tau I_{sun}-radiation\ to\ sky \pm soil\ flux}{\dfrac{A_{cover}}{A_{soil}}\alpha_{cover}}
\end{aligned}
$$

其中，当热量是从温室空气传递到土壤中时（$T_{tunnel}>T_{soil}$），土壤热通量视为正。

由于天空总是比地表空气要冷得多（Monteith 和 Unsworth，2014：72 页），公式 3.10 清楚地表明，在夜间不加温的温室内，只有在土壤温暖和辐射损失很小的情况下，温室内温度才会比室外温度高。Piscia 等（2013）将能量平衡与计算流体力学（CFD）模拟相结合，更深入地研究了覆盖材料特性对不加温温室夜间温度的影响。在晴朗的天空条件下，与不加温温室通常使用的标准聚乙烯薄膜覆盖材料相比，高反射率的材料（即低透射率和低热辐射率）预期可使温室内温度升高约 6.5 ℃，伴随着 25 $W\ m^{-2}$ 的土壤热通量。

为了管理好温室覆盖层的辐射和保温性能，使温室温度达到最佳，通常需要对被动式/不加温温室（框注3.8）和加温温室（框注3.9）的覆盖材料在透明度、保温性和如何巧妙使用蓄热之间进行权衡。De Zwart（2016）开发了一个非常有助于教学的在线工具，可以用于估算不同幕布和温室覆盖材料情况下保持加温温室内目标温度所需的能量，以及评估不同幕布和温室覆盖材料对作物垂直温度梯度的影响。

框注3.8　中国传统的日光温室。

（照片来源：Cecillia Stanghellini）

中国传统的日光温室有一个朝南的斜坡屋顶，北侧有厚厚的土墙。白天，土墙存储盈余的太阳能。夜晚，土墙将能量释放给温室空气，在塑料薄膜屋顶上盖有保温被（草苫）用来降低热传导率从而起到保温作用。这种不需要借助加温，而是巧妙利用自然蓄放热技术、结合对覆盖物传热性能的管理，使得中国内陆地区的作物种植季节能够很大程度地延长到带有大陆性气候特征的寒冷冬季。随着人们对种植过程和产品品质的关注，这种简单的设计也亟待改进。

3.5　小结

总之，必须根据材料的光谱特性（反射率、透射率和发射率）来选择温室覆盖材料和幕布材料。这些特性是否理想取决于生产所需的光谱波段范围（PAR、NIR和TIR）。对PAR而言，总是需要选择透射率τ尽可能高的材料。在红外波段内，材料的选择取决于温室所在地区。如果温室所在地区降温非常重要，则NIR反射率越高越好，反之则越低越好。同样，对于TIR来说，如何选择最佳材料也取决于地区。在温暖地区，可能需要使用高发射率材料才能实现夜间降温（并限制白天升温），有些作物确实需要较低的夜间温度，或需要较大的昼夜温差。而在夜间需要加温的地区，材料发射率应尽可能小

（如含铝的幕布）。在一些没有加温设施而夜间低温可能会影响生产的地区，情况也是如此，例如，地中海地区的冬季作物生产。

框注 3.9 节能：保温和透光之间的平衡。

由于经济和社会的双重压力，加温温室需要减少化石能源用量。这意味着我们需要最大限度地利用太阳能和其他可再生能源。绿色电能很可能会在未来的温室中为更多的人工补光和热泵（用于加温、降温和除湿）提供动力。在短期内，有必要通过更智能的气候管理和覆盖材料保温性能的改善来降低温室采暖热负荷（De Gelder 等，2012）。Hemming 等（2017）于近年开发和测试了两种覆盖材料原型，在不损失 PAR 透射率的情况下实现了很好的保温效果。在 VenloW-e® 温室中安装了一种新的双层大平板玻璃，双层玻璃中间充有氩气，玻璃的三个表面涂有抗反射涂层，两层玻璃之间的一个内表面涂有低发射率涂层。另一个成本较低的 2SaveEnergy® 温室使用了单层超白玻璃作为覆盖材料，双面均涂有抗反射涂层，在玻璃内表面上无缝贴合了 50 μm 厚度的散射薄膜（乙烯−四氟乙烯，ETFE）。

两个温室都配以额外的节能措施，如保温幕布和主动除湿回收显热。该表列出了以单层玻璃覆盖温室为对照的比较结果（Kempkes 等，2017a）。

	单层玻璃 对照	VenlowEnergy® 双层玻璃	2SaveEnergy® 玻璃−薄膜
天然气用量（$m^3\ m^{-2}\ y^{-1}$）	24.8	14.8	19
电（$kWh\ m^{-2}\ y^{-1}$）	6.5	6.7	6.9
屋顶冷凝水（$kg\ m^{-2}\ y^{-1}$）	83	3	23
光照累积量（$mol\ m^{-2}\ y^{-1}$）	5737	5706	5888
冬季光照累积量（$mol\ m^{-2}$）	667	712	738
冬季干物质产量（%相对于对照）	100	108	115

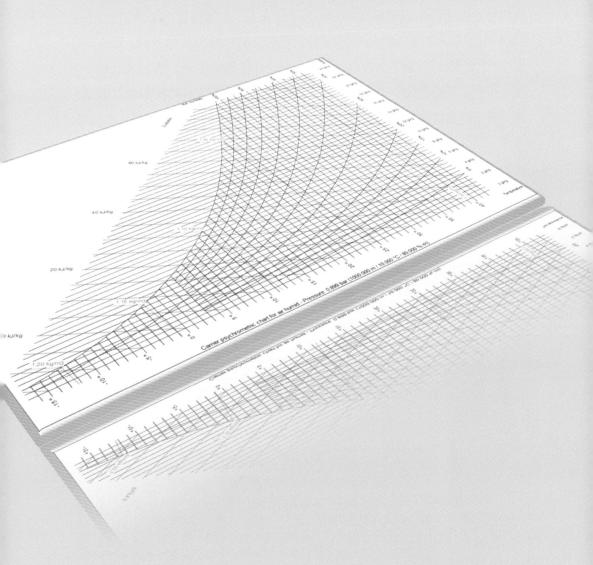

照片来源：Bert van't Ooster

测湿法、干湿球测湿法或湿度测定法是与空气-水汽混合物的物理学和热力学性质有关的工程领域名词（Gatley，2004）。该术语来自希腊语 *psuchron*（ψυΧρόν，意为寒冷）和 *metron*（μέτρον，意为测量方法）。本章中，湿空气焓湿学（湿度测量）原理上最常用、也最相关的对象是空气-水汽混合物，焓湿学里使用焓湿图描述湿空气的状态和变化过程。理解湿空气性质和空气调节过程，对于调控温室小气候至关重要。Mollier 图（或 Carrier 图）是应用于加温、通风、空气调节和气象学的重要工具，理解并求解其方程可以对焓湿过程获得更准确的领会。

4.1　湿空气性质

加温、降温和水分蒸发都会改变温室空气的状态，这些过程被称为空气的焓湿变化过程。图 4.1 所示的阿斯曼通风干湿表是传统的空气温湿度测量仪器，是干、湿球温度概念的基础。

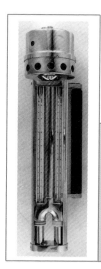

图 4.1　传统的阿斯曼通风干湿表（thermo-schneider. de）。干湿表有两支相同的温度表：一个是干球；另一个是湿球，用蒸馏水湿润过的纱布包裹。顶部风扇的强制通风使湿球纱布的水分蒸发，蒸发带走能量，所以湿球比干球示数低。现代仪器（框注 4.1）采用PT100 替代了温度计，通常连接到数据采集器自动记录温度。干湿表对温、湿度的测量非常精确（Gieling，1998），但缺点之一是需要频繁维护以保持纱布湿润，限制了其现代应用。

框注 4.1 温室温、湿度的测量。

温、湿度传感器提供温室小气候热量方面的信息。这些传感器通常安装在通风的测量盒中。最重要的电子测温原理是电阻随温度的变化而改变，例如，热敏电阻和电阻温度检测器(RTD)或热电偶(塞贝克效应)均采用该工作原理。对于湿度，电子测量原理包括电容法、电阻法、热力学法和称重法。

电子测温原理：

▶ RTD 元件[维基百科和 Kiyriacou(2010)]通常由缠绕在陶瓷或玻璃芯上的金属细线组成。细线为纯材料，无论是铂、镍还是铜，都具有精确的电阻/温度相关关系用于指示温度。RTD 元件通常位于保护性探头中。常见的 RTD 有 Pt100、Pt500 和 Pt1000。

▶ 热电偶由两种不同的金属导体组成回路，热电偶两端的温差会在回路中产生热电效应，从而产生电压，可以用该电压来指示温度。热电偶是一种广泛使用的温度传感器，但逐渐被 RTD 取代。

湿度测量原理：

▶ 电容式湿度传感器根据湿度对材料(高分子膜或金属氧化物)电容量的影响来测量湿度。校准后的传感器在 RH 为 5%～95% 范围内测量精度为±2%。电容式湿度传感器坚固耐用、抗凝露、耐短时高温，应用范围较广。

▶ 电阻式湿度传感器根据湿度对材料(金属盐或导电高分子材料)电阻的影响来测量湿度。电阻式湿度传感器不如电容式湿度传感器灵敏，并且需要更复杂的电路。因为材料特性往往也受温度影响，湿度传感器必须与温度传感器结合使用。现在使用的电阻式湿度传感器稳定、抗凝露，精度可达±3%，精度和耐用性取决于电阻材料。

▶ 热湿度计根据湿度对空气导热率的影响来测量湿度，这类传感器测量绝对湿度而不是相对湿度。

▶ 称重法湿度计通过测量湿空气质量，并与等体积的干空气相比较，直接测出空气的水汽含量，这是确定空气水汽含量最准确的基本方法。美国、英国、欧盟和日本已经制定了基于此类测量的国家标准。该仪器使用不是很方便，通常仅用于校准一些低精度的仪器。

▶ 与温度传感器结合使用时，露点温度可以衡量空气湿度。传统的露点温度测量方法采用冷镜式湿度计。通过在冷镜上照射光束并测量反射光，露点温度下水汽凝结会使反射光立刻发生改变。20 世纪 80 年代以来开发的稳定的薄膜电容式传感器可以测量露点，成本比冷镜式湿度计成本要低得多(Roveti，2001)。为了提高准确性，每个特定传感器的校准数据都包含在湿度计传感器中。

显热可以通过测量空气温度来衡量，但潜热——湿空气的另一个重要方面，往往容易被忽略，空气中的水汽含有大量能量，从水(液态)到水汽(气态)的相变所需能量约为 2.5 MJ kg^{-1}。

空气中可以容纳的水汽含量随空气温度的增加呈指数增加(图 4.2)，如果将暖湿空气进行冷却，则在某个临界温度，空气将无法容纳其中所含的全部水汽，其中的一部分会凝结成液态水，该临界温度称为露点温度。

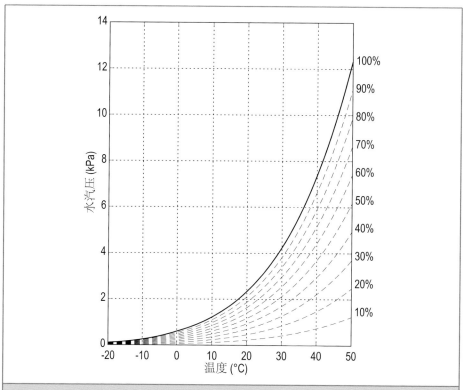

图 4.2 不同相对湿度下水汽压随温度的变化曲线。100% RH 对应的曲线（实线）为饱和水汽压。

下面是描述空气性质的一些重要物理量：

▶ 干球温度 T_{db} (℃)：用干球温度计测得的实际空气温度。

▶ 湿球温度 T_{wb} (℃)：湿球温度计测得的结果。湿球温度有助于描述空气湿度，例如，含湿量和相对湿度（RH）。

▶ 露点温度 T_{dp} (℃)：发生水汽凝结时的温度。

湿空气的其他相关性质有（Albright，1990；ASHRAE，2017）：

▶ 密度 ρ (kg m^{-3})：热空气密度低于冷空气密度。在相同温度下，湿空气密度低于干空气密度。高度越高空气密度越低。

▶ 水汽分压 p_v (Pa，Pascal)：空气中水汽产生的分压强，简称为水汽压，只占大气压很小一部分，通常小于 5 kPa。

▶ 含湿量 x 或 w (kg kg^{-1})：水汽质量浓度，无量纲，常用 kg kg^{-1}（或更常见的 g kg^{-1}）表示，以强调其浓度的本质，指单位质量干空气中的水汽质量，也即水汽质量与干空气质量之比。（译者注：原著中将此比值定义为比湿或湿度比，工程热力学可见此定义方法。而气象学中，通常将水汽质量与湿空气质量之比定义为比湿或湿度比，将水汽质量与干空气质量之比定义为含湿量或混合比。在这里，我们遵循更常用的气象学定义）。

▶ 绝对湿度 χ（kg m^{-3}，或更常见的 g m^{-3}）：水汽体积浓度。

▶ 饱和差 Δp_v（Pa）或 Δx（kg kg^{-1}）：表示空气在某一温度（T_{db}）下要达到饱和含水量而能够吸收的水汽量，可以理解为空气中的水汽含量距离饱和水汽含量的程度。

▶ 相对湿度 RH（%）：某一温度下空气实际水汽压与饱和水汽压之比。只有在温度已知的情况下，RH 才能转化为水汽压、含湿量或绝对湿度。

▶ 饱和度 DoS（%）：与 RH 相当，它表示浓度之比而不是水汽压之比。

表 4.1 总结了湿空气性质的常用符号和单位。湿度计常数 γ 将在本章稍后进行解释（章节 4.1.7）。

表 4.1　文献中湿空气性质的常用符号[1]
（Albright，1990；ASHRAE，2017；Gatley，2004；Singh 和 Heldman，2014）

符号	描述	单位
P, P_{tot}	大气压	Pa
e^*, p_{vs}	饱和水汽压	Pa
e, p_v	水汽压	Pa
R	普适气体常数	J mol^{-1} K^{-1}
DB, T_{db}	干球温度	℃
WB, T_{wb}	湿球温度	℃
DP, T_{dp}	露点温度	℃
H, h	总能量，焓	kJ kg^{-1}
x, w	含湿量	kg kg^{-1}
χ	绝对湿度，水汽浓度	kg m^{-3}
ρ, ρ_a, ρ_{da}, ρ_{ha}	空气密度（干或湿）	kg m^{-3}
L	水的蒸发潜热	kJ kg^{-1}
RH	相对湿度	%
DoS, DS	饱和度	%
γ	湿度计常数	Pa K^{-1}

[1]水的蒸发潜热 L，会受温度的轻微影响，在 0 ℃时为 2501 kJ kg^{-1}，在 100 ℃时为 2257 kJ kg^{-1}。在确定总能量时，可以假设水在 0 ℃时蒸发，即取值 2501。

涉及空气-水汽混合物的所有知识都属于基础物理学原理，这些知识与温室技术有着很明确的关联。作物蒸腾作用消耗了很大部分的灌溉水：总吸收量的 70%~90%（章节 13.1.1）。所以温室空气通常非常潮湿。水汽包含 L kJ kg^{-1} 的潜热能量。实际上，正是作物将太阳能转化为潜热，因而种植作物的温室比没有作物的空温室要凉快。同样，高压喷雾系统（第 9 章）喷入的水雾能够立即蒸发，将显热转化为潜热。温室通风不仅意味着空气交换，还交换了热量：显热和潜热。

现代热交换系统使温室里流出的热空气与流入的室外冷空气接触。热空气的显热会传递给流入的冷空气用于升温冷空气。如果流入空气低于排出空气的露点温度，则将会有水汽凝结，潜热将被释放并转化为显热。热回收系统，顾名思义，可以将湿空气通过冷表面进行冷凝来回收潜热。

水汽比空气轻（框注 4.2），所以水汽会在空气中上升，也就是受到浮力作用。在温室中，水汽的运动是从作物到温室的顶部。空气中水汽越多，空气密度越低，浮力越大。然而，空气中只能包含一定量的水汽（图 4.2）。

框注 4.2　干空气和水汽的摩尔质量。

标准空气含有 78.08% 的氮气、20.95% 的氧气、0.04% 的二氧化碳，以及极少量的氩气、氖气、氦气、甲烷、二氧化硫和氢气。对所有分子（量）加权平均可得干空气摩尔质量 M_{da} 为 28.9645 g mol^{-1}。

水和水汽的摩尔质量 M_v 为 18.01534 g mol^{-1}。

给定温度下，1 mol 任何气体都具有相同体积，因此，水汽密度低于干空气密度，湿空气密度低于同温度下干空气密度。

空气的另一种焓湿效应由大气压产生，该压力取决于海拔高度。在海平面，标准大气压和温度分别为 101.325 kPa 和 15 ℃，在海拔 500 米分别为 95.461 kPa 和 11.8 ℃，在 1000 米时分别为 89.874 kPa 和 8.5 ℃，在 3000 米高度时标准大气压仅为海平面标准大气压的 70%，即 70.108 kPa，标准温度为 -4.5 ℃。这符合标准大气的定义（Cavcar，2000；US Standard Atmosphere，1976）。因此，温室位置，即温室所在的海拔高度会影响空气性质。海拔较高处，空气分子数量会减少，恒定水汽压下水汽质量浓度会改变。最大水汽压不受温室海拔高度的影响，但质量浓度会受到影响。原因在于，饱和水汽含量不取决于空气量，而是取决于水汽分子间的相互作用。

4.1.1　水汽压

过去，科学家已经测量了整个温度范围内相对应的水汽压（Haynes，2014），以便对水汽压的性质有一个清晰的认识。研究发现，水汽饱和时的水汽压（称饱和水汽压）仅仅是温度的函数（图4.2）。水汽压受分子性质的限制，在真空中喷洒的水将很快蒸发，在特定温度下，该空间所容纳的水汽含量不会高于饱和水汽压下所允许的水汽含量。该饱和水汽压在−20 ℃时较低，为0.2 kPa，在50 ℃时水汽压指数增长到12 kPa以上（图4.2）。为了有一个数量级的概念，可以参照1个标准大气压（101.3 kPa）。在较高温度下，水分子运动得更快，处在气态的时间也更长。本书中，水汽压用符号 e 表示，饱和水汽压用 e^* 表示。

Magnus公式（公式4.1）是一个常用的计算饱和水汽压的经验公式，它适用于较宽的温度范围（-30~60 ℃）。该公式分为两段，即0 ℃以上和0 ℃以下两种情况：

$$e^* = \begin{cases} 10^{2.7857 + \frac{9.5 \cdot T}{265.5 + T}} & T<0（冰面） \\ 10^{2.7857 + \frac{7.5 \cdot T}{237.3 + T}} & T \geq 0（水面） \end{cases} \qquad \text{Pa} \qquad (4.1)$$

一些研究者还提出了在特定温度范围内更精确的计算公式，例如 Buck（1981）、Alduchov 和 Eskridge（1996）。图4.2表示在30 ℃和60%相对湿度时，空气实际水汽压 e 为2.5 kPa。竖直向上移动直至达到饱和线（相对湿度100%），可以找到该温度下对应的饱和水汽压 e^* 为4.2 kPa。实际水汽压与饱和水汽压之比2.5/4.2为0.6（也即相对湿度RH=60%）。

饱和水汽压差（VPD，有时也简称饱和差）指特定温度下，空气在达到水汽饱和（温度不变）之前仍可以容纳的水汽量，即饱和水汽压与实际水汽压之差：

$$\text{VPD} = e^* - e \qquad \text{Pa} \qquad (4.2)$$

在以上示例中，VPD为4.2−2.5=1.7 kPa。温室种植者最喜欢用VPD来讨论温室小气候，VPD表明了在给定空气温度 T_{db} 下，作物进行蒸腾而不会有水汽凝结风险的可能范围，特别是对作物本身，冷凝水会大大增加真菌侵害的风险。

当冷却空气并保持水汽压不变时，湿空气会在空气温度下降到某一温度时达到水汽饱和并发生冷凝，该温度称为露点温度。它等同于衡量空气水汽含量的其他物理量，如水汽浓度、水汽压、含湿量。我们将看到，温室管理时用露点温度量化湿度会很有帮助，因为在温室任何较冷的部位（覆盖层、作物、降温设施等），只要温度比露点温度低，都存在冷凝的可能。可以在图4.2中水平移动，直至达到100%相对湿度曲线，就能找到对应的露点温度。露点差是实际温度和露点温度之差。

4.1.2 理想气体定律

图4.2的适用性有其局限性，因为它仅仅给出了湿空气的温度和压力，而没有提供湿空气所含能量和其他任何参数。在本节中，我们将逐步引入复杂但更有用的图：焓湿图，也称 Mollier 图或 Carrier 图（Simha，2012）（译者注：两图均为焓湿图的表现形式）。

首先，我们假设空气和水汽是理想气体，理想气体定律适用于它们。理想气体定律如下：$PV=nRT$，其中 P 为压力（Pa），V 为体积（m^3），n 为气体摩尔数，R 为普适气体常数（或理想气体常数），8.314 J mol^{-1} K^{-1}（表4.1），T 为绝对温度（K）。请注意，温度必须以 K（卡尔文）为单位！其他单位只需保持一致即可。

对于干空气，公式为：$P_aV=n_aRT$。对于水汽，公式为：$eV=n_vRT$，其中 e 为水汽压（如前所述）。我们将干空气和水汽的混合物综合在一起考虑：$PV=nRT$。大气压是干空气和水汽的分压之和：$P=P_a+e$。总摩尔数：$n=n_a+n_v$，摩尔分数为：$n/n=n_a/n+n_v/n$。

含湿量是指单位质量干空气中的水汽质量。为了得到每摩尔干空气中的水汽质量，需要将摩尔分数分别乘以干空气的摩尔质量 $M_{da}=28.9645$ g mol^{-1} 和水汽的摩尔质量 $M_v=18.01534$ g mol^{-1}。通过替换可以得到含湿量 x：

$$x=\frac{M_v}{M_{da}}\cdot\frac{n_v}{n}\cdot\frac{n}{n_a}=\frac{M_v}{M_{da}}\cdot\frac{e}{P-e} \qquad\qquad kg\ kg^{-1} \quad (4.3)$$

相对于质量浓度，通常使用体积浓度来表示空气的水汽含量。即绝对湿度 χ，单位为 kg m^{-3} 或 g m^{-3}。水汽分压 e 与浓度 χ 之间的关系可由理想气体定律推出，我们将其写成：

$$eV=\frac{m_v}{M_v}RT,\ \chi=\frac{m_v}{V}\rightarrow\chi=\frac{M_v}{RT}\cdot e\cong 7.4e \qquad g\ m^{-3}，e\ 以\ kPa\ 为单位 \quad (4.4)$$

公式4.4中，温度 T 必须以 K 为单位，m_v 是体积为 V 的空气中的水汽质量。水汽浓度与含湿量($g\ kg^{-1}$)之间显然可以通过干空气密度进行相互转换。

　　现在您可以尝试计算 $T_{db}=18\ ℃$ 和 RH＝80% 的海平面湿空气的含湿量。标准大气压为 101.325 kPa(答案：10.3 $g\ kg^{-1}$)。

4.1.3　焓

　　空气所含能量，即显热和潜热之和，称为焓($kJ\ kg^{-1}$)。显然，只有温度为 0 K 的干空气焓值为零，但这样设置的零焓值没有实用价值(译者注：因为在作物生产中不会出现 0 K 的情况，也就是−273.15 ℃的情况)。因而我们将 0 ℃干空气的焓值设为零，尽管某种程度上可能会存在一些误导，不过我们需要处理应对的是焓值变化量(增加或减少的空气焓值)，所以这样设置零焓值没有问题。图 4.3 表示了水汽饱和时空气焓值随气温的变化。

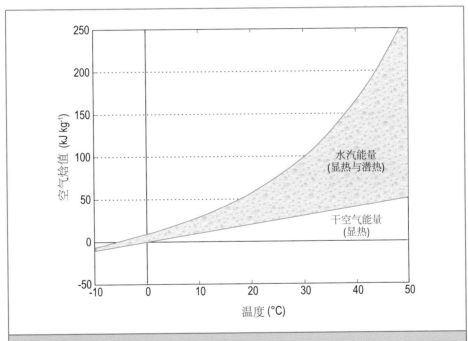

图 4.3　湿空气所含能量(焓)。即干空气能量(显热：阴影下端曲线)与水汽能量(潜热：阴影部分)之和；阴影上端曲线代表饱和空气。

　　干空气比热接近 1 $kJ\ kg^{-1}$。例如，20 ℃时，显热值($kJ\ kg^{-1}$)几乎等于温度(℃)数值。当空气饱和时，水汽所含能量处于饱和状态，为 37.4 $kJ\ kg^{-1}$，几乎是干空气所含能量的两倍。焓值等于干空气比热乘以温度，再加上水汽所含的潜热和显热能量：

$$h = c_{da} \cdot T_{db} + x(L + c_v \cdot T_{db}) \qquad\qquad\qquad \text{kJ kg}^{-1} \quad (4.5)$$

在框注 4.3 的示例中，潜热高于显热，通常在温室内这种情况较多见。

框注 4.3　焓的计算示例。

在一个温度为 18 ℃、相对湿度为 80% 的温室中，请问空气的焓 h 是多少？

唯一未知的参数是含湿量 x。由公式 4.1 和 4.3 可得：

$e^* = 10^{2.7857 + \frac{7.5 T_{db}}{237.3 + T_{db}}} = 2063 \text{ Pa}$；

$e = e^* \cdot \text{RH} = 2063 \cdot 0.8 = 1650 \text{ Pa}$；

$x = \dfrac{0.622 e}{P - e} = 0.0103$

焓：$h = 1.006 \cdot 18 + 0.0103 \cdot (2500 + 1.805 \cdot 18) = 44.2 \text{ kJ kg}^{-1}$

其中：

显热：$h = 1.006 \cdot 18 + 0.0103 \cdot 1.805 \cdot 18 = 18.4 \text{ kJ kg}^{-1}$

潜热：$x \cdot L = 0.0103 \cdot 2500 = 25.8 \text{ kJ kg}^{-1}$

温室空气中的水汽可能是太阳辐射导致作物蒸腾的结果（第 6 章），太阳能"隐含"在水汽中。例如，当太阳辐射为 700 W m^{-2}，温室透光率为 70%时，温室中可获得 490 W m^{-2}的辐射能。作物蒸腾可将其中一半以上能量转化为水汽，仅剩下 245 W m^{-2}用于空气升温。可见，作物蒸腾作用起到降温的功能。

4.1.4　焓湿图的建立

如图 4.2 所示，将水汽压看作是温度的函数有其局限性。物理学家选择了另一种方法，其重点不是温度，而是焓和含湿量之间的关系，即 h−x 图。公式 4.5 可用于绘制线性等温线 $h = a + b \cdot x$，其中截距为 $a(= c_{da} \cdot T_{db})$，斜率为 $b(= L + c_v \cdot T_{db})$，b 随着温度的升高而增加。

当 $T_{db} = 0$ ℃时，公式变得很简单。等温线经过坐标原点，截距为 0 且斜率为 L。当 $T_{db} = 40$ ℃时，截距为 $c_{da} \cdot 40 = 40.2$，斜率为 $L + c_v \cdot 40 = 2572.2$。斜率略有增加，这意味着等温线之间并不完全平行（图 4.4A）。为了获得有用的焓湿图，下一步是将水平坐标网格线顺时针旋转角度 L（L 为 $T_{db} = 0$ ℃时焓值的斜率）。这些坐标网格线是等焓线（译者注：图 4.4B 中四条平行虚线所示），据此我们创建一个新的焓值坐标轴，并将图 4.4A 中的焓值坐标轴变换为温度坐标轴，如图 4.4B 所示。水平坐标轴是空气含湿量，新的斜线轴 h 是焓值坐标轴。0 ℃等温线是水平的，其余等温线则偏离水平坐标网格线。

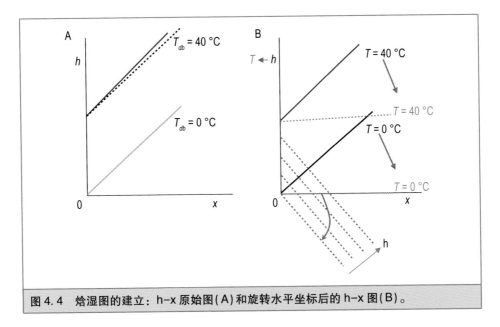

图 4.4 焓湿图的建立：h–x 原始图（A）和旋转水平坐标后的 h–x 图（B）。

图 4.4B 还缺少相对湿度 RH 的信息。Magnus 公式（公式 4.1）表明饱和水汽压仅取决于温度，温度信息已经显示在图中。对于任一温度，都可通过公式 4.1 计算饱和水汽压。图中没有水汽压，只有由公式 4.3 计算所得的含湿量。框注 4.4 根据上述两个公式计算出了空气的饱和含湿量 x_s。在图 4.4B 中将横坐标的最大值设为 x_s，并在 $x=0$ 到 $x=x_s$ 范围内 10 等分，可得等 RH 线，如图 4.5（Mollier 图）所示（译者注：将各温度下相等的 RH 点连在一起，可得等 RH 线）。

框注 4.4 饱和含湿量的确定。

$$e^* = 10^{2.7857 + \frac{7.5T}{237.3+T}}$$

$$x_s = 0.622 \frac{e^*}{P - e^*}$$

公式 4.3 中，P 为大气压或空气总压强。海拔越高，压力越低，x_s 线向右移动。（图 4.6 的 Carrier 图中，P 降低时，x_s 线向上移动）。

Mollier 图中的 RH 线实际上表示饱和度 DoS。绝大多数空气条件下，相对湿度与饱和度几乎没有区别，但在高温或极低的水汽压下，偏差会很大（尽管不会高于 2%）。可以通过以下公式来校正：

$$DoS = \frac{P-e}{P-e^*} \cdot RH \qquad \{P \gg e^*,\ P \gg e,\ \text{所以 } DoS \approx RH\} \qquad \% \qquad (4.6)$$

因为 P 远大于 e 和 e^*，式中相对湿度 RH 之前的校正因子接近 1。大多数情况下，相对湿度可以用饱和度替代。

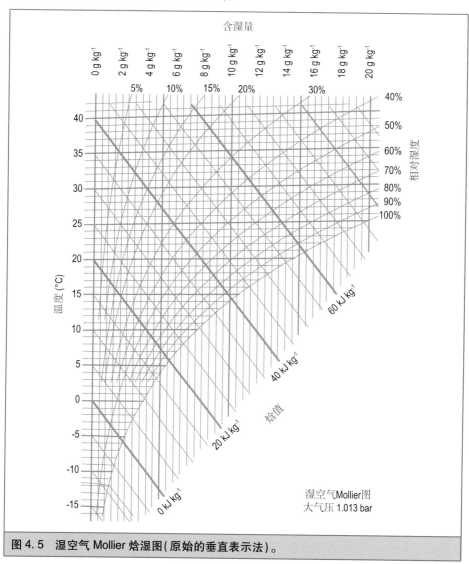

图 4.5 湿空气 Mollier 焓湿图(原始的垂直表示法)。

4.1.5 焓湿图(Mollier 图和 Carrier 图)

Mollier 图是以 Richard Mollier(1863~1935)的名字命名的热力学线图。纵坐标为温度，横坐标为含湿量，斜线坐标为焓。现在，以 Willis H. Carrier(1876~1950)的名字命名的 Carrier 图是最常用的(图 4.6)。它与 Mollier 图实质是一样的，斜线坐标表示焓，与 Mollier 图不同的是，Carrier 图的横坐标是温度，纵坐标是含湿量。绿线表示空气密度（冷空气较重）。Carrier 图是由 Mollier 图的镜像图旋转而得。

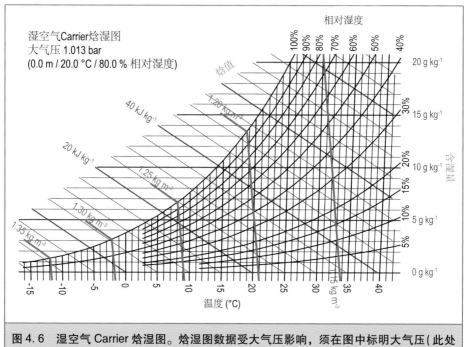

图 4.6　湿空气 Carrier 焓湿图。焓湿图数据受大气压影响，须在图中标明大气压（此处大气压为 1.013 bar）。

　　在焓湿图中查找数据通常比计算它们更容易，尤其是在不需要极高精确度的情况下。焓湿图包含很多信息，需要一些时间才能摸索出如何使用它。下面的示例介绍了焓湿图的实用性和应用潜力。

　　图 4.7 中的黑圆圈表示 20 ℃ 干球温度和 70% 相对湿度的空气，露点温度可以通过向左平移黑圆圈到达与饱和线的交点处，沿浅蓝色箭头读取下方温度轴的读数，即为露点温度 $T_{dp} = 14.2$ ℃。湿球温度的大致确定可以沿着等焓线直达饱和线，沿绿色箭头读取下方温度轴读数，即为湿球温度 $T_{wb} = 16.4$ ℃。要查找含湿量，请沿深蓝色箭头向右移动，可得 $x = 10.2$ g kg^{-1}。空气焓值可以从坐标网格的红色等焓线中读取，该点在 45 kJ kg^{-1} 的等焓线上方，焓值约为 46 kJ kg^{-1}。

　　图中的绿色细线表示空气密度。黑圆圈非常靠近 1.20 kg m^{-3} 的等密度线。如果需要 g m^{-3} 为单位的浓度，必须将空气密度乘以含湿量 x，得出绝对湿度 χ。要从图表中找到水汽压，需要进行如下计算：$e = P \cdot x / (0.622 + x)$ Pa。焓湿图是获取湿空气所有参数近似数值的便捷工具。

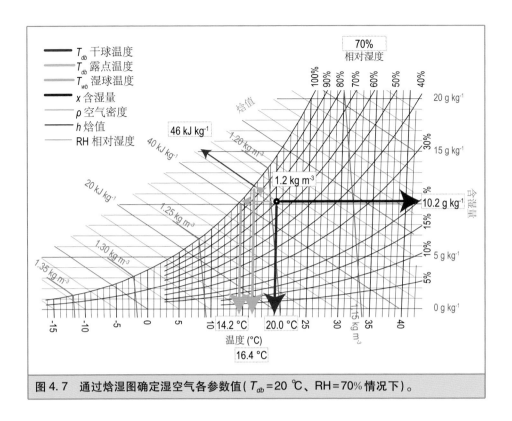

图4.7 通过焓湿图确定湿空气各参数值(T_{db}＝20 ℃、RH＝70%情况下）。

4.1.6 模型中湿度变量的计算

如果需要湿空气参数的精确结果（比如进行温室环境模拟），则必须通过计算获得。本节主要介绍计算中用到的公式。

干空气密度，即每立方米湿空气中干空气的质量，可从理想气体定律得出。该定律公式可变换为：

$$\rho_{da}=\frac{PM_v}{RT_{db}(0.6222+x)} \qquad\qquad \text{kg m}^{-3} \quad (4.7)$$

R 为理想气体常数，T_{db} 为干球温度（必须以 K 为单位！）。P 为大气压（kPa）。M_v 是水汽的摩尔质量，x 以 kg kg^{-1}为单位（而非g kg^{-1}）。在干空气中加入水汽，则湿空气密度如下：

$$\rho_{ha}=\rho_{da} \cdot (1+x)=\frac{PM_v}{RT} \cdot \frac{1+x}{0.6222+x} \qquad \text{kg m}^{-3} \quad (4.8)$$

这是干空气密度乘以（1+x），通常只会有很小的增量。对干空气，公式4.8 中的 x 取值为 0 即可。

根据公式 4.4 可以将水汽压 $e(\mathrm{Pa})$ 换算成绝对湿度 $\chi(\mathrm{g\ m}^{-3})$ 以及含湿量 x $(\mathrm{g\ kg}^{-1})$。表 4.2 给出了不同参数的量级大小。关于 x 带不同单位的其他定义，请参见公式 4.3。

表 4.2 绝对湿度参数间的转换					
T	e^*	$e^*\rightarrow\chi^*$	χ^*	$\chi^*\rightarrow x^*$	x^*
转换因子		M_v/RT		$1/\rho_{da}$	
℃	hPa	$\mathrm{g\ m}^{-3}\mathrm{hPa}^{-1}$	$\mathrm{g\ m}^{-3}$	$\mathrm{m}^3\ \mathrm{kg}^{-1}$	$\mathrm{g\ kg}^{-1}$
8	10.72	0.771	8.27	0.80	6.58
10	12.27	0.765	9.39	0.80	7.53
15	17.05	0.752	12.82	0.82	10.46
20	23.37	0.739	17.28	0.83	14.35
25	31.66	0.727	23.02	0.84	19.44
水汽压 e 以 hPa(而不是常用的 kPa)为单位，以便直观地感受 e^*、χ^* 和 x^* 数值的依次降低。					

记住以下几点对我们的计算很有帮助：

饱和水汽压(hPa)与温度 T(℃)是相同数量级(前者数值会高一些)。

M_v/RT 几乎恒定，20 ℃时约为 0.74。

水汽浓度($\mathrm{g\ m}^{-3}$)通常高于含湿量($\mathrm{g\ kg}^{-1}$)。

露点温度仅仅取决于水汽压 e，露点温度计算的经验公式为：

$$T_{dp}=-35.69-1.8726\cdot\ln(e)+1.1689\cdot\ln^2(e) \quad 0\leqslant T_{db}\leqslant70\ ℃ \quad ℃ \quad (4.9)$$

e 的单位为 kPa。表 4.3 给出了 e 和 T_{dp} 的量级大小。

表 4.3 温室环境的温、湿度范围内，水汽压和露点温度的数量级			
T_{db}(℃)	RH(%)	e(kPa)	T_{dp}(℃)
30	50	2.12	18.3
	80	3.93	26.1
20	50	1.17	9.1
	80	1.87	16.3
10	50	0.61	0.2
	80	0.98	6.6

4.1.7 测湿公式

(干湿球)测湿公式(公式 4.10)将干球和湿球温度转换成对水汽压或水汽浓度的估算(Allen 等，1998)：

$$e = e^*(T_{wb}) - \gamma \cdot (T_{db} - T_{wb}) \qquad\qquad \text{kPa} \quad (4.10)$$

湿度计常数 γ，是湿空气比热 $c_p(\text{MJ kg}^{-1}\text{℃}^{-1})$ 与水的蒸发潜热 $L(\text{MJ kg}^{-1})$ 的比值（Brunt，2011）：

$$\gamma = c_p \cdot P / (\varepsilon \cdot L) \qquad\qquad \text{kPa ℃}^{-1} \quad (4.11)$$

其中，P 为大气压（kPa），对于干空气，$\varepsilon = M_v/M_{da} = 0.622$（摩尔质量比），$c_p = 1.005 \text{ kJ kg}^{-1}\text{℃}^{-1}$，实际上 c_p 会因空气成分不同而异。框注 4.5 描述了基于能量平衡的更准确的干湿球测湿计算方法。

框注 4.5　基于能量平衡的测湿公式的物理学基础。

测湿公式描述的实质是干湿表湿球温度计周围的空气边界层能量平衡（ASHRAE，1989）。空气沿着（干湿表）的湿球温度计流动，空气吸收并带走水汽。水汽和进入湿球边界层的空气都含有能量。当空气流经湿球之后，其能量与进入湿球边界层之前的能量不同，这里假定刚离开湿球纱布边界层的空气在湿球温度下达到饱和。这个过程中涉及三个焓值：流入空气的焓值，边界层水汽焓值和流出空气的焓值。测湿公式可按如下推导：流入空气的焓值 h 与边界层水汽焓值 $(x_s^* - x) \cdot h_w^*$ 之和等于流出空气的焓值 h_s^*：

$$h + (x_s^* - x) \cdot h_w^* = h_s^*$$

条件：存在一个温度 T^*，可以满足上述公式，x_s^*、h_w^* 和 h_s^* 均在此温度下取值，这个温度 T^* 即为 T_{wb}。在能量平衡公式中代入 $h = c_{da} \cdot T_{db} + x(L + c_v \cdot T_{db})$ 和 $h_s^* = h(T_{wb}, x_s(T_{wb})) = c_{da} \cdot T_{wb} + x_s(T_{wb}) \cdot (L + c_v \cdot T_{wb})$，可得：

$$\overbrace{c_{da} \cdot T_{db} + x(L + c_v \cdot T_{db})}^{h} + \overbrace{(x_s(T_{wb}) - x) \cdot c_w \cdot T_{wb}}^{h_w^*} = \overbrace{c_{da} \cdot T_{wb} + x_s(T_{wb}) \cdot (L + c_v \cdot T_{wb})}^{h_s^*} \Rightarrow$$

$$x \cdot (L + c_v \cdot T_{db} - c_w \cdot T_{wb}) = c_{da} \cdot (T_{wb} - T_{db}) + x_s(T_{wb}) \cdot (L + c_v \cdot T_{wb} - c_w \cdot T_{wb}) \Rightarrow$$

$$x = \frac{(L + (c_v - c_w)T_{wb}) \cdot x_s(T_{wb}) - c_{da} \cdot (T_{db} - T_{wb})}{L + c_v \cdot T_{db} - c_w \cdot T_{wb}} \qquad \text{kg kg}^{-1} \quad (4.12)$$

$$x = \frac{(2501 - 2.381 \cdot T_{wb}) \cdot x_s(T_{wb}) - 1.005 \cdot (T_{db} - T_{wb})}{2501 + 1.805 \cdot T_{db} - 4.186 \cdot T_{wb}}$$

公式 4.12 定义了热力学湿球温度 T^*，因而其计算较为精准。

4.2　空气处理的物理学原理

温室中可能会发生几种典型的焓湿变化过程：加温、降温、绝热降温、通风、两股气流或两团空气的混合、加湿/除湿，以及与加湿/除湿并存的加温或降温。

如果只考虑空气，这些过程可以通过焓湿学来理解。请记住，焓湿学的研究对象是空气，而不是空气周边固体的热力学过程。这意味着空气与温室侧墙、覆盖层、作物或温室设备之间的能量交换无法通过焓湿学来计算(这种能量和质量的交换可以通过能量平衡和质量平衡来解决，将会在其他章节中讨论)。本章节将结合示例对上述各个过程一一进行讨论。

4.2.1　加温

无论使用哪种能源，都必须将加温的热量分布到温室中。热量可以通过风扇、加温管道或加热线进行传输。图4.8为一种直接对流加热器的图片。空气温度的升高取决于所获得的能量和气流。

图4.8　带空气再循环的对流直接加热器。

对于特定质量流量的通风(空气)，当焓变已知时，空气增加的能量可通过以下公式计算：

$$E = f_m \cdot \Delta h \cdot \frac{1000}{3600} (\text{kg h}^{-1}\text{m}^{-2} \cdot \text{kJ kg}^{-1} \cdot \text{h ks}^{-1}) \qquad \text{W m}^{-2} \qquad (4.13)$$

其中 E 为增加的能量(W m^{-2})，f_m 为空气质量流量($\text{kg h}^{-1}\text{ m}^{-2}$)。通风的体积流量 f_v 很显然等于质量流量与空气密度之比：

$$f_v = f_m/\rho \qquad\qquad\qquad \text{m}^3\text{ h}^{-1}\text{ m}^{-2}$$

同样，当增加的能量已知时，也可以计算出焓变：

$$\Delta h = \frac{E}{f_m} \cdot 3.6 \qquad\qquad\qquad kJ\ kg^{-1} \quad (4.14)$$

上述过程中，空气含湿量不变，可以在 Carrier 图（图 4.6）中向右平移来求得焓变 Δh，公式 4.14 计算的焓变 Δh 均为显热。空气从加热器入口进入加热器内部，从加热器出口出来。在 Carrier 图中，h_{in}（入口处空气焓值）到 $h_{in}+\Delta h$（出口处空气焓值）的矢量在水平温度轴上的投影，即为空气加温后升高的温度。因此，仅需确定含湿量所在的水平线（含湿量 x 不变）与新的等焓线的交点即可知道从加热器出口离开的空气温度 T_{db} 和其他空气参数。

4.2.2 空气的混合

在温室中，来自外部的冷空气经常与内部的热空气混合，例如，通过与空气分布系统相连的空气混合单元进行混合。混合空气的焓为：

$$h_m = \frac{f_A \cdot h_A + f_B \cdot h_B}{f_A + f_B} \qquad\qquad kJ\ kg^{-1} \quad (4.15)$$

公式 4.15 表明，混合空气的焓 h_m 是两个通量（f_A 和 f_B）焓值的加权平均值。上式中质量流量 f_A 和 f_B 采用什么单位不重要，只要两者单位一致即可。可以用空气质量代替质量流量，例如，保温幕布打开后，幕布下方和上方的空气混合时就会发生质量流量。保温幕布关闭时，其上方空气较冷，下方空气较暖，幕布打开后，上下方空气相混合。如果幕布上、下方空气的体积已知，则可以确定平衡状态的焓值。

要完全了解平衡状态的空气参数，我们至少需要知道混合空气的两个参数。公式 4.15 同样适用于混合空气的含湿量计算：

$$x_m = \frac{f_A \cdot x_A + f_B \cdot x_B}{f_A + f_B} \qquad\qquad kJ\ kg^{-1} \quad (4.16)$$

根据混合空气的焓值和含湿量可以在焓湿图中确定一个点，在图 4.7 中基于这个点获取其余空气参数。如果我们也应用上述公式计算混合空气的温度，会带来一些误差，因为等温线的斜率随温度的升高而逐渐增加（图 4.4）。尽管偏差很小，但不建议采用上述公式来计算温度 T_{db}，而是采用公式 4.5 计算或从焓湿图中读取 T_{db}。

关于混合的问题也可以仅使用焓湿图来解决。如图 4.9 所示，基于矢量大小就可以找到混合空气的状态(参数)。

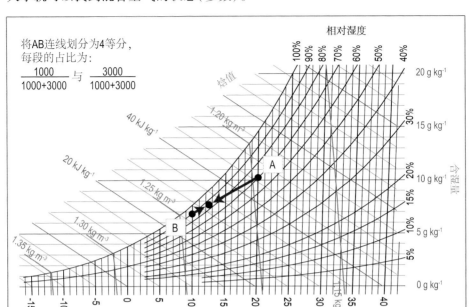

图 4.9　气流 A 与气流 B 的混合。A 为 1000 kg s^{-1} 的暖空气(T_{db}=20 ℃，RH=70%)；B 为 3000 kg s^{-1} 的冷空气(T_{db}=10 ℃，RH=90%)。混合后的状态点在 AB 连线上。基于两气流质量流量之比，混合点将在 AB 连线接近冷空气点(即质量流量 3000 kg s^{-1} 的气流)的四分之一处。图 4.10 所示的计算也支持了这一结果。

请注意：图 4.10 中，$f_A/(f_A+f_B)$ 和 $f_B/(f_A+f_B)$ 分别为空气 A 和空气 B 在混合空气总量中所占的分数 fr_A、fr_B，且 $fr_A+fr_B=1$。

4.2.3　高压喷雾系统

高压喷雾系统的喷头向温室喷洒极其细微的雾粒并蒸发(如图 4.11 所示)。该过程对温室空气同时进行加湿和降温。在这个过程中没有能量进入或离开温室，我们称之为绝热降温。可以沿着等焓线向(斜)上方移动，根据矢量大小就可以获取喷雾后空气的温度和湿度。喷雾后空气增加的含湿量(g kg^{-1})或沿焓值线方向的矢量大小，取决于空气中增加的水汽量[即质量流量 f_w(g s^{-1})或质量 m_w(g)]和干空气的质量流量 f_m(kg s^{-1})或干空气质量 m_{da}(kg)，相应公式为 $\Delta x=f_w/f_m$ 或 $\Delta x=m_w/m_{da}$，单位为 g kg^{-1}。

$$\left|x_A - x_m\right| = x_A - \frac{f_A \cdot x_A + f_B \cdot x_B}{f_A + f_B} \qquad \left|x_B - x_m\right| = x_B - \frac{f_A \cdot x_A + f_B \cdot x_B}{f_A + f_B}$$

$$= \frac{x_A \cdot \left(f_A + f_B\right) - f_A \cdot x_A + f_B \cdot x_B}{f_A + f_B} \qquad = \frac{x_B \cdot \left(f_A + f_B\right) - f_A \cdot x_A - f_B \cdot x_B}{f_A + f_B}$$

$$= \frac{f_B \cdot \left(x_A - x_B\right)}{f_A + f_B} \qquad = \frac{f_A \cdot \left(x_B - x_A\right)}{f_A + f_B}$$

$$\frac{\left|x_A - x_m\right|}{x_A - x_B} = \frac{f_B}{f_A + f_B} \qquad\cdots\longrightarrow \boxed{\frac{\left|x_A - x_m\right|}{\left|x_B - x_m\right|} = \frac{f_B}{f_A}} \qquad\longleftarrow \quad \frac{\left|x_B - x_m\right|}{x_A - x_B} = \frac{f_A}{f_A + f_B}$$

图 4.10　混合两种不同状态气流的图解方法的数学原理。这些矢量投影在含湿量的轴 x 上。矢量大小的 x 分量记为 $|x_A - x_m|$ 或 $|x_B - x_m|$。

图 4.11　温室中高压喷雾系统喷洒雾粒示例。

　　显然，图 4.12 中矢量(A 到 B)的最末端是与 100% RH 线的交点，此时温室空气降温至湿球温度，不会再有水分蒸发。喷入的更多雾粒将留在空气中。当喷雾启动时，通风速率将调至最低。

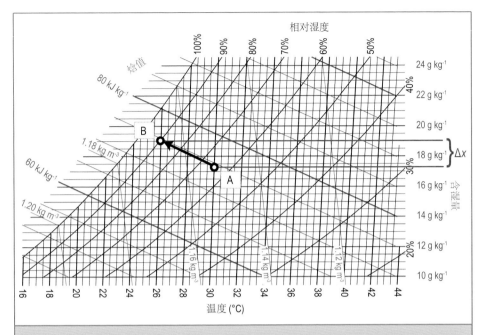

图 4.12 高压喷雾系统的绝热冷却过程。质量流量为 1 kg s⁻¹ 的暖气流在状态 A 下（T_{db}=30 ℃，RH=65%，h=74.5 kJ kg⁻¹，x=17.3 g kg⁻¹）接收质量流量 f_w 为 1.7 g s⁻¹ 的喷雾，可得 Δx=1.7/1 g kg⁻¹ 和 Δh≈0。喷雾后，气流的新状态 B 为（T_{db}=26 ℃，RH=90%，h=74.5 kJ kg⁻¹，x=19.0 g kg⁻¹）。

4.2.4 冷表面的强制降温和除湿

当温室中的任意部位的表面温度低于露点温度时，将发生冷凝：空气变干。降温大小取决于空气被吸收的能量，而吸收的能量又取决于空气条件（T_{db} 和 RH）以及冷表面的温度（图 4.13）。

4.2.5 湿帘风机降温

湿帘风机系统在气候温暖干燥的地区大量使用。风扇强制外部空气通过湿帘（通常由纤维制成）。湿帘可以水平放置或竖直放置，通过循环水流保持潮湿，空气通过湿帘吸收水分并被降温。如果水中没有增加或减少能量，那么湿帘温度就可以被认为是空气的湿球温度。由于离开湿帘的空气（至多）低至外部空气的湿球温度，这就需要较大的干湿球温差以保证湿帘风机的降温效果。

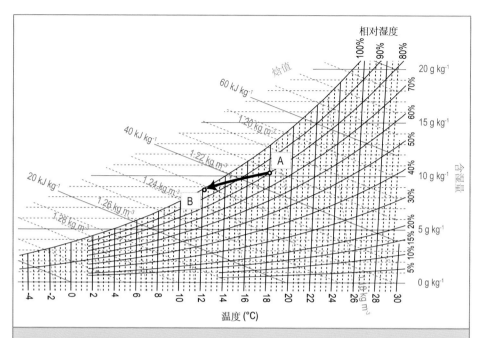

图 4.13 冷表面除湿。示例中，空气状态 A 为 $T_{db}=18\,℃$、RH = 80%、$h=44$ kJ kg^{-1}，空气质量流量为 10 kg s^{-1}，排热能力为 100 kW。降低的焓值为 100/10 = 10 kJ kg^{-1}。焓值降低引起冷凝，所以可以得到饱和空气。空气状态 B 可以在焓湿图中的 RH 100% 与 34 kJ kg^{-1} 等焓线的交点处找到。

那么，干热空气能降温多少呢？理论上，可以将 45℃、10% RH 的沙漠热空气降温到接近 21 ℃的湿球温度并达到饱和含湿量 $x_s(T_{wb})$。这个空气状态可以在等焓线与 100% RH 线的交点处找到。而实际上，由于空气和水之间的接触时间相对较短，所以降温幅度会低于上述理论值，可以参见图 4.14 的示例。第 9 章将会详细介绍湿帘风机系统的设计。图 4.15 模拟了西班牙阿尔梅里亚地区湿帘风机的降温效果以及耗水量。

4.2.6 显热和潜热负荷

本书中涉及的最后一个焓湿变化过程是热负荷的变化。在温室中，太阳辐射带来的不仅仅是显热，还有潜热，因为作物通过蒸腾将部分太阳辐射转化为潜热。进入到温室系统中的净能量就是透射进入的太阳辐射（W m^{-2}）。由于湿度增加，温室内显热 Δh_{sens}（kJ kg^{-1}）和潜热 Δh_{latent}（kJ kg^{-1}）均增加，增加的热量中，大部分由温室内空气来传输。公式 4.14 将能量流量和通风流量转换为焓变。显热和潜热增量之间的比值决定了焓湿图中能够表明空气状态变化方向的那些矢量线的走向。

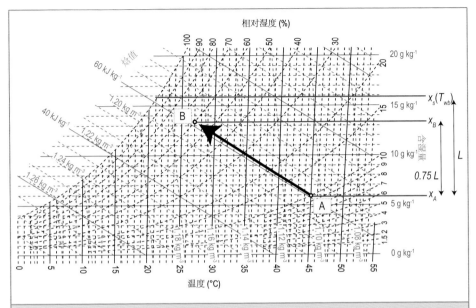

图 4.14　Carrier 图示湿帘风机降温系统的绝热冷却。图中示例了沙漠空气在状态 A(T_{db}=45 ℃、RH=10%)、75%的降温效率下进行湿帘降温的效果。75% 意味着降温后空气状态 B 的含湿量 x_B=x_A+0.75・(x_s(T_{wb})−x_A)，或实际矢量长度是最大矢量长度 L 的 75%。

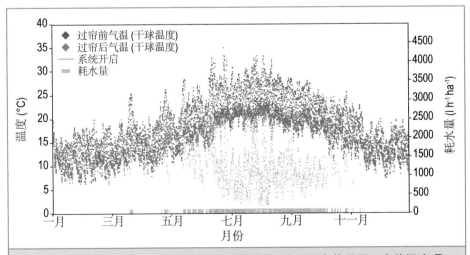

图 4.15　湿帘风机系统对过帘空气温度的影响(西班牙阿尔梅里亚，室外温度 T_{db} = 23 ℃时开启系统)。左纵坐标为 T_{db}(℃)，右纵坐标为湿帘耗水量(l h^{-1} ha^{-1})。

$$\frac{\Delta h_{sens}}{\Delta h_{latent}} = \frac{c_{da} \cdot \Delta T_{db} + c_v (x_2 T_{db,2} - x_1 T_{db,1})}{\Delta x \cdot L} \qquad \text{kJ kg}^{-1} \quad (4.17)$$

Δh_{sens} 是每千克温室干空气吸收的净显热，由图 4.16 中的红色水平矢量表示，Δh_{latent} 是温室空气吸收的净潜热，由图中的红色竖直矢量表示。黑色矢量表示由于热负荷改变而导致的空气状态变化。

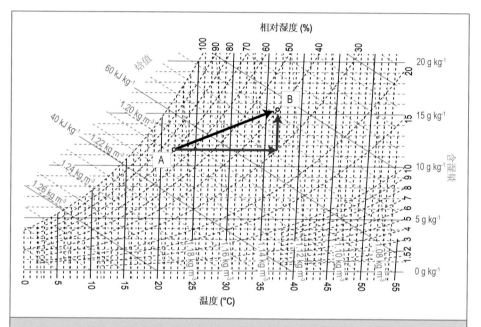

图 4.16 净显热负荷和净潜热负荷对温室空气的影响。质量流量为 1 kg s^{-1} 的气流从状态 A(T_{db}=22 ℃、RH=70%、x=11.55 g kg^{-1})转变为状态 B(T_{db}=35.6 ℃、RH=40%、x=15.44 g kg^{-1})。气流增加的总热负荷为25 kW(显热 15 kW、潜热 10 kW)。

4.2.7 热回收

换热器(热交换器)的热回收功能是强制降温和加温的结合。在相等的气流流量下，被降温气流的焓值降低等于被升温气流的焓值升高。如果两股气流的流量不同，根据能量守恒可得 $f_{m1} \cdot \Delta h_1 = f_{m2} \cdot \Delta h_2$。热回收系统的温度效率是另一个衡量标准(第 8 章)，可以确定换热器出口处空气的状态。

4.3 小结

对于特定的科学工作和试验工作以及实践应用，特别是空调、传热和环境控制等技术领域，一些必需的空气参数无法测量。焓湿图可以计算和获取待测量空气的所有状态参数。如果两个参数已知，其他参数可以通过计算或从焓湿图中获取。如果对空气处理过程进行正确分类，则可以借助焓湿图设计空气处理方式。处理后的空气状态(变化)和达到目标空气状态所需的热量以及加湿(或除湿)措施都可以进行量化。一个主要的限制是，焓湿图仅专注于空气，而没有考虑来自温室其他设备的能量和质量传输的影响。这些影响将在温室能量平衡和质量平衡中考虑，并分别在以下各章中介绍。

第五章
通风与质量平衡

照片来源：Paolo Battistel Ceres s.r.l.

我们已经知道温室是一个太阳能集热器：太阳辐射热量使一切变暖，还经常导致温度过高。通风是控制温度的手段，可以通过温室内暖湿空气与焓值较低的室外空气的热交换来释放多余的热量。通风是最廉价、通常也是最有效的控温方法。

5.1　概述

通风通常是用干燥的冷空气代替潮湿的热空气。除了显而易见的散热，除去水汽也大大增加了通风效果。我们需要记住，水到水蒸气（即水汽）的相变需要大量热量（潜热，通常表示为 $L \cong 2500$ J g^{-1}），只要温室中有水汽，就可能通过冷凝释放热量。如果从温室中除去水汽，那么其所含热量也会被带走。因此，根据温室温度 T_{in}、水汽浓度 χ_{in}（g m^{-3}），以及室外空气温度 T_{out}、水汽浓度 χ_{out}，就可以计算焓变而得出通风带走的热量：

$$energy = \rho c_p (T_{in} - T_{out}) + L(\chi_{in} - \chi_{out}) \qquad\qquad \text{J m}^{-3} \quad (5.1)$$

式中，ρ 为空气密度（$\cong 1.2$ kg m^{-3}），c_p 为空气比热（$\cong 1000$ J kg^{-1} K^{-1}）。可见，空气的体积热容量 ρc_p 约为 1200 J m^{-3} K^{-1}。为了知道某段时间内可以从温室中带走多少热量，须将 E（上式中的 energy）乘以比通风率 g_V，即相对于温室（占地）面积的通风速率，以 m s^{-1} 为单位（m$_{air}^3$ m$_{soil}^{-2}$ s^{-1}）（框注 5.1）。

当采用风扇（通常放置在温室侧墙或山墙）进行空气交换时，我们称之为强制通风或机械通风。相对应的就是自然通风（实际应用更多），自然通风依赖于两个自然过程——浮力效应和风压效应，由此产生空气交换所需的压力差。

框注 5.1　通风率的定义。

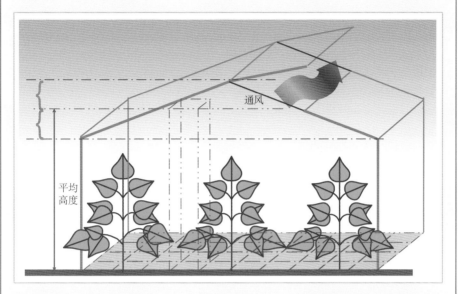

温室通风率（即通风速率）可以用如下几种方式表示：总通风量，以立方米每小时（$m^3\ h^{-1}$）为单位；每小时空气变化量，表示每小时温室空气更新了几个体积（h^{-1}）；比通风率 g_V，单位为 $m^3_{air}\ m^{-2}_{soil}\ s^{-1}$。如果已知温室容积（温室占地面积乘以温室平均高度），则所有表示方式都可以互换。要将每小时的空气变化量转换为比通风率，只需将其乘以温室容积，再除以温室占地面积（相当于乘以温室平均高度），再除以 3600（$3600\ s\ h^{-1}$）。

5.2　通风性能

　　特定时间的实际通风（通风率）取决于通风能力和实际条件。通风能力取决于通风口/窗的数量、大小、形状和位置。需要考虑的实际条件包括：通风口/窗的实际开度、风速、风向以及温室内外的温度和湿度差。

　　即使没有风，由于浮力效应（也称"烟囱效应"），温室内外仍可进行空气交换。温室内空气既温暖又潮湿，通常比室外空气更轻。众所周知，空气由各种气体混合而成，其性质类似于分子量 $M_{air} = 29$ 的理想气体。水汽（分子量 $M_{H_2O} = 18$）更轻。在没有（或几乎没有）风的地方，需要利用温室内空气较轻这一特点进行温室设计，即像烟囱一样，在顶部开口（图 5.1）。但这还不够，因为要使空气从顶部溢出，还必须有（尽可能低的）侧面开口以让室外空气进入

温室。考虑到侧面进气口的重要性,此类温室的最大宽度不能超过 50～60 m
(Baeza 等,2008)。

图 5.1　热带低地温室(马来西亚吉隆坡附近)。此设计(Campen,2005)在缺风的当地充分利用浮力效应进行通风。照片来源:Anne Elings,瓦赫宁根大学及研究中心,温室园艺组。

当风速超过约 2 m s^{-1} 时,风将空气压进通风口(或从通风口抽出)的效果就占主导地位(Baeza 等,2014)。通风率随风速线性增加(图 5.2)。这种情况下,通风口的大小和位置也是决定通风能力的主要因素(框注 5.2)。迎风面通风口比背风面通风口更有效(单位通风表面有更多的气流)。然而,迎风面通风口更容易被阵风损坏,并且通风口进入的空气导致内部空气不均一,这意味着温室计算机控制屋顶双侧通风窗时,通常会优先开启背风面通风窗。

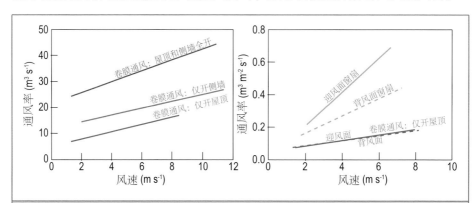

图 5.2　西班牙平屋顶温室(占地面积 882 m^2;屋顶坡度 12°)的实测通风率。不同直线表示不同类型通风口。左:总通风率;右:单位面积通风口的通风率。屋顶卷膜通风口的迎风面和背风面的通风率没有显著差异(根据 Pérez Parra 等 2004 年的研究结果重绘)。

框注 5.2　当地气候与通风能力。

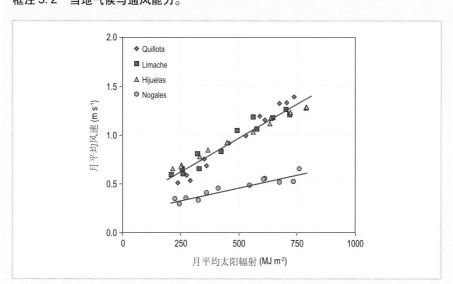

上图表明了智利中部彼此相距 30 km 的四个村庄的月平均风速与月平均太阳辐射的关系。那里所有温室都跟圣地亚哥附近的蔬菜和花卉生产温室看起来差不多（如图 6.2 右图所示）。合理吗？

认真观察图中每个点所代表的相应村庄的月平均值，会有助于回答这个问题。横坐标表示温室的"热负荷"，纵坐标表示通风的排热"能力"。

　　如图 5.2 左图所示，侧墙通风口确实有助于风压通风。然而，很显然，侧墙通风的重要性随着温室面积的增大而降低，因为随着温室面积的增大，可用于屋顶通风口的表面比可用于侧墙通风口的表面面积增加更多。增加温室跨数（即增加面积）对浮力通风（Kacira 等，2004）和风压通风（Baeza 等，2009）的影响分别如图 5.3 所示。

　　不像上述那么明显的是，如图 5.4 所示（Baeza，2007），温室屋顶坡度也会影响通风（坡度 30° 之内都会存在影响）。结果表明，增加西班牙阿尔梅里亚地区代表性平屋顶温室（"parral"温室，也可称缓坡屋顶温室，屋顶坡度较小，约为 12°）的屋顶坡度，可以极大地改善其通风性能。

　　决定通风能力的一个重要因素是通风口是否装配防虫网。Perez Parra 等（2004）将防虫网降低的通风率测量结果与三位研究者公开发表的结果相结合，建立了一个关于防虫网孔隙率 ε 对通风影响的简单方程：

$$\frac{g_{V,screen}}{g_V} = \varepsilon(2-\varepsilon) \tag{5.2}$$

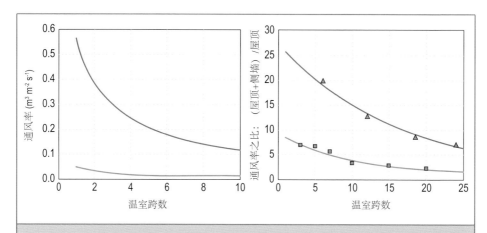

图 5.3　浮力通风和风压通风的 CFD（计算流体力学）模拟结果。红色曲线表示浮力通风（基于 Baeza 等，2009），蓝色曲线表示风压通风（基于 Kacira 等，2004）。左图：屋顶和侧墙通风并存时温室跨数对通风率的影响。右图：屋顶和侧墙通风并存的通风率与只有屋顶通风的通风率之比。图中的点为模拟值，曲线为数据点的最佳拟合。两篇论文中所采用温室的形状（跨度和通风口尺寸）不同。

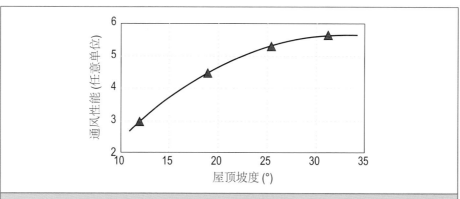

图 5.4　屋顶坡度对温室通风性能的影响（CFD 模拟结果）。纵坐标表示通风量与风速之间线性关系的斜率。基于 Baeza（2007）的研究结果绘制。

　　其中，$g_{V,screen}$ 和 g_V 分别表示有防虫网和无防虫网时的通风率，ε 是单位面积防虫网的孔面积（即孔隙率），无量纲。公式 5.2 右侧的倒数表示装配孔隙率为 ε 的防虫网后、为了不降低通风率，通风面积应当提高的倍率系数。通常，蓟马防虫网的孔隙率为 25%，而蚜虫防虫网的孔隙率为 40%，根据以上公式计算可得通风率分别降低了 56% 和 36%。

　　最后一点，特定风速下的通风率显然取决于通风窗的开度。对于窗扇类型的通风窗，可以使用开窗角度来量化，有时以最大开窗角度的百分比来表示。实际上，通风率与通风窗的开启角度通常不那么遵循线性关系(图 5.5)。Muñoz 等(2011)开发了一个根据风速和通风口参数来计算连栋拱棚通风率的在线计算工具。

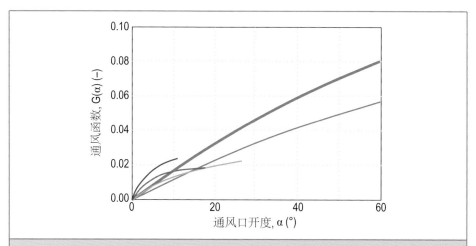

图 5.5　通风函数 G。表示单位通风口面积和单位风速的通风量与屋顶通风口开度(α)之间的关系。蓝色曲线为阿尔梅里亚平屋顶温室，其中粗线代表迎风面、细线代表背风面(Perez Parra 等，2004)。红色、紫色和绿色曲线分别代表文洛型温室在不同类型屋顶通风窗且开窗角度有限的情况(Stanghellini 和 De Jong，1995)。

5.3　通风温室内的温度

在公式 3.10 中考虑温室通风带走的能量，我们可以写出通风温室的能量平衡：

$$\tau I_{sun} = F_{tunnel,sky}\varepsilon_{cover}\alpha_R(T_{in}-T_{sky}) + \frac{A_{cover}}{A_{soil}}\alpha_{cover}(T_{in}-T_{out})$$

$$+ F_{tunnel,soil}\varepsilon_{soil}\alpha_R(T_{in}-T_{soil}) + \alpha_{soil}(T_{in}-T_{soil}) \qquad \text{W m}^{-2} \quad (5.3)$$

$$+ g_V\left[\rho c_p(T_{in}-T_{out}) + L(\chi_{in}-\chi_{out})\right]$$

公式中大多数变量之前已经说明：

T_{in}　　通风温室内的温度，K 或℃

ρc_p　　空气的体积热容量，J m^{-3} K^{-1}　　　　　　　　　　公式 4.7 和 4.11

g_V　　比通风率，m s^{-1}　　　　　　　　　　　　　　　　　框注 5.1

L　　水的蒸发潜热，J g^{-1}　　　　　　　　　　　　　　　　公式 4.5

χ   温室内外空气的水汽浓度，g m⁻³   表 4.1

在包含 T_{in} 的项中添加和减去 T_{tunnel}，然后合并同类项得出公式 3.10，再添加和减去 T_{out} 并重新整理，我们可以得到：

$$\frac{T_{in}-T_{out}}{T_{tunnel}-T_{out}}=\frac{F_{tunnel,sky}\varepsilon_{cover}\alpha_R+\frac{A_{cover}}{A_{soil}}\alpha_{cover}+F_{tunnel,soil}\varepsilon_{soil}\alpha_R+\alpha_{soil}}{F_{tunnel,sky}\varepsilon_{cover}\alpha_R+\frac{A_{cover}}{A_{soil}}\alpha_{cover}+F_{tunnel,soil}\varepsilon_{soil}\alpha_R+\alpha_{soil}+g_V\left[\rho c_p+L\frac{(\chi_{in}-\chi_{out})}{(T_{in}-T_{out})}\right]}$$

(5.4)

公式 5.4 是一个双曲线形式，在通风率 g_V 为零时（不通风拱棚的定义），它的值为 1，而当通风率变得无穷大时，上述公式渐近趋于 0（$T_{in}=T_{out}$）（框注 5.3）。这两个极值之间的走向取决于覆盖材料参数、温室内外空气潜热之差与温室内外空气显热之差的比值（章节 4.1.3）。当 g_V 接近 0 时，双曲线斜率最大，由此可见，g_V 从 0.01 增至 0.02 m s⁻¹ 的温室降温幅度远大于 g_V 从 10.01 增至 10.02 m s⁻¹ 的温室降温幅度。

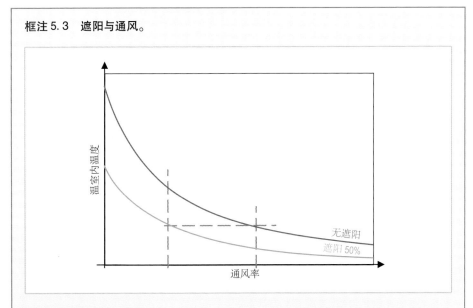

框注 5.3　遮阳与通风。

只要通风足够，就无需遮阳。此例中，红色曲线表示通风下温室温度变化趋势，蓝色曲线表示额外遮阳 50%（其他所有条件都相同）后温室温度变化趋势。在给定的通风率下，额外遮阳实现了降温，在不采取遮阳的情况下，通过充分提高通风率也可以实现同样的降温幅度。

总而言之，温室内外的温差随着太阳辐射的增强而增大，随着热辐射损失、通风率、覆盖材料传热系数以及室内外湿度差的增加而减小。

5.4　质量平衡

前面提过，通风不仅可以带走温室中的能量，还可以除去水汽。实际上，只要温室内外空气中任何气体成分（不仅是水汽，还有 CO_2）存在浓度差，通风都会将该气体成分从高浓度处带至低浓度处。换句话说，一定会有气体质量流量 M_{gas} 伴随着通风。

$$M_{gas} = g_V (C_{in} - C_{out}) \qquad\qquad \text{kg m}^{-2}\text{ s}^{-1} \quad (5.5)$$

其中 g_V（m s^{-1}）为比通风率，C_{in} 和 C_{out} 分别代表温室内、外气体体积浓度。如果浓度单位是 kg m^{-3}，那么质量流量的单位就是 kg m$_{soil}^{-2}$ s^{-1}。但 kg 并不是常用单位。例如，之前我们用 g m^{-3} 表示空气中的水汽浓度，因为在自然条件下，空气中水汽含量只有几克（不是毫克或千克）。另一个常用物理量是摩尔浓度（mol m^{-3}），只要知道气体分子量，两个浓度单位之间就可以相互换算。根据理想气体定律，也可以将浓度表示为空气中该气体所占体积的分数（m$_{gas}^3$ m$_{air}^{-3}$）。最后，由于空气中除氮气之外的大多数气体的浓度很小，所以经常使用 μmol mol^{-1} 或 cm^3 m^{-3}（两者等效），也用 vpm 或者 ppm 表示：即百万分之一。

与能量守恒一样，也存在质量守恒定律：在稳定状态下，进入温室的物质质量必须等于离开温室的物质质量。当条件发生变化时，为达到新的质量平衡，质量或者存储在温室中，或者通过温室空气释放出去，也就是说，空气中物质浓度会发生变化，直到达到新的平衡为止（图 5.6）。如公式 5.5 所示，离开（或进入）温室的质量通量取决于温室内、外空气中的气体浓度差，具体来讲，蒸腾作用和同化作用取决于作物体内与温室空气中的（水汽或 CO_2）气体浓度差。因此，温室中的气体浓度可以理解为保持质量平衡而不断变化的变量（框注 5.4）。

温室通风的基本作用是除去温室中的多余能量。但是，此过程通常还会除去温室中的水汽，无 CO_2 施肥（或有 CO_2 施肥）的情况下，还会导致 CO_2 进入（或离开）温室（框注 5.5）。

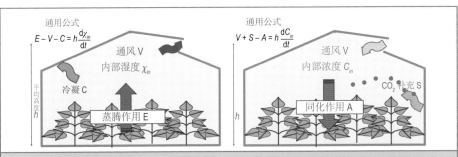

图 5.6 温室水汽（左）和 CO_2（右）平衡示意图。h 表示温室平均高度。作物是水汽的源、也是 CO_2 的库。除通风外，冷凝也可以从空气中除去水汽。没有 CO_2 施肥的情况下，被作物同化的所有 CO_2 都必须由室外 CO_2 经通风窗进入温室来补充。

框注 5.4 通风率和 CO_2 平衡。

通风率影响光合作用速率。当然，这是温室中 CO_2 浓度的间接影响，是所有质量流量平衡的结果：即作物同化作用、通风流入或流出的 CO_2 和增施的 CO_2 三者的平衡。

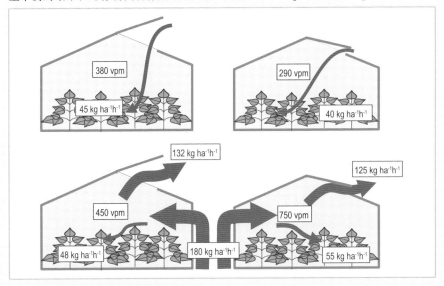

这里示例了作物同化作用和温室 CO_2 平衡。上面两张图无 CO_2 施肥，下面两张图有 CO_2 施肥（施肥速率为 180 kg ha^{-1} h^{-1}）；温室通风率分别是 20 h^{-1}（左）和 3 h^{-1}（右）。温室平均高度为 6 m，室外 CO_2 浓度假定为 400 vpm。采用公式 12.3 计算同化速率，其中 A_{MAX} = 72 kg ha^{-1} h^{-1}（最大同化速率），CO_2 浓度对同化速率的影响参见 Stanghellini 等（2008）：

$$m\left(\left[CO_2\right]\right) = \frac{\left[CO_2\right]}{\left[CO_2\right]+230}$$

> **框注 5.5　如何测量通风。**
>
> 给定(稳态)条件下的通风率可以通过示踪气体平衡法进行测量(公式 5.5)。常用测量方法有两种:"连续释放法"测量维持温室内恒定浓度所需的示踪气体流量;"浓度衰减法"测量示踪气体浓度降至初始(高)浓度的给定比例时所需的时间(Baptista等,1999)。大多数关于通风模型的研究(图 5.2 和 5.5)都是在不同条件(风速、通风窗类型、通风窗开度)下重复这类测量而得出的结果。
>
> 另一种方法是计算流体力学(CFD),借助综合考虑了温室相关(小尺度)物理过程的计算机软件进行估算,软件定义了温室几何形状、通风窗、边界条件(例如风、温度和辐射)。图 5.3 和 5.4 的研究中采用了此类方法。
>
> 然而,基于上述任一种方法的模型都无法准确预测特定温室在特定时刻的通风率,这是因为,温室和通风窗的几何形状不可能与模型中的设置完全相同,另外,还会受到风的自然"噪声"特性和风向的影响。
>
> 原则上,对能量平衡公式 5.3 或水汽(CO_2)的质量平衡公式进行求解就可以获得通风率 g_V(图 5.6)。实际上,还有更多未知因素(如冷凝、同化作用、与土壤的能量交换等)使得这种方法不太可行。Bontsema 等(2008)建议通过使用环境控制计算机中的数据同时在线求解三个方程来减少"未知因素",他们开发的"通风监测器"已用于日常工作中以实现最优化增施 CO_2(Stanghellini 等,2012b),以及用于近来引入到商业环控计算机中的其他过程控制器(Tsafaras 和 De Koning,2017)。

即使大多数环境控制系统只考虑能量平衡(即温室温度)方面,不过,没有 CO_2 施肥的情况下,通风的三个效应(能量、水汽、CO_2)的确是很好的温室通风理由。大多数情况下这三个效应不会发生冲突,但也有例外,例如,在冬季晴朗且寒冷的白天,不加温温室一般不进行通风,但晴天的强光照使得温室内 CO_2 浓度显著降低。Stanghellini 等(2008)对地中海地区冬季作物生产的如下两个情景做了对比研究:一是不通风,任由 CO_2 浓度降低;二是通风(温度随之降低)以避免温室内过低的 CO_2 浓度。对作物产量损失的量化结果表明,两个情景下作物产量损失均约为潜在产量的 10%,潜在产量的模拟条件为 CO_2 维持室外浓度、温度维持不通风温室的温度。

5.5　小结:(半)封闭温室

总之,通风是必要的,但也有其不利之处。最明显的不利之一就是通风限制了 CO_2 施肥或者说降低了 CO_2 施肥的效率。另外,通风消耗水分(水在某些情况下较为稀缺),Katsoulas 等(2015)的研究量化了温室水分利用率和通风需求之间的反比例关系。开窗通风还提供了害虫进入温室的通道,也会导致生物防治中引入温室的害虫天敌逃逸出温室。

　　但通风的最大不利之处在于它会浪费掉盈余热量，而这些热量可能会用于随后的生产。这里的"随后"指昼夜交替：在"冬季气候温和地区"的大多数不加温温室中，白天温室通常需要通风，而夜晚温室内通常又太冷，无法满足生产需求。而加温温室需要消耗/燃烧化石燃料提供热量。然而，即使在荷兰这样的高纬度地区(北纬52°)，温室每年还会有热量盈余，换句话说，通风排出温室外的热量高于温室加温所需的热量(图5.7)。问题在于，温室能量过剩和温室需要加温这两者发生在不同时期：阳光充足时，能量过剩；光照不足和寒冷时，则需要加温。

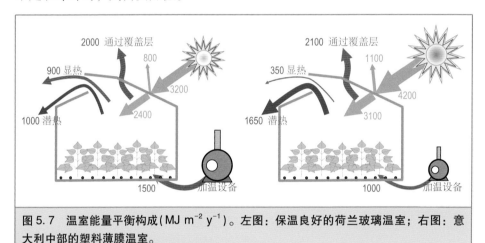

图5.7　温室能量平衡构成(MJ m^{-2} y^{-1})。左图：保温良好的荷兰玻璃温室；右图：意大利中部的塑料薄膜温室。

　　当然，如果不进行通风，就必须采用其他方法除去温室内多余的热量，可以通过降温和除湿来实现(第9章)。此外，为了形成闭环系统，必须将降温和除湿释放的(至少一部分)能量储存起来，在温室需要能量时再拿出来使用。这就是"封闭温室"的概念。夏季，温室不进行通风，而是用冷水通过换热器将温室中热空气的热量带走，并存储到地下含水层("暖水井")中。冬季，从该含水层取水，通过换热器循环加热温室中的空气，流经换热器后的热水变成冷水，泵入地下含水层("冷水井")，成为夏季的冷水来源。这个过程最好配以热泵来完成(另见章节9.2)，否则换热器中的温差太小会使得温室温度高于28 ℃或低于15 ℃，而这是种植者不希望看到的。不采用热泵是不切实际的，因为这将需要大量非常高效的换热器(Bakker等，2006)。

　　的确，通过降低降温负荷(框注9.4)可以使温室夏季收集的能量不高于冬季加温所需能量。在这种情况下，通风就不是完全禁止的，但必须在最热的时段进行通风。这就是半封闭温室的问世与能量相关的原因，在荷兰已经有许多商业化运营的半封闭温室。

在一篇关于半封闭温室的试验和实际应用的综述中，De Zwart(2012)得出结论：迄今为止(根据目前的化石燃料价格)，半封闭温室的最大优势在于温室内保持的高 CO_2 浓度带来的增产(另见图 12.5)，尤其在阳光充足的情况下。结论还指出了另外一点：电耗是占半封闭温室系统运营成本比例最高的部分。

第六章
作物蒸腾与温室湿度

照片来源：Cecilia Stanghellini

作物吸收的水分有 90% 以上通过蒸腾作用散失，其余部分（不到 10%）用于增加作物的鲜重。蒸腾作用以及根际环境很大程度上影响作物鲜重。此外，作物蒸腾作用对温室环境产生很大影响：作物吸收能量并利用其中的一部分将水转化为水汽，极大地影响了温室的能量收支平衡。

6.1　单叶蒸腾

我们能够根据蒸腾过程的物理学原理（能量平衡；水汽传递和热传递）明确构建作物蒸腾速率 E 的公式，该公式最早由 Penman（1948）提出，并由 Monteith（1965）改进。

我们将首先分析简单的单叶蒸腾作用，然后通过类推来确定作物冠层蒸腾作用。

静态能量平衡（图 6.1，左图）如下：

$$R_n = H + LE \qquad\qquad \text{W m}^{-2} \qquad (6.1)$$

其中：

R_n　叶片获得的净辐射，即截获和反射太阳辐射的平衡加上吸收和放出长波辐射的平衡，W m^{-2}

L　水的蒸发潜热，几乎恒定，气温 $T_a = 20$ ℃时约为 2450，J g^{-1}

E　蒸腾速率，g m^{-2} s^{-1}

H　通过叶片表面放出或吸收的显热，W m^{-2}

显热和潜热（水汽）的传递（图 6.1，右图）计算如下：

$$H = \rho c_p \frac{T_s - T_a}{r_b} \qquad\qquad \text{W m}^{-2} \qquad (6.2)$$

$$E = \frac{\chi_s - \chi_a}{r_s + r_b} \qquad\qquad \text{g m}^{-2} \text{ s}^{-1} \qquad (6.3)$$

其中：

ρc_p　空气的体积热容量 $\cong 1200\ \mathrm{J\ m^{-3}\ K^{-1}}$，其中 ρ 为空气密度（$\approx 1.2\ \mathrm{kg\ m^{-3}}$），$c_p$ 为比热（$\approx 1000\ \mathrm{J\ kg^{-1}\ K^{-1}}$），$\mathrm{J\ m^{-3}\ K^{-1}}$

T　温度，下标 a 表示空气，s 表示叶片表面，K 或 ℃

χ　水汽浓度，下标 a 表示空气，s 表示叶片表面，$\mathrm{g\ m^{-3}}$

r_b　叶片边界层空气动力学阻力（简称边界层阻力）（框注 6.1），$\mathrm{s\ m^{-1}}$

r_s　叶片气孔阻力（也称气孔阻抗）（框注 6.2），$\mathrm{s\ m^{-1}}$

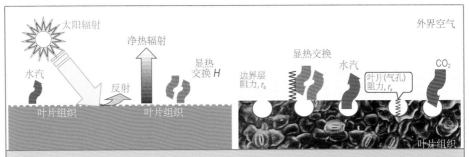

图 6.1　叶片表面能量平衡示意图（左）以及叶片与空气间的质量和能量传递（右）。净辐射是所有短波和长波入射和发射通量的平衡，热量和水汽必须穿过受叶片影响的空气层（即边界层）。此外，蒸腾过程中水汽必须离开气孔腔，此过程产生的额外阻力为气孔阻力。照片示意了真实叶片的气孔开口。照片来源：Sjaak Bakker，瓦赫宁根大学及研究中心。

框注 6.1　边界层阻力。

边界层阻力随风速增加而减小，随叶片尺寸增加而增大。在风速极低时，边界层的空气流动由叶片与空气之间温度差和湿度差（烟囱效应）引起，差异越大，阻力越小。Stanghellini（1987）研究确定了温室番茄作物边界层阻力模型的参数。

该研究还表明，温室中空气流动的较小波动可确保边界层阻力相当恒定。此外，在这样的温室条件下，蒸腾速率对边界层阻力很不敏感，边界层阻力采用固定值不会对模拟精度带来很大影响。

即使假设叶片性质是已知的，也存在比公式更多的未知因素（叶片表面温度和水汽浓度以及显热和潜热通量）。假设气孔下腔中有自由水存在，即蒸发表面在其温度下达到饱和，可以得到第四个公式：

$$\chi_s \equiv \chi^*(T_s)。$$

框注 6.2　气孔阻力。

气孔阻力的日变化波动很大，尤其以光照影响为甚。夜间的气孔阻力(气孔关闭)非常高，通常为 1000 s·m^{-1} 或更高，并随着光照增加而降低直至最低值(因作物而异)。缺水或高温/低温等因素会导致气孔(部分)关闭，所以气孔阻力永远达不到最低值。Jarvis(1976)提出了以下模型：

$$r_s = r_{s,min} f_1(I_{sun}) f_2(T) f_3(vapour\ deficit) f_4(CO_2)$$

其中，$r_{s,min}$ 为因作物而异的气孔阻力最低值，函数 f_{1-4} (始终大于1)描述了光照、温度、湿度和 CO_2 浓度对气孔阻力的影响。Körner 等(1979)在一篇综述中总结了多种作物的 $r_{s,min}$ 值。

研究表明，气孔行为可以通过更简单的模型准确再现，而不需要同时考虑四个变量：CO_2 的影响通常很小。此外，鉴于自然条件下空气温度和饱和水汽压差(VPD)之间的高度相关性，通常考虑两者之一就足够了。甚至，更不理想的情况是，在较高 VPD 条件下，同时考虑两者会高估气孔阻力(进而低估蒸腾速率)(Montero 等，2001)。此外，Fuchs 和 Stanghellini(2018)对气孔阻力与 VPD 的关系提出了质疑。可以确定的是，太阳辐射是必须考虑的因素，进一步考虑温度或 VPD 的影响，会提高气孔阻力的模拟精度。

大量的文献报道了函数 f_{1-4} 中针对温室主要作物的经验参数。采用这些参数时，应当注意实际应用条件与确定这些参数的试验环境，谨慎考虑使用条件。

由于饱和水汽浓度随温度呈指数关系，所以无法通过解析法求解由四个公式联立的方程组。当然，这可以通过数值迭代来求解。尽管如此，Monteith 对上式采用了框注 3.6 描述的线性方法，等效于 $T_s \approx T_a$ 时取 Taylor 展开式的第一项。

$$\chi_s - \chi_a \equiv \chi^*(T_s) - \chi_a^* + \chi_a^* - \chi_a \cong \chi'(T_s - T_a) + \chi_a^* - \chi_a \qquad \text{g m}^{-3} \qquad (6.4)$$

其中，$\chi' \equiv d\chi/dT_a$ 为饱和水汽浓度曲线在空气温度 T_a 点的斜率(g m^{-3} K^{-1})。$\chi' L$ 为温度每改变 1 K(或 1 ℃)时饱和空气潜热的变化(J m^{-3} K^{-1})，相对应的显热变化显然是空气的体积热容量 ρc_p(J m^{-3} K^{-1})，上述两者之比用符号 ε 表示，无量纲(框注 6.3)。

将公式 6.4 代入公式 6.3，将公式 6.2 代入公式 6.1，将第二步所得的公式 6.1 代入第一步所得的公式 6.3：

$$E = \frac{1}{r_b + r_s}\left[(\chi_a^* - \chi_a) + \chi'\frac{r_b(R_n - LE)}{\rho c_p}\right] = \frac{\chi_a^* - \chi_a}{r_b + r_s} + \varepsilon\frac{r_b}{r_b + r_s}\left(\frac{R_n}{L} - E\right) \Rightarrow$$

$$\Rightarrow \frac{r_b + r_s + \varepsilon r_b}{r_b + r_s}E = \frac{\chi_a^* - \chi_a}{r_b + r_s} + \frac{\varepsilon r_b}{r_b + r_s}\frac{R_n}{L} \Rightarrow$$

$$E = \frac{\chi_a^* - \chi_a + \varepsilon r_b\dfrac{R_n}{L}}{(1 + \varepsilon)r_b + r_s} \qquad\qquad \text{g m}^{-2}\text{ s}^{-1} \qquad (6.5)$$

框注6.3 饱和水汽浓度公式的斜率。

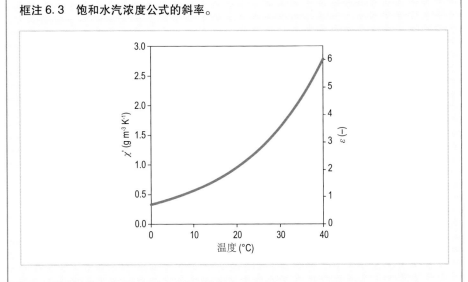

以空气温度为横坐标，绘制了饱和水汽浓度曲线的斜率(χ'，左纵坐标)和饱和空气的潜热斜率与显热斜率之比(ε，右纵坐标)。

对此例中的温度范围，有用的近似公式为：

$$\chi' \cong 0.36 \exp(0.05 T_a)$$

$$\varepsilon \cong 0.7156 \exp(0.0533 T_a)$$

公式6.5表明，单叶表面的蒸腾速率随空气饱和水汽压差(反映空气对叶片蒸腾水汽的吸收能力)和可用辐射能的增加而增大。可以想象，蒸腾速率会随着阻力的增加而降低。显然，上述公式清晰地表明蒸腾速率随气孔阻力的增加而降低。而叶片边界层阻力的影响则更为复杂，因为它同时存在于公式6.5的分子和分母。实际上，叶片边界层阻力的增加意味着叶片不得不升温以释放一定的显热，如公式6.2所示。叶片升温(气孔下腔内仍存在自由水)，则叶片与空气之间的水汽浓度差会增加，而这又会促进蒸腾作用。可见，叶片边界层阻力的增加并没有如公式6.3所示的那样降低蒸腾作用。此过程称为"热反馈"，可确保蒸腾速率不与任一阻力的变化呈简单的比例关系。实际上，如果气孔阻力增加，蒸腾速率降低，则显热交换必然增加(公式6.1)，这又意味着温度需要升高(公式6.2)，进而叶片和空气之间的水汽浓度差会增加，蒸腾速率也随之增加(如上述所示)。

6.2 冠层蒸腾

显然，单个表面蒸腾作用的物理学原理同样适用于复杂结构，比如作物冠层的蒸腾作用。主要差异在于，对于单位面积的土地，都有一定数量的叶片表面（方向不同）用于热量、水汽和辐射的交换。叶面积指数（LAI）定义为每平方米土地面积上的相应叶片面积（平方米），无量纲参数。每平方米土地有 2LAI 面积用于热量和水汽交换。因大多数作物的叶片只有一面有气孔，一些研究者只使用 LAI 用于水汽交换的计算。然而，从叶片角质层（而非气孔）也有一些水分散失，并且使用不同表面进行水汽和热量交换会增加一些复杂性，因此，最为广泛接受的表示方法是使用 2LAI 作为热量和水汽交换的表面，可得以下公式：

$$H = 2LAI \, \rho c_p \frac{T_{crop} - T_a}{r_b} \qquad\qquad \text{W m}^{-2} \quad (6.6)$$

$$E = 2LAI \frac{\chi_{crop} - \chi_a}{r_s + r_b} \qquad\qquad \text{g m}^{-2} \text{ s}^{-1} \quad (6.7)$$

这里定义了理想的均质作物，整个作物温度 T_{crop} 均一、水汽浓度 χ_{crop} 均一，作物整体表观气孔阻力和边界层阻力等于单叶气孔阻力和边界层阻力除以 2LAI。这种方法通常称为"大叶模型"。尽管有一些局限性，但足以用于估算作物的蒸腾速率（Raupach 和 Finnigan，1988）。

能量平衡对于叶片和冠层都适用，但整个冠层的净辐射不像单叶那样容易确定。适用于大田作物的方法之一是在作物上方足够距离处放置一个净辐射仪（用于测量所有波长的向下和向上的辐射平衡，框注 3.7），并使用一个（或多个）仪器来测量土壤热通量。那么，作物吸收的辐射量就是净辐射仪和土壤热通量仪的测量值之差。然而，这在温室中似乎不可行：除了净辐射仪"需要足够远离作物"的明显限制外，在净辐射仪和土壤热通量仪测定的能量之外，可能还有其他能量来源（如加温系统）。因此，对温室作物，需要确定作物真正吸收的（短波和长波）净辐射量。一种方法是在作物的上、下方分别测量净辐射，鉴于各种干扰（阴影、加温系统），需进行大量测量才能获得代表值。另一种方法，是通过考虑了作物冠层相关属性的模型进行估算（框注6.4）。

框注6.4 作物净辐射。

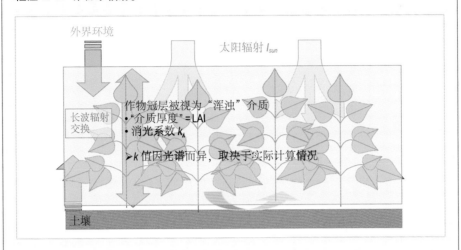

为了估算辐射交换，作物冠层被视为"浑浊"介质（Ross，1975）。将太阳辐射 I_{sun} 在作物冠层的传输看作类似于在半透明（浑浊）介质中的传输，LAI 看作类似于公式 3.1 中的介质厚度 d。冠层对波长为 λ 的辐射的消光系数 k_λ，取决于叶片的倾角和反射率。

$$\frac{I_{sun,below}}{I_{sun,top}} = e^{-k_\lambda \text{LAI}} \tag{6.8}$$

例如，大多数作物的近红外（NIR）反射率较高（$\approx 50\%$），而 PAR 反射率较低（$\approx 5\%$），这意味着 NIR 可以穿入冠层更深（消光系数低）。

因为叶片所含物质几乎都是水，所以叶片对热辐射相当于"黑体"。此外，由于我们假设所有叶片温度均为 T_{crop}，叶片之间没有热交换，整个冠层与"周围其他物体"的热交换就好比是一片温度为 T_{crop} 的"大叶"与其他物体发生热交换，所有叶片的水平投影被称为"地面覆盖度"。

一旦清楚了其含义，就可以保留符号 R_n，并且冠层能量平衡公式与公式 6.1 形式相同，冠层显热和潜热交换为公式 6.6 和 6.7。与获得公式 6.5 一样，可得作物冠层蒸腾速率的计算公式如下：

$$E = \frac{2\text{LAI}}{(1+\varepsilon)\,r_b + r_s}\left(\chi_a^* - \chi_a + \frac{\varepsilon r_b}{2\text{LAI}}\frac{R_n}{L}\right) \qquad \text{g m}^{-2}\text{ s}^{-1} \quad (6.9)$$

其中：

LAI　作物叶面积指数

ε　　温度变化 1 ℃时饱和空气的潜热与显热的变化之比

χ_a　　空气水汽浓度，g m^{-3}。χ_a^* 为饱和水汽浓度，空气温度的函数。因

此，$\chi_a^* - \chi_a$ 为空气水汽浓度的饱和差

L 水的汽化潜热，$J\ g^{-1}$，与温度的相关性很小

r_b 叶片边界层阻力，$s\ m^{-1}$

r_s 气孔阻力，$s\ m^{-1}$

R_n 作物冠层净辐射，$W\ m^{-2}$，截获和反射太阳辐射的平衡加上接受和发射长波辐射的平衡

与我们前面看到的单叶蒸腾一样，作物冠层蒸腾速率随着空气饱和差和净辐射的增加而增加。但这两个因素的相对重要性发生了变化：地面覆盖度永远不会达到 100%，所以作物的辐射热交换比均匀表面（单叶）的辐射热交换要少，当 LAI 超过 0.5 时，空气饱和差对蒸腾的影响相对增大，因为此时作物向周围"蒸发"水汽的实际面积要比与周围进行辐射热交换的（投影）面积大（得多）。

6.3 温室作物蒸腾计算

Stanghellini 考虑了作物冠层本身和地面的反射，对 Ross 的推导（译者注：即上述的章节 6.1 和 6.2 部分，从单叶蒸腾推及整个作物冠层蒸腾）进行了扩展，这与按行种植的作物（如温室种植）密切相关。她通过试验确定了土壤地表覆盖白色薄膜的番茄作物的相关系数，她的模型可以不失精度地简化如下：

$$R_n = 0.86(1 - e^{-0.7\text{LAI}})I_{sun} \qquad\qquad W\ m^{-2} \qquad (6.10)$$

其中 I_{sun} 是作物冠层上方的太阳总辐射。由于总辐射通常在温室外进行测量，必须将其乘以温室透光率得到温室内总辐射，温室透光率通常在 50% ~ 70% 之间。在文献中可以找到关于其他作物的类似公式（特定参数因作物而异），如关于玫瑰（Baille 等，1994）和黄瓜（Medrano 等，2005）的研究。

实际上，地面覆盖度（所有叶片在水平地面上的投影）是全黑叶片（无反射、无透射）作物在地面的太阳"阴影光斑"。确实，这种情况下，只有未被任何叶片截获的光照才能到达地面。根据公式 6.8，可以得出：

截获的辐射部分 ≡ 地面覆盖度 $= 1 - e^{-k_{black}\text{LAI}}$ (6.11)

Ross（1975）研究表明，全黑叶片消光系数（k_{black}）仅取决于其平均倾角（表6.1）。一个有用的观察结果是，叶片在热红外范围内表现为"黑体"，因此，表 6.1 中的消光系数适用于长波辐射。在其余波段，消光系数较小，因叶片

对辐射会有反射和透射。

表 6.1　黑叶作物的消光系数理论值

叶片倾角分布		消光系数	地面覆盖度(LAI＝3)
水平		1	0.95
锥形	30°	0.87	0.93
	45°	0.83	0.92
垂直		0.4	0.70
球面		0.68	0.87

叶片以所示倾角(相对于水平方向)接受完美的散射辐射(朗伯漫反射,框注 3.3)。球面分布表示所有角度均等出现(类似于球体表面),锥形分布意味着叶片具有优选的角度汇总数据来源:Goudriaan,1977;Monteith 和 Unsworth,2014;Ross,1975;地面覆盖度通过公式 6.11 计算。

针对气孔阻力,Van Beveren 等(2015)建议对 Stanghellini(1987)参数化过的模型进行细微修正,使其更具普适性。他们提出的公式如下:

$$r_s = 82(1+6.95e^{-\alpha I_{global}/\text{LAI}})\left[1+0.023(T_a-20)^2\right] \qquad \text{s m}^{-1} \qquad (6.12)$$

其中 I_{global} 是冠层上方的辐射能量,含人工补光。参数 α 表示光照增加时的作物反应,其值因作物而异。据文献报道,对于番茄,$\alpha = 0.4 \text{ m}^2 \text{ W}^{-1}$,而玫瑰反应较小,$\alpha = 0.008$。表 6.2 列出了一些温室作物的气孔阻力最低值 $r_{s,min}$。

表 6.2　主要温室作物的气孔阻力最低值、边界层阻力和叶面积指数(LAI)的代表值
(Bakker,1991;Stanghellini,1987)

作物	$r_{s,min}[\text{s m}^{-1}]$	$r_b[\text{s m}^{-1}]$	LAI
番茄	200	200	3
甜椒	200	300	4
黄瓜	100	400	5
茄子	100	350	4

在大田条件下,风强制把水汽从叶片表面带走,因而边界层阻力取决于风速。但在温室内,空气流速通常很小($5 \sim 50 \text{ cm s}^{-1}$),并且变化不大。正因如此,温室内作物的边界层阻力主要取决于能够影响叶片周围空气流速的因素,如叶片大小及其表面的绒毛。如框注 6.1 所述,可以认为温室作物边界

层阻力为恒定值，表6.2列出了一些温室作物边界层阻力的计算值。

温室环境控制系统越来越多地将称重"托盘"（框注6.5）作为可选"传感器"用于测量温室作物蒸腾量。尽管控制系统尚未在线使用测得的蒸腾数据，"托盘"为种植者提供了有助于深入了解作物的额外信息。

框注6.5　如何测量作物蒸腾？

作物蒸腾量通常采用蒸渗仪测定，为确定水分平衡（灌溉与回液），作物整个根区生长在蒸渗仪中。处于平衡状态时，灌溉水会渗出或蒸腾。由于根区水分在一天中不断变化，这种水分平衡蒸渗仪可以合理估算出一天以上时段的蒸腾量。

要测定较短时间段内的蒸腾量，就需要称重整个作物（含根区基质）并测定渗漏量，因为灌溉水也被称重了。

当然，水也被存储在生物量中（生长），并可以在根区储存或在根区耗尽。如图所示的可以分别测定根区基质和作物重量的系统，就可以提供更多的信息（De Koning 和 Tsafaras，2017）。

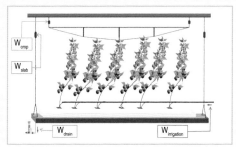

绘图：Ad de Koning, Ridder Hortimax

6.4　温室湿度

作物蒸腾对温室环境影响巨大：蒸腾作用将（太阳）能量转化为潜热，减轻了温室升温程度。另一方面，只要有能量用于蒸腾（这个过程），蒸腾产生的水汽就会影响温室湿度，而湿度又反过来影响蒸腾，这就使得湿度管理非常棘手。

控制温室湿度（空气的水汽量）的主要目的是病害预防，因为高湿使病害有机可乘。从图5.6可以推断，温室通过蒸腾作用、跑出叶片边界层的水汽尚未"走远"。的确，在水汽真正消失之前，它或者经通风窗离开温室，或者在某个地方冷凝成水滴。当人们对影响温室湿度的过程及其方式有所了解后，湿度管理就会变得容易起来。

我们从描述平衡状态时的温室空气水汽平衡开始：

$$E = V + C \qquad\qquad \text{g m}^{-2}\text{s}^{-1} \quad (6.13)$$

其中 E、V 和 C 分别是作物蒸腾、通风和冷凝过程中的水汽通量密度。根据公式 5.5，我们可以写出 V 的计算公式：

$$V = g_v(\chi_a - \chi_{out})\qquad\qquad \text{g m}^{-2}\text{ s}^{-1}\quad(6.14)$$

只有当凝结表面（通常是温室覆盖层）的饱和水汽浓度低于温室空气的水汽浓度时，才会发生冷凝，因此：

$$C = \max\left\{0,\ g_C(\chi_a - \chi^*_{T_{cover}})\right\}\qquad\qquad \text{g m}^{-2}\text{ s}^{-1}\quad(6.15)$$

基于传热和传质理论可以确定水汽冷凝导度 g_C。Papadakis 等（1992）研究表明，对于坡度相对较小的温室屋顶，水平面之间相互传递的理论也可以准确地应用于温室屋顶覆盖层。鉴于此，Stanghellini 和 De Jong（1995）提出：

$$g_C \cong \max\left\{0,\ \frac{A_{cover}}{A_{soil}}1.64\times10^{-3}(T^v_a - T^v_{cover})^{\frac{1}{3}}\right\}\qquad \text{m s}^{-1}\quad(6.16)$$

其中，上标 v 表示虚温，这是为了考虑水汽浓度梯度对空气密度（进而对浮力）的影响，具体请参见 Monteith 和 Unsworth（2014：15 页）。如果改用实际（干球）温度则会略微低估冷凝流量。

可以方便地以传递公式（公式 6.14 和 6.15）的形式改写作物蒸腾的计算公式 6.9，并且，通过定义：

$$\chi_{crop} \equiv \chi^*_a + \varepsilon\frac{r_b}{2\text{LAI}}\frac{R_n}{L}\qquad\qquad \text{g m}^{-3}\quad(6.17)$$

和：

$$g_E \equiv \frac{2\text{LAI}}{(1+\varepsilon)r_b + r_s}\qquad\qquad \text{m s}^{-1}\quad(6.18)$$

将它们代入公式 6.9，得到所需的新公式：

$$E = g_E(\chi_{crop} - \chi_a)\qquad\qquad \text{g m}^{-2}\text{ s}^{-1}\quad(6.19)$$

最后，将公式 6.14、6.15 和 6.19 代入质量平衡公式 6.13，求解温室内空气的平衡湿度，可得：

$$\chi_a = \frac{g_E\chi_{crop} + g_V\chi_{out} + g_C\chi^*_{T_{cover}}}{g_E + g_V + g_C}\qquad\qquad \text{g m}^{-3}\quad(6.20)$$

在没有冷凝（$\chi_a < \chi^*_{cover}$）的情况下，g_C 项便从上述公式中消除。

实际上，覆盖层通常是温室最冷的部位，如果 g_C 非常高，则温室空气的露点将是覆盖层温度，因为所有过剩水汽都会在此冷凝。实际上，只要冷凝的传递系数很小，露点（空气湿度）就会高于覆盖层温度。

公式 6.20 表明，温室中空气处于平衡状态时湿度较高的情况有：存在作物蒸腾、室外湿度较高、覆盖层温度较高。这些因素的相对重要性取决于传递系数：如果没有通风，室外湿度将没有影响；采取防止冷凝措施时（如使用了不透水汽的幕布），屋顶覆盖层温度也不会产生影响。在保温良好的温室中（如双层覆盖温室），冷凝作用对除去水汽没有多大贡献，因为覆盖材料的内表面温度通常不比空气气温低。因此，在其余条件都相同的情况下，需要采取通风维持特定的空气湿度（而其他情况下冷凝就可以除湿）。这也是来自许多种植者的经验，他们发现，使用双层覆盖材料后的节能效果远远低于该双层覆盖材料传热系数 U 值的降低而带来的节能预期（译者注：双层覆盖材料 U 值低于单层覆盖材料 U 值。使用双层覆盖材料后，无法通过冷凝除湿，只能进行通风除湿，而通风带走热量，使得双层覆盖材料的节能效果远低于预期）。的确，只有采取除了通风以外的除湿方法（Campen，2009），并尽可能回收获得显热时（Kempkes 等，2017b），才能完全实现提高加温温室覆盖材料保温性能带来的潜在节能效果。

6.4.1 覆盖层冷凝

冷的覆盖层可确保空气干燥。但会带来两个问题：冷覆盖层会降低温室温度；屋顶覆盖层的冷凝水会滴落。种植者通常不愿意看到温室温度降低：加温会增加能耗，不加温则会造成降温。除非是在热带（或夏季较温和）的环境，辐射降温可能会对防止温度过高有帮助。

冷凝水形成小水滴，这些水滴沿着屋顶坡面向下滑动时融合变大，直到滴落下来。种植者不希望温室中有水滴，因为它滴落到作物上形成的潮湿点正是病原体易于聚集的地方。水滴能否滴落取决于屋顶表面的坡度及其特性。水滴通常不会从坡度大于约 25 ℃ 的玻璃上脱离，因而 Venlo 型温室通常借助安装于天沟下方的集露槽来收集冷凝水。另一方面，拱棚的圆形屋顶必须存在一个角度（称为分离角度），这个角度能保证水滴（并且始终在同一处）滴落，以便于搜集。除哥特式拱棚外，研究者对低成本温室中张拉结构的各种屋面坡度的缓坡屋顶也开展了相关研究（Montero 等，2017）。但这些温室的屋面坡度应该比平屋顶温室的常见坡度要大，后者的代表温室如阿尔梅里亚地区的平屋顶温室或摩洛哥的 Canarian 温室。通常在寒冷季节会使用透明薄膜来收集冷凝水(并提高保温性能)(图 6.2)。

图 6.2　寒冷季节放置在温室屋顶下方的透明薄膜。既可以收集滴下的冷凝水,又可以提高保温性能。左图:阿尔梅里亚(Almeria)黄瓜平屋顶温室;右图:智利瓦尔帕莱索(Valparaiso)附近的番茄木框架温室。照片来源:Cecilia Stanghellini。

用于覆盖材料的聚乙烯薄膜,在市场宣传时通常宣传经过"防冷凝"处理。显而易见的是,只要覆盖层温度低于空气露点温度,就必然发生冷凝,并没有任何可以防止冷凝的处理方法。此类处理的作用是确保冷凝水在表面形成薄的水膜而不是水滴,因而称为"成水膜处理"可能更合适。除了防止滴水,水膜还有助于防止水滴造成的光照损失(Stanghellini 等,2012a)。遗憾的是,现今大多数可使用的"处理"薄膜很少能使用到超过两个种植季。

6.4.2　作物温度和露点温度

尽管有很多原因(章节 7.4),但湿度控制的最主要目的还是防止真菌病害在温暖潮湿的地方迅速生长。这些温暖潮湿的地方通常是作物的"伤口"(如打去老叶和侧枝的部位)、屋顶冷凝水滴到的地方以及发生冷凝的地方。下面,我们来分析冷凝的过程、哪些因素会影响冷凝以及减少在作物表面发生冷凝的措施。

任何表面温度在低于空气露点温度时都会发生冷凝。根据定义,尽管我们采用的"大叶"不能告诉我们作物温度分布的任何相关信息,但很值得去分析一下"大叶"温度的确定过程，进而分析其低于空气露点温度的可能性。当然，结合作物能量平衡公式 6.1、作物热量交换公式 6.6、水汽交换公式 6.7，以及气孔下腔水汽饱和的假设，即公式 6.4，可以对作物温度 T_{crop} 求解：

$$T_{crop} - T_a = \frac{(r_b + r_s)\dfrac{R_n}{2\text{LAI}} - L(\chi_a^* - \chi_a)}{\rho c_p \left(1 + \varepsilon + \dfrac{r_s}{r_b}\right)} \qquad ℃ \qquad (6.20)$$

所有变量均已在公式 6.9 里说明。在这里我们看到，有两个相互矛盾的过程共同确定作物温度：正的净辐射使作物温度高于空气温度，而蒸腾（由空气饱和差驱动）使其变低。空气除湿会降低露点温度，但也会增加空气饱和差（进而促进作物蒸腾），某种程度上也降低了作物温度，最终可能仅比新的露点温度稍高一点。此过程有时被称为"水力反馈"。也就是说，在半封闭环境中，湿度的变化会影响蒸腾作用，蒸腾作用反过来又影响湿度。

的确，荷兰种植者（现在因其高能耗运营而众所周知）通过保持夜间"最低管道温度"（无论什么条件）的做法达到了控制湿度的目的，这主要归功于温室管道加温系统释放的（辐射）热量，而不是归功于设置较低的夜间温度控制设定点而导致的通风。

夜晚，在不加温（且无保温幕布）温室内，作物温度将不可避免地比空气温度更低。高湿度意味着较小的露点差（气温和露点温度之差），作物（至少某些部位）温度很有可能会低于露点温度（框注 6.6）。铝箔幕布或双层覆盖材料可减少热辐射损失（双层覆盖靠近作物的这层相对较热），因此，在其余条件相同的情况下，升高作物温度，就允许发生低露点差（高湿）的情况。高保温性能还可以提高（空气和作物）温度均一性，从而能够允许湿度可以有更小的"安全边际"（Stanghellini 和 Kempkes，2004）。（空气和作物）温度均一性的提高也可以通过空气循环来实现（框注 6.7）。当作物温度比空气温度低时，空气循环还可以提高作物的温度。

框注6.6　通风：总是湿度控制的最佳选择？

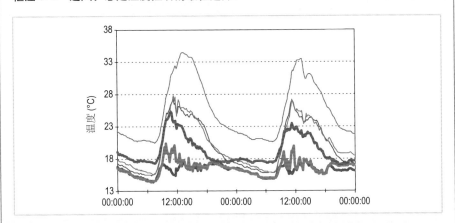

西西里岛（意大利南部）两个相同的不加温连栋拱棚两天的实测温度。一个温室由种植者根据需要自行控制通风（绿色曲线），另一个温室由于电机故障不通风（紫色曲线）。蓝色曲线表示温室外条件：细线为空气温度，粗线为露点温度。

通风良好的拱棚内比较干燥：其湿度（露点温度）几乎总与室外相同。夜间，由于大多数时间露点差（气温和露点温度之差）很小，作物各部位温度不可能都比气温低（原本应该如此）且比露点温度高。因此，在作物的某些部位会发生冷凝。

不通风拱棚内露点差要大得多，发生冷凝的概率就低多了。夜间，由于没有加温，不通风拱棚比通风拱棚温度高，这是因为不通风拱棚能够将土壤释放的热量更多地保留在棚内。与通风拱棚相比，不通风拱棚的土壤白天被（显然更热的）空气加热得更暖。另外一个原因是不通风拱棚内只有部分土壤被苗期作物覆盖，其土壤获得了较高的辐射能量。

尽管该特例的结果相当极端，然而，在相对温暖潮湿的情况下，最好限制通风以保持较高温度，而不是维持通风而造成不必要的温室降温。

公式6.20计算了平衡状态时的作物温度，即在稳定条件下的作物温度，以及条件变化后经过一定的适应时间之后的作物温度。叶片质量很小，是高效的"换热器"。Stanghellini（1987：82页）从她的试验数据中得出，温室番茄作物叶片的时间常数（条件改变后到达新平衡所需要的时间）大约是一分钟（白天）到两分钟（晚上），短得足够可以忽略不计。但是，茎和果实的质量较大，需要更长时间去适应。这就带来一个问题，尤其在早晨太阳升起后，蒸腾速率增加，将水汽带入温室空气中，使得空气露点温度上升。Montero等（2017，图3）指出，由于番茄果实升温缓慢，空气露点温度不可避免地会高于番茄果实的温度。结果就是：番茄果实上发生冷凝。在环境可控温室中，可以通过日出前提高加温设定点来防止冷凝在果实表面发生。在不加温温室，通风可能是避免这一现象的唯一选择，至少在外部空气比内部空气干燥的情况下是如此。

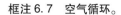

框注6.7 空气循环。

（照片来源：Cecilia Stanghellini）

根据公式6.20计算的作物"平均"温度：在高大作物冠层中会出现垂直温度梯度（净辐射随作物冠层深度而变化），也会存在水平温度梯度，尤其是在保温性和气密性不好的温室内。因此，即使作物平均温度没有低于露点温度，但作物某些部位的温度会低于露点温度。这种情况下，循环风扇帮助温室内空气进行循环，而无需与外界进行空气交换。显然，空气循环降低了水平和垂直温度梯度，进而减少作物某些部位的温度低于露点温度的可能性。另外，增加空气流通，可降低边界层阻力，从而降低作物与空气之间的温度差。所以，只要作物温度比空气温度低，空气流通就会使作物温度升高。更直观的一方面是，如果作物温度比空气温度高，空气流通就会使作物降温。

任何时候，只要有正的净辐射存在（例如阳光或人工补光），作物温度就不太可能低于空气露点温度，因而几乎不用为了防止真菌病害而控制湿度。当然，出于其他原因，人们可能希望控制湿度，例如，保持最低蒸腾速率以防止缺素，尤其是钙元素（图13.1）。Stanghellini 和 Kempkes（2008）开发了"作物健康"指示工具，该指示工具可以在考虑净辐射的情况下用于动态确定温室湿度控制设定点。

6.5 小结

首先，我们看到，可以根据非常基本的物理学原理（能量平衡、水汽传递、热量传递）写出通用公式来确定驱动作物蒸腾的因素。特别是，我们可以看到那些因作物而异的相关因素，如作物吸收的可用辐射的比例以及光照对气孔行为的影响；还有那些温室环境中不那么重要的因素，如空气边界层阻力。

其次，温室中的水汽平衡被用来确定决定温室"湿度"的主要因素，从而深入了解控制湿度的方法。

最后，我们讨论了湿度管理的目的和主要条件。

第七章
作物与环境因子

照片来源：Frank Kempkes和Cecilia Stanghellini（右下图），瓦赫宁根大学及研究中心，温室园艺组

环境因子对作物的生长和发育有着显著影响。我们在第 2 章讨论了作物生长分析的原理和方法,如光照截获、光合作用、呼吸作用以及同化产物的分配。本章我们将针对光照、温度、CO_2、湿度、干旱以及盐分对作物生长、发育和产量的影响展开讨论。作为种植者,可以通过控制环境因子来调控作物产量、作物状态和产品品质。同时,作为补充内容,《温室植物生理》这本专著(Heuvelink 和 Kierkels, 2015)通俗易懂地综述了外部环境因子对植物的影响。

7.1 光照

太阳辐射中提供光合作用所需能量的这部分辐射被称为光合有效辐射(PAR),常简称为"光照"。在温室生产中,作物几乎永远不会嫌 PAR 过多。一个常用的经验告诉我们,1% 的光照意味着 1% 的产量,因此,产量与光照量被假定为正比关系(另见公式 2.23)。尽管这种关系不总是完全正确,但果菜类作物的生产情况相当符合这种关系。对观赏类作物,如菊花、一品红或榕树,1% 的光照意味着大约 0.6% 的产量(Marcelis 等, 2006)。盆栽作物一般适宜在弱光条件下栽培,以避免叶片的日灼伤害(框注 7.1)。量化作物产量与光照之间的关系在实际生产中非常重要,因为生产中采取的一些节能措施(如幕布、涂白或双层玻璃)常常会降低温室内光照水平。因此,节能措施节省的成本可能会被光照降低带来的减产所抵消,甚至弥补不了减产的损失。当然,影响节能措施净收益的因素有很多:如减少能源使用、能源价格、投资成本,当然还有光照减少以及带来的减产。

框注 7.1　盆栽植物也喜欢光照。

许多盆栽植物(如龙血树和竹芋)都在弱光条件下栽培,以避免叶片灼伤。

大多数盆栽植物起源于热带雨林的下层植被,因此它们更适应弱光条件。这类作物的种植者多少都有点忌讳光照,通常将光照日总量控制在 3~5 mol PAR m^{-2} d^{-1}。种植者长时间使用遮阳网,并且还会在温室外墙使用遮阳涂料(如涂白)。如果不耐光的植物暴露在过多的太阳辐射下,就会引发光氧化反应,导致叶片黄化、叶尖灼伤甚至部分叶片坏死。显然,这对于观赏植物来说是不可接受的。但过度遮阴同样会对生产造成不利影响,因为植物能够截获并有效利用的光照量直接影响作物的潜在产量。

已有研究表明,一些耐阴的盆栽植物在更多的光照下可以生长得更快。此外,如果允许更多的太阳辐射进入温室,可以显著降低加温能耗。另一方面,较高的光照强度需要配合更高的相对湿度,以避免日灼(Kromdijk 等,2012)。同时,较高的湿度也可以使气孔保持张开。通过光的散射(Li 等,2015)或过滤近红外光 NIR(框注3.5)也可以使更多光照进入温室。这样,种植者就可以利用更多的光照,使植物生长得更快并提前上市。

光照除了对作物的生长和产量有影响外,还会影响产品品质。如图 7.1 所示,在较高光强下,长寿花的生物量增加,有更多花序和花苞(Carvalho 等,2006)。然而,植株高度并未受到影响(这方面受温度影响更多)。长寿花的发育速率也受到了影响,高光照下开花时间提前。光照的这一影响更多来自间接影响:较高光强意味着作物接受了更多辐射,导致更高的器官温度,而温度是决定发育速率的主要因素。对于番茄作物,温度是影响其发育速率的唯一因素(De Koning,1994),而对于其他作物如黄瓜(Schapendonk 等,1984)而言,即使排除了光照使得作物器官温度升高这一影响,一些其他因素(如光照)也会影响发育速率。光照累积量决定了幼苗的培育时间(框注 7.2),因而在番茄育苗过程中,苗场的供苗时间也需要考虑幼苗重量(品质)而不是只考虑幼苗的发育阶段(叶片数量)。

21 ℃

60 90 140 200

μmol m⁻² s⁻¹

图 7.1　光强（μmol m⁻² s⁻¹）对长寿花'Anatole'生长的影响。生长于温度为 21 ℃的气候室内（Carvalho 等，2006）。温度对长寿花生长的影响将在图 7.8 中讨论。

框注 7.2　光照累积量对幼苗生产的影响。

该表列出了地中海气候区某苗圃番茄育苗的播种和供苗日期。可以看出番茄育苗时长在 39~58 天之间变化。为了确定冬季育苗时间较长是否是因为光照较低，我们汇总了所有批次的光照累积量数据。

11 月~3 月的每月日平均室外太阳辐射（MJ m⁻² d⁻¹）分别为：9.3、8.1、8.5、10.6 和 14.6。温室透光率为70%，PAR 占太阳总辐射的 47%。另外，1 MJ PAR = 4.6 mol。因此，第一批育苗（11 月有 17 天，12 月有 31 天，1 月有 8 天）的 PAR 累积量为：（17×9.3+31×8.1+8×8.5）×0.47×0.7×4.6 = 724 mol m⁻²。

从表中可以看出，PAR 累积量在所有育苗批次中都相对稳定（平均 759 mol m⁻²，标准差为 56 mol m⁻²）。需要说明的是，在 3 月中旬，温室使用了遮阳涂白，温室透光率降至 40%。我们的计算未考虑此因素，所以该表高估了第 14~16 批次育苗的光照累积量。

注：如果幼苗的供货标准是其发育阶段（叶片数量），那么种植者希望控制的就是稳定的积温而不是稳定的光照累积量（见第 2 章）。

育苗批次	播种日期	供苗日期	育苗周期（天数）	PAR 累积量（mol m⁻²）
1	13 Nov	8 Jan	56	724
2	20 Nov	17 Jan	58	741
3	27 Nov	24 Jan	58	732
4	4 Dec	28 Jan	55	692
5	11 Dec	4 Feb	55	709
6	18 Dec	10 Feb	54	719
7	25 Dec	16 Feb	53	730
8	2 Jan	24 Feb	53	759
9	9 Jan	28 Feb	50	734
10	16 Jan	4 Mar	47	732
11	23 Jan	9 Mar	45	753
12	30 Jan	14 Mar	43	773
13	6 Feb	20 Mar	42	797
14	13 Feb	25 Mar	40	794
15	20 Feb	31 Mar	39	814
16	27 Feb	7 Apr	39	934

7.1.1　人工补光

如今，越来越多冬季弱光地区的种植者开始使用人工补光（Heuvelink 等，2006）来避免冬季弱光导致的大幅度减产。在这些地区，如果没有人工补光，就无法在冬季生产番茄和甜椒这类作物。借助人工补光，种植者可以提高作物产量和品质，并且对产量和品质实现更好的控制。同时，补光保证了周年生产，满足了市场需求，提高了投资利用率，并且能够制定更规律的用工需求。在荷兰，补光主要应用于花卉和番茄生产。框注 7.3 示例了补光的光照量在温室光照总量中所占的比重。但在许多情况下（取决于作物和温室地点），人工补光不具有经济可行性，补光增加的收益（产量和品质的提高）不能抵消补光设备的高额投资和运营成本。人工补光技术方面的内容将会在第 10 章展开介绍。

框注 7.3　补光对光照累积量的贡献。

与太阳辐射相比，补光在一年中的大部分时间只占总光照的很少部分。荷兰的 2 月中旬，每日平均太阳辐射总量为 4 MJ m^{-2} d^{-1}，其中一半是 PAR，有 70%（温室透光率）能够到达作物。对太阳辐射，1 J PAR 等于 4.6 μmol PAR（Langhans 和 Tibbitts，1997）。这意味着作物可以从太阳获得 1.4 MJ m^{-2} d^{-1} = 1.4×4.6 = 6.4 mol m^{-2} d^{-1} 的 PAR。番茄生产中，200 μmol m^{-2} s^{-1} 是比较合理的补光强度（一些种植者使用 lux 作单位，即大约 15000 lux。注：用 lux 来衡量植物的光照需求是不恰当的，因 lux 是基于人眼对光谱的敏感度，而不是光子数量。见框注 3.2）。如果每天补光 16 小时，则补光可提供 200×16×3600/10^6 = 11.5 mol m^{-2} d^{-1}。所以这个时期补光量大约是自然光的两倍。但到了 5 月，太阳光强较高、日长较长时，补光的贡献就会很少。

Dueck 等（2012）在荷兰开展了一项番茄人工补光试验（补光强度 170 μmol m^{-2} s^{-1}），结果表明，补光系统（高压钠灯和/或 LED 补光灯，补光细节见本章后面"植株间照明"部分）的光照累积总量与补光季节（10 月 15 日~5 月 20 日）的太阳辐射总量大致相当（87%）。最长补光时长为每天 18 小时，3 月和 4 月的补光使用情况取决于太阳辐射。

高压钠灯（HPS）是最常用的补光设备，但发光二极管（LED）越来越成为新的应用趋势（图 7.2），框注 10.1 列出了 LED 相对于 HPS 的优势。但多数种植者已经习惯使用 HPS，他们认为作物生长点可以利用 HPS 的热量来维持良好的发育速率，因而认为从 HPS 转向 LED 并不会带来很多优势。另一方面，作为"冷光源"的 LED 可以实现光热分离，所以能够将 LED 置于作物冠层内进行植株间补光。Mitchell 等（2015）和 Bantis 等（2018）综述了 LED 在园艺生产

中的应用，目前温室 LED 补光应用的最大限制因素是其高昂的投资费用（Persoon 和 Hogewoning，2014；Nelson 和 Bugbee，2014）。

图 7.2　温室顶部补光：高压钠灯（HPS，左图）；发光二极管（LED：右图）。照片来源：HPS, Cecilia Stanghellini, LED, Tom Dueck, 瓦赫宁根大学及研究中心，温室园艺组。

　　关于补光对作物的影响，研究者针对多种作物开展了大量试验研究。在一项甜椒的补光试验研究中，当光强从 125 μmol m^{-2} s^{-1} 提高到 188 μmol m^{-2} s^{-1} 时，甜椒单果重保持不变，总产量提高。所以，补光改善了坐果，进而提高了整体产量。此外，补光还能够缩短育苗的周期（框注 7.4）。

光照控制

　　关于补光，仍有一个重要的问题：什么时间进行补光？这可以从如下几个方面考虑：补光带来的收益能否超过补光成本（见第 12 章）？从作物生理角度来看，作物是否可以生长在更长的日长下？有些作物（如菊花和一品红）属于短日照作物，它们需要长夜来促进开花。对此类作物，每天的补光时长就会受到限制。除了光周期反应，还有另一个限制补光时长的原因，如，番茄作物每天至少需要 6 小时暗期，因为 24 小时连续光照会造成番茄叶片的损伤。茄子在连续光照下则会出现叶片褪绿黄化的症状（Murage 和 Masuda，1997）。最近的研究发现一个基因可以使作物能够接受 24 小时连续光照（Velez-Ramirez 等，2014）。将这个光照耐受基因转入现代番茄品系中，在 24 小时连续光照下可以提高多达 20% 的产量。这也表明，作物适应于地球 24 小时日夜交替节律的产量限制是可以被打破的。最后，对玫瑰作物，连续光照会影响其瓶插寿命（Mortensen，2007）。

框注 7.4　补光缩短幼苗的培育周期。

在框注 7.2 中，我们看到光照累积量在番茄幼苗的不同育苗批次（不同播种时间）中保持相对稳定。从播种到供苗，平均需要 759 mol m^{-2} 的光照累积量。对各育苗批次，现在可以计算出采用人工补光能够将育苗周期缩短多少。我们假定每天以 150 μmol m^{-2} s^{-1} 的光强补光 16 小时，这意味着每天可以补充 $150 \times 16 \times 3600/10^6 = 8.64$ mol m^{-2} 光照。

对于第一批育苗，11 月里 17 天的光照累积量为：$17 \times 14.1 + 17 \times 8.64 = 387$ mol m^{-2}。12 月，每天光照累积量为 $12.3 + 8.64 = 20.94$ mol m^{-2}。为了获得 759 mol m^{-2} 的光照累积总量，需要在 12 月继续培育 $(759-387)/20.94 = 18$ 天。补光后育苗周期为 $17+18 = 35$ 天，不补光育苗周期为 $17+31+8 = 56$ 天，意味着补光后育苗周期缩短了 21 天，或 $21/56 \times 100\% = 38\%$。数据表明，1 月或 2 月播种的这几个批次，补光缩短了育苗周期（12~16 天）。也就是从播种到供苗的时间缩短了 29%~36%。

批次	播种日期	供苗日期	不补光育苗周期（天）	补光后次月所需天数	补光后每批育苗的光照累积量（mol m^{-2}）	缩短的天数（天）	育苗周期减幅（%）
1	11 月 13 日	1 月 8 日	56	18	764	21	38
2	11 月 20 日	1 月 17 日	58	25	751	23	40
3	11 月 27 日	1 月 24 日	58	33	759	22	38
4	12 月 4 日	1 月 28 日	55	9	759	19	35
5	12 月 11 日	2 月 4 日	55	16	763	19	35
6	12 月 18 日	2 月 10 日	54	23	767	18	33
7	12 月 25 日	2 月 16 日	53	29	749	18	34
8	1 月 2 日	2 月 24 日	53	5	747	19	36
9	1 月 9 日	2 月 28 日	50	12	770	16	32
10	1 月 16 日	3 月 4 日	47	18	768	14	30
11	1 月 23 日	3 月 9 日	45	24	766	13	29
12	1 月 30 日	3 月 14 日	43	30	764	12	28
13	2 月 6 日	3 月 20 日	42	7	760	13	31
14	2 月 13 日	3 月 25 日	40	13	771	12	30
15	2 月 20 日	3 月 31 日	39	18	751	13	33
16	2 月 27 日	4 月 7 日	39	24	763	14	36

　　补光对作物生长的影响取决于作物的源库平衡，即源器官（叶片）同化量与库器官对同化产物的需求量之间的平衡。库器官包括花、果、幼叶和根系。如果源大于库，则表明已经有足够的同化产物满足库的需求，补光就没有意

义。这种情况下，补光只会浪费投入甚至对作物产生损伤。

Li 等（2015）研究计算了不同温室番茄品种的源库比随时间的变化模式，研究涉及樱桃番茄（小果型）、中果型和大果型三个番茄品种（图 7.3）。三个品种都经历了一段源库比高于 1 的起始阶段，意味着作物的同化量大于消耗量。这是因为幼苗植株的库器官很少，只有根系、幼叶和零星果穗，而源器官已能截获大量的光照进行光合作用（叶面积相对较高）。此时补光对作物没有帮助。然而，生长季的大部分阶段，源库比远远低于 1，因而补光能够提高作物生长和产量。而补光是否能够盈利取决于补光成本和增产收益之间的平衡（参见章节 12.4.1）。

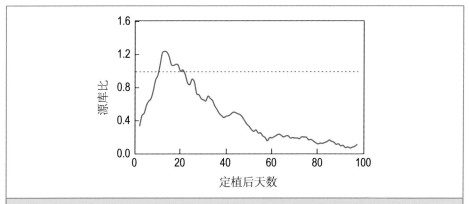

图 7.3　番茄源库比随时间的变化（'Komeett'，中果型番茄品种）。实线表示源库比的 5 天移动平均值。水平虚线表示源库比为 1。番茄定植后 20~30 天开始坐果。数据来自 Li 等（2015）在荷兰（Wageningen）的栽培研究，定植日期为 8 月 16 日。

在荷兰，夏季光强是冬季光强的五倍，同时，夏季日长是冬季日长的两倍，所以盛夏与隆冬的自然光照相差十倍之多。如果种植者经验不足，并且假定作物的光照利用率（LUE）保持不变，那么就会认为冬夏季节作物的生长量也会有十倍之差。由于冬季弱光条件下的 LUE 要比夏季强光条件下的 LUE 更高（图 2.13），因此实际的作物生长量差异会小一些。菊花种植者往往通过调整栽培密度的方法在一定程度上减轻季节性光照差异对生产的影响（Lee 等，2002）：冬季不补光的条件下，一般会将栽培密度降到每平方米 40 株，而在夏季则会增加到至少每平方米 66 株。温室番茄种植者却没有这样的选择，因为同样一棵番茄植株会连续生长 11 个月。不过，番茄种植者可以通过保留侧枝来增加夏季栽培密度（第 2 章：图 2.8）。

植株间补光

LED 被称为冷光源，相对发热量较低。因而能够将 LED 放置于植株冠层内部，称为植株间补光（图 7.4）。当作物生长在常见的顶部光照下，中下层叶片由于长时间适应弱光环境（弱光驯化），光合能力相对较弱（Trouwborst 等，2011）。如果采用 LED 对中下层叶片进行补光，就可以减轻弱光驯化反应，增强光合能力。

图 7.4　LED 植株间照明在黄瓜生产中的应用。
照片来源：Cecilia Stanghellini。

在冬季自然光照很低的一些国家（如挪威、芬兰和冰岛）的应用结果表明，相对于只使用顶部补光，增加植株间补光能够带来更好的收益。使用顶部与植株间照明的混合补光（如 75∶25，或 50∶50）比仅使用顶部补光要高出 10%的产量（Hovi-Pekkanen 和 Tahvonen，2008），这里两种补光方式的总光强（以及运营成本）是相同的。

充分利用 HPS 和 LED 的优势、将两者结合起来的混合补光系统，在温室补光应用方面已表现出巨大潜力。例如，在两个番茄品种的补光试验中，相对于纯 HPS 补光方式，混合补光系统可以将产量提高 20%（Moerkens 等，2016）。但通过对比四个不同的补光处理（PPFD 为 170 $\mu mol \ m^{-2} \ s^{-1}$），Dueck 等（2012）得出纯 HPS 处理下番茄产量最高的结论。试验中涉及的四个处理如下：（1）HPS顶部补光；（2）LED 顶部补光；（3）HPS 和 LED 的顶部混合补光（50∶50）；（4）HPS顶部补光和 LED 植株间补光（50∶50）。

　　为优化植株间补光的效果，也需要考虑 LED 的安装位置。De Visser 等（2014）通过 3D 光照模型（光线追踪）和番茄 3D 作物模型模拟了作物的三维结构以及植株间照明在冠层中的分布。结果表明，相对于水平照射的 LED，将 LED 照射角度向上略偏一个小角度（20°），能避免照射到地面的光照损失，提高了作物的光照吸收和光能利用率（LUE）。

光谱

　　除了光强和光照时长（作物接受自然光和人工光的总时长）之外，光谱（光的颜色）对光合作用同样重要。对于 LED，种植者可以精确选择补光光谱，而高压钠灯光谱比较固定：含有较高比例的红黄光谱（图 10.4）。尽管红光具有最高的光量子效率（图 7.5），不同波长光子之间的光合效率差异却很小。图 7.5A 是我们所说的"McCree 曲线"。值得注意的是，不应将该曲线与叶绿素（在溶剂里）的吸收光谱曲线相混淆，叶绿素在蓝光和红光处有很显著的吸收峰值。在图 7.5A 中，绿色叶片的光合效率要高于红色叶片的光合效率，这是因为红叶中花青素含量更高，花青素的滤光作用降低了叶绿素吸收光量子的速率（Paradiso 等，2011）。相对于单叶水平，作物冠层对绿光的利用效率更高（图 7.5B），这是因为单叶对绿光的吸收率低，而在冠层中，反射的绿光（有一部分）可以被其他叶片吸收。因此，在没有考虑作物冠层内互作的情况下，不能将单叶水平的研究结果直接外推应用到作物冠层水平。

　　我们试图用图 7.5A 来估计不同光谱光子光合效率的差异（如比较红蓝 LED 与 HPS），但从瞬时效应直接得出结论时应当慎重一些。原因在于，叶片已经适应了生长环境光照的光谱（Hogewoning 等，2012），光谱对叶片光合作用的短期（瞬时）影响与长期影响会有所不同。Hogewoning 等（2012）研究指出，叶片可以通过改变自身光合系统的光系统组分以适应生长环境的光谱，该研究者也量化了光谱对 CO_2 量子产率的影响。另外，在连续光照下，光谱还对作物生理学和形态学等许多方面产生了影响（Hogewoning 等，2007）。

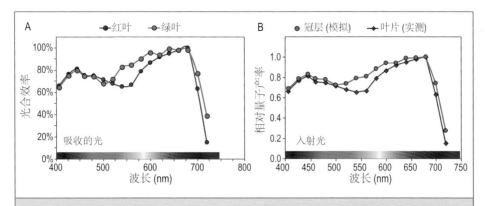

图 7.5　图 A：玫瑰（'Akito'）绿叶和红叶的光谱量子产率（μmol CO₂/μmol 吸收光子）。图 B：绿叶冠层水平（模拟值）和叶片水平（实测值）的光谱相对量子产率。纵坐标数值为 680 nm 波长下量子产率（最大值）的相对值。基于 Paradiso 等（2011）的研究重绘。

　　光谱对作物光合效率的影响是有限的（图 7.5），光谱主要通过改变作物形态来影响作物的生长。Ouzounis 等（2015）研究了光谱对作物生理和次生代谢的影响与温室作物产量的关系。这些研究者提出了一些潜在的应用，例如利用特定光谱的 LED 塑造作物形态、提高有益代谢物的含量以提高果实品质和口感，甚至触发植物潜在的防御机制。一般来说，不同光谱之间的比例是关键所在，如，较低的红光（R，640~680 nm）/远红光（FR，710~715 nm）比例会促进植株伸长。这是避荫综合症（Pierik 和 De Wit，2014）的表现之一，植株节间伸长加快，偏下性生长（也即叶片向上弯曲生长），提前开花，以避免被周围植株遮挡。引发避荫反应的主要光信号是 R/FR 比，叶绿素对红光采取选择性吸收就会造成较低的 R/FR 比（Pierik 等，2004）。Lund 等（2007）的研究表明，傍晚（天黑前 20~30 分钟）的 R/FR 比也是影响植株伸长的决定因素。

　　较高的蓝光比例会导致植株更为紧凑（Hernandez 和 Kubota，2016）。然而，100% 蓝光却会导致植株出现严重的伸长（Hernandez 和 Kubota，2016），这可能是因为纯蓝光对光敏色素平衡的影响与低 R/FR 比值类似（避荫综合症）。光照中的蓝光通过影响叶片特征（参数）来影响作物的生长（这些叶片特征在高光照下也会发生）。蓝光（0~50% 比例）能够通过增加单叶叶面积的叶干重、氮素含量、叶绿素含量，以及增加气孔导度来提高叶片的光合能力（Hogewoning 等，2010b）。

　　长期以来，绿光（图 7.6）在植物生理学和形态学方面的作用往往被忽略。绿光对植物生长发育的影响机理以及绿光光受体的特性鲜有研究（Golovatskaya

和 Karnachuk，2015）。越来越多的研究证明绿光能够促进植物茎干伸长、提高 CO_2 同化能力、干物质生产以及最终产量。这些研究结果表明，LED 光配方中也需要配以适量的绿光成分。

图 7.6　生长于红绿 LED 下的番茄幼苗。照片来源：Xue Zhang，瓦赫宁根大学及研究中心。

Hogewoning 等（2010a）的研究也表明了光谱对植物形态的重要性（图 7.7）。研究者将黄瓜种植于相同光强的三个不同光谱处理下。结果表明，人造太阳光（AS：硫等离子灯+石英卤素灯）下的黄瓜植株总干重分别是荧光灯和高压钠灯下植株总干重的 2.3 倍和 1.6 倍。AS 下的黄瓜株高是其余处理下株高的 4~5 倍，荧光灯和高压钠灯下黄瓜植株非常矮。这对于盆栽作物也许是有利的，因为盆栽作物需要更紧凑的株型。这些显著差异可能与 AS 处理下植株更有效的光照截获有关，植株具有更长的叶柄、更舒展的叶片、更低的比叶重。但 AS 处理植株的单位叶面积的光合速率却没有差异。光谱对幼苗的影响很大，对成株的影响相对变弱。对植物生长而言，太阳光的光谱比人工光的光谱更具优势。

图7.7　三种光照处理下定植13天后的黄瓜植株：高压钠灯（左）、荧光灯（中）和人造太阳光（右），光强均为100 μmol m^{-2} s^{-1}。图中的比例长度为10 cm。下三图与上三图是不同的植株。下三图没有按比例显示。图中异常的叶色源于光源照射下的拍照（Hogewoning等，2010a）。

　　最近的研究表明，远红光对番茄产量有正面的影响。额外的远红光能够通过增加叶面积和节间长度（更好的冠层光照分布）来提高作物总干物质产量。除此之外，远红光还促进了干物质向果实的分配（Kim等，2019）。对生菜（Li和Kubota，2009）和几种观赏作物（Park和Runkle，2017）的研究也表明远红光对叶面积扩展及随之的干物质积累有这些有利的影响。Park和Runkle（2017）还观察到，在苗期添加远红光能促进长日照品种（金鱼草）的开花，而其他品种的开花没有受到影响。植物在较低的R/FR比下提前开花，也是避荫综合症的表现之一（Pierik和De Wit，2014）。

　　不定根的萌发是观赏植物进行营养繁殖的关键。Christiaens等（2015）研究了不同光谱对三种观赏植物(杭菊、薰衣草和杜鹃花)不定根萌发的影响。试验为纯人工光处理,光照处理由红蓝 LED 按不同比例组成(红光∶蓝光 = 100∶0、90∶10、80∶20、50∶50、10∶90 和 0∶100)。杭菊和薰衣草的光强为60 $\mu mol\ m^{-2}\ s^{-1}$,杜鹃花的光强为 30 $\mu mol\ m^{-2}\ s^{-1}$。三种植物的不定根均能在100%红光下很好地萌发。对于杭菊,绝大多数不定根在红蓝比为 10∶90 的处理下被抑制。而对于杜鹃花,不定根则在红蓝比为 50∶50 的处理下被抑制得最严重。

7.1.2 散射光

阴天的光照看起来是从不同角度照射下来的,我们称之为散射光。而晴天时更多是直射光(地面形成影子),但晴天时还会存在相当部分的散射光(图3.2)。在低纬度国家,直射光与散射光的比例要比荷兰、加拿大、瑞典等高纬度国家的比例高。20 世纪 60 年代,研究者已经意识到将光照散射后可以提高作物产量,但直到最近才具备了将光照大量散射而不损失太多光强的技术。如今,因抗反射涂层的应用(框注 3.4),散射玻璃和散射涂层在提供散射光的同时几乎不影响光强。

散射光在冠层的水平和垂直分布都更均匀。光照可以穿透到冠层更深处,意味着消光系数变低。配备散射玻璃的温室消除了太阳直射光斑或屋顶结构的阴影,这产生了很大的影响:冠层顶部叶片吸收的光照变少,不过它们往往已经处于光饱和点;冠层中部叶片能够得到更多光照来进行光合作用。综合结果是同化产量提高了,产量增加了 5% ~ 10%(Dueck 等,2012;García Victoria 等,2012)。散射玻璃对番茄的增产作用主要归功于以下四个因素:更好的水平光照分布、更好的垂直光照分布、中下层叶片更高的光合能力以及略高的叶面积指数(Li 等,2014)。以上研究均在荷兰开展,对照为透明玻璃温室。需要注意的是,其他地区使用的所有塑料薄膜几乎都有散射作用,因而上述研究结果不能简单地应用到其他场景。

前面我们提到,盆栽作物生产管理中通常采取大量遮阴来避免植株被强光灼伤。单日光照累积量(DLI)会被控制在 3 ~ 5 mol m^{-2}(PAR)。然而遮阴会造成减产,因为光照是光合作用的主要驱动力。Van Noort 等(2013)在温室内采用散射幕布或散射玻璃研究了散射光对两个红掌和两个凤梨品种生长的影响。结果表明,在夏季,通过散射材料提供更多的(散射)光照,所有作物的生长量都得到了充分的提高，并且没有发生叶片灼伤。红掌生长周期也从 22 周缩短到 16 周，植株尺寸增大 25%。采用的基于光照的温度控制降低了加温控制设定点，节省了 25% 的能源（Van Noort 等，2013）。上述基于两个红掌品种的同一试验结果表明，散射光下更少的阴影不仅促进了作物生长，还提高了其观赏品质（Li 等，2015），如更紧凑的株型。在散射玻璃下，两个品种在更高的 DLI 下（从 7.5 提高到 10 mol m^{-2}），均有更多花苞、叶片和茎干，株型紧凑，且没有发生叶片和花苞的灼伤。

7.2　温度

温度是影响作物发育的主要因素。作物发育与温度之间存在最优响应的关系（见第 2 章）。是否处于最优响应取决于作物种类和特定的（酶促）反应。在很大一段亚适温范围内，作物发育速率或多或少随温度线性增加（图 2.2）。在这段温度范围内，积温可以很好地预测作物发育速率。对幼苗而言，温度会显著影响其干物质积累。例如，Heuvelink（1989）在 18 ℃ 和 24 ℃ 恒温下的番茄试验表明，24 ℃ 下的番茄植株鲜重几乎是 18 ℃ 下番茄植株鲜重的 4 倍，叶面积也有同样的差异。这是很显著的影响，因为叶片光合速率（在相对较宽的温度范围内）几乎不受温度的影响，至少在本试验的 125 μmol m^{-2}s^{-1} PPFD 之下是如此（图 7.13）。在较高温度下，作物长出更多较薄的叶片，叶面积要大得多，因而光照截获和作物生长速率更大。因此，较高温度下幼苗更快的生物量积累主要是源于温度对作物形态建成的影响。

温度也会影响产品品质，如盆栽作物。Carvalho 等（2006）开展了温度对长寿花生长的研究，相同光强（200 μmol m^{-2}s^{-1}）下设置不同的温度处理：18、21、23 和 26 ℃。结果表明，更高的温度下，作物栽培周期缩短（这是正面影响），但高温也导致开花的侧枝减少、每个花序的花蕾数量减少，以及过高的植株（图 7.8）。这些都是负面影响，因为只有株型紧凑、多花的植株才有好的市场价值。所以，生产出好株型的植物需要足够的栽培时间。

图7.8 温度对长寿花'Anatole'生长的影响(Carvalho 等，2006)。光照的影响见图7.1。

温度过高或过低都会给植株带来胁迫。番茄作物的坐果是最容易受影响的过程，相对于28/22 ℃的昼夜温度策略，32/26 ℃的温度策略(中等高温胁迫)会导致单株果实数量急剧下降(Sato 等，2002)。这是由于高温导致了授粉不良，并且影响了坐果，温度升高影响了雄蕊散粉过程和花粉质量。值得一提的是，在两个温度策略下，作物生长量保持相同水平，光合速率没有受到影响。

另一方面，过低的温度同样会产生负面影响。我们发现，甜椒生产中，低温会导致小果和畸形果(Tiwari 等，2007)。这种果实往往没有种子，因为低温影响了授粉质量。过低的温度还会抑制叶片光合产物向库器官的转运，因为光合速率几乎不变(很大温度范围内光合作用不受温度影响)，所以，低温下，光合产物只能以淀粉的形式储存在叶片中。

根系温度较低时，植株生长缓慢，果实变小(Cooper，1973)。番茄生长过程中根系要保持15 ℃以上(Martin 和 Wilcox，1963)。作物地上部环境温度对作物生长发育的影响要比根系温度的影响大得多。黄瓜嫁接苗(黑籽南瓜砧木)比自根苗更耐根系低温(Ahn 等，1999)。根系温度对玫瑰作物的新芽萌发很重要，Dieleman 等(1998)通过试验对比了相同空气温度时玫瑰在不同根系温度下的基部新芽(也称脚芽)萌发情况。结果表明，基部新芽的萌发数量随根系温度升高而增加(图7.9)。

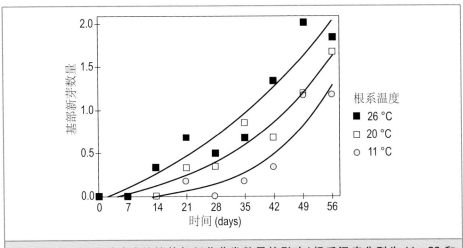

图 7.9　根系温度对玫瑰植株基部新芽萌发数量的影响（根系温度分别为 11、20 和 26 ℃）。每个点表示 6 棵植株的平均值（Dieleman 等，1998）。

　　垂直温度梯度在封闭和半封闭温室内是非常典型的现象（第 9 章）。Qian（2017）在周年生产番茄的半封闭温室内研究了干冷空气进入温室的位置（温室上部或温室底部）对作物生长和产量的影响。冷空气从冠层下方进入温室进行降温时，会带来垂直温度梯度。当太阳辐射超过 700 Wm^{-2} 时，冠层顶部与底部会存在高于 5 ℃ 的温差。尽管如此，作物生长和产量却基本不受影响。因冠层顶部的空气温度相近，两个处理间番茄的出叶速率和花穗发育速率没有差异。试验中观测到的作物对垂直温度梯度的唯一反应是冠层下部果实的发育速率减慢，番茄开花到采收的时间变长，夏季的平均单果重略微增加，但整个生长季的总产量没有受到影响（Qian，2017）。

7.2.1　昼夜温差和短时降温

昼夜温差

　　除了平均温度，昼/夜温的变温模式也很重要。比如，作物 24 小时保持恒定的 21 ℃ 或昼/夜温度为 25/17 ℃（日长 12 小时）、甚至昼/夜温度为 17/25 ℃，三种温度策略对作物的影响不同。白天和夜间的温度差被称为昼夜温差（DIF），如果夜温高于昼温，称为"负温差"。种植者会采取负温差来降低植株（尤其是盆栽作物）的节间伸长而获得更紧凑的株型。

　　包括番茄在内的很多作物都会受到负温差的显著影响（图 7.10）。10 ℃ 负温差会导致紧凑的株型，同时降低作物生长和侧枝长度，叶片向上生长、与茎干夹角变小，对作物冠层的光照截获影响很大。毫无意外，图中右侧植株的生长量要高得多（图7.10），而左侧10 ℃负温差下的植株叶片更厚。Heuvelink（1989）通过作物生长分析（第2章）确定了作物在负温差下生长速率低的原因。试验中将番茄幼苗栽培于不同的昼/夜温度下，24小时均温保持21 ℃，日温（T_d）和夜温（T_n）分别设置在16~26 ℃范围内，日长为12小时，光强为125 μmol m^{-2}s^{-1}。结果表明，负温差（T_d低于T_n）降低了叶面积比率（LAR），进而降低了作物生长量，LAR的降低主要源于比叶面积（SLA）的降低，而净同化率（NAR）没有受到负温差的影响。对于幼苗而言，稀疏的叶片和较低的SLA（叶片较厚）会降低光照截获量，进而降低生长量。同时，叶片倾角的变化加剧了对光照截获的影响。

图7.10　生长在12小时日长下40天的番茄植株。昼/夜温度：16/26 ℃（左图）；昼/夜温度：20/22 ℃（右图）。尽管日平均温度都为21 ℃，但两株番茄差异显著（Heuvelink，1989）。

　　现在可以解释：在积温相同、昼夜温差不同时，幼苗和封闭冠层作物（成苗）生长存在差异的原因。对于封闭冠层而言，因叶片厚度带来的LAI差异对光照截获的影响很小，因为冠层已经截获了大部分光照。这就很好地解释了在积温相同时，相对于幼苗，成株受昼夜温差的影响较小的原因。

　　Carvalho等（2002）研究表明，在18~24 ℃范围内，正负昼夜温差对菊花的最终节间长度影响的幅度相同且方向相反，在这样的温度范围内，可以根据昼夜温差预测菊花的最终节间长度。

短时降温

不仅昼夜温度的设置策略非常重要，白天的温度策略也很重要。特别是短时的降温（多至几个小时；称之为 DROP）会抑制植株的伸长。白天短时降温的时刻起着决定作用。在光期（日出后或开始补光后）的前几个小时，植株伸长对温度最为敏感，此时开始短时降温可以抑制植株伸长。而在光期的最后几个小时内，短时降温对植株伸长没有影响（Cockshul 等，1998）。盆栽作物种植者常常利用这一现象来获得紧凑的作物株型（Carvalho 等，2008）。温室管理中，昼夜负温差的控制需要在整个光期进行降温，而短时降温只需要在光期的前几个小时进行。相对来说，在春末或夏天，短时降温更容易实现。在清晨进行短时降温与昼夜负温差对节间长度的调节效果类似。

7.2.2 积温

如前所述，相同均温下的昼夜温度控制策略对作物生长很重要，尤其对幼苗、生长很快的盆栽或花坛植物很重要。但对成株而言，相对于精确的昼夜温度控制，一定时间段内的平均温度对成株的影响更大（De Koning，1990）。这为我们提供了应用积温理论的机会：在一定的时间段内（如 24 小时、几天或一周），平均温度必须满足一个临界值。除了这个时间段长短，积温周期内的最低温和最高温的变化幅度有一定的限制。例如，对大多数作物来说，第一天的 19 ℃ 可以允许用第二天的 21 ℃ 来补偿，从而达到两天内 20 ℃ 的日均温。但是，第一天的 5 ℃ 却不能被第二天的 35 ℃ 来补偿。积温理论只在特定的温度范围内应用，该温度范围内，作物生理过程的相关速率（如光合或开花）必须与温度呈线性相关。只有这样，作物完成特定的生理过程所需要的积温才为恒定值（另见章节 2.1）。例如，如果花芽分化的最适温度为 20 ℃，而在 16 ℃ 和 24 ℃ 时花芽分化会减缓，那我们就不能用 24 ℃ 来补偿 16 ℃ 的低温影响。在许多作物中都有了积温理论的研究和成功的应用，如黄瓜（Hao 等，2015）、盆栽作物（Rijsdijk 和 Vogelezang，2000）、甜椒（Bakker 和 Van Uffelen，1988）、玫瑰（Buwalda 等，1999）、番茄（De Koning，1990），以及一些小众的温室作物如小苍兰、小萝卜、生菜和菊苣（Grashoff 等，2004）。据此，就能够着眼于节能来进行温室温度的控制（框注 12.3）。当太阳加热了温室，因阳光是免费资源，因而温室温度可以稍高于白天的温度设定值。当种植者在次日（如大风或多云天气）必须加温时，可以维持稍低于设定值的温度，这样可以维持长期时间段内的平均温度值。积温还可以应用于一天 24 小时内（如用较低的夜温来补偿较高的日温）或者一周的温度管理（Elings 等，2006）。

当能源价格波动时，种植者可以在能源价格较低时增加能源使用量，而在能源价格较高时减少能源使用量，只要长期时间段内的平均温度达到设定值即可。现代温室环控计算机具备积温管理的功能，允许种植者设定长期平均温度和可接受的温度波动范围。结合幕布、通风以及加温系统的控制，就能够以最低的能耗达到所需的平均温度。研究表明，这样的控制策略可以节能 3%（2 ℃波动范围）~13%（10 ℃波动范围）（Buwalda 等，1999）。

7.3 二氧化碳（CO_2）

增加温室 CO_2 浓度能够显著促进作物生长，如果没有 CO_2 施肥，温室内 CO_2 浓度通常会限制作物的生长和产量。作物总光合有光饱和点，在不同光照水平下，更高的 CO_2 浓度均可以提高光合速率（图 7.11）。

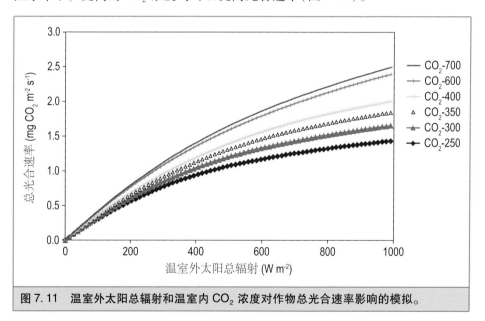

图 7.11　温室外太阳总辐射和温室内 CO_2 浓度对作物总光合速率影响的模拟。

CO_2 在低浓度范围时，增加其浓度对光合作用的提高很大，但 CO_2 浓度从 600 μmol mol^{-1} 提高到 700 μmol mol^{-1} 时，对光合作用的提高却不大。当 CO_2 浓度高于 1000 μmol mol^{-1} 时，再增加其浓度，对光合作用几乎没有影响。

所以，冠层总光合对 CO_2 浓度存在饱和响应，尤其是当 CO_2 来源于锅炉或热电联产系统的烟气（见章节 11.3 和表 11.2），过高的 CO_2 浓度（如增加到 1200 或 1500 $\mu mol\ mol^{-1}$）会带来风险。此外，高浓度 CO_2 还可能带来我们不愿看到的影响：气孔可能关闭、作物温度过高。

现代温室生产中，CO_2 施肥十分常见。CO_2 施肥能够促进作物生长并提高 15%~30% 的产量，同时提升产品品质。西班牙南部地区不加温温室中不同蔬菜作物的试验研究表明：CO_2 施肥可增产 12%~22%（表 7.1）。提高 CO_2 浓度能够增加同化物生产，进而带来更多的分枝、更厚的叶片、更少的盲枝（如玫瑰），并且坐果更好。Poorter 和 Pérez-Soba（2001）综合分析了文献数据后发现，过低的土壤养分供应或低于最适温度时会降低 CO_2 施肥的增产效应。

表 7.1　西班牙不加温温室中，蔬菜作物补充 CO_2 后的增产情况
（Sanchez-Guerrero 等，2010）

作物	温室类型	最大 CO_2 浓度（vpm）	CO_2 消耗量（kg m^{-2}）	增产（%）
秋茬黄瓜	连栋拱棚	700	2.2	19
春茬豆	平屋顶温室	600		12
秋茬豆	平屋顶温室	600		17
春茬辣椒	连栋拱棚	750		22
秋茬辣椒	连栋拱棚	750	4.7	19
秋茬番茄	连栋拱棚	800	3.3	19

当叶片环境中 CO_2 浓度提高时，叶片光合速率会立即上升，这是因为空气中 CO_2/O_2 浓度比的增加降低了光呼吸。即使在长季节栽培模式下的作物，高 CO_2 浓度依然可以提高净光合量，不过，这种情况下其光合能力会下降，这个过程是我们熟知的"驯化适应"（Foyer 等，2012）。适应的程度取决于源库平衡，而源库平衡受环境条件等因素的影响（见第 2 章）。在半封闭温室中，提高 CO_2 浓度不会导致高产番茄的反馈抑制作用，因为作物有足够的库器官（果实）来利用这些同化产物（Qian 等，2012）。相对于传统温室，（半）封闭温室的作物干物质生产量更高，也即作物光合量更高，因此，（半）封闭温室产量更高（表 7.2）。两种温室内作物的果实干物质分配没有差异。利用作物生长模型对环境数据和作物生长数据进行的分析表明，（半）封闭温室内作物的高产来源于温室内更高的 CO_2 浓度（图 7.12；Qian，2017）。

表 7.2　定植 29 周时番茄累积总产量和累积 CO_2 补充量

降温能力($W\ m^{-2}$)	产量($kg\ m^{-2}$)	CO_2 补充量($kg\ m^{-2}$)
700	28(14%)	14
350	27(10%)	30
150	26(6%)	46
0	24	55

四个温室分别为:降温能力为 700 $W\ m^{-2}$、350 $W\ m^{-2}$、150 $W\ m^{-2}$ 的(半)封闭温室以及传统温室。括号中百分数表示相对于传统温室的相对增产量(Qian 等,2011)。

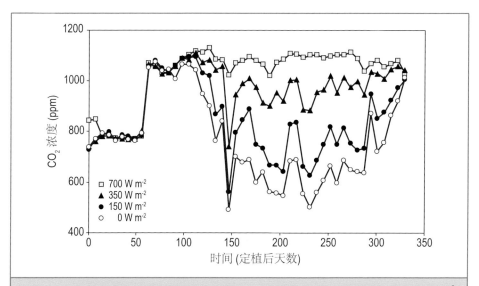

图 7.12　不同温室中白天 CO_2 浓度的周平均值。四个温室分别为:降温能力为 700 $W\ m^{-2}$、350 $W\ m^{-2}$、150 $W\ m^{-2}$ 的(半)封闭温室以及传统温室(Qian 等,2011)。

　　本章中,我们分别介绍了光照、温度、CO_2 等单一因子对作物的影响,然而,这些影响也取决于其他因子的水平。例如,叶片光合速率的最适温度在高于室外浓度的 CO_2 浓度下会升高(Taiz 和 Zeiger,2010)。图 7.13 和图 7.14 分别表示光强、CO_2 浓度、温度这三个因子对番茄叶片和对番茄冠层的光合速率的综合影响。低光强时,温度超过 25 ℃后光合速率开始下降,而高光强时,温度超过 25 ℃时光合速率还在上升。需要注意的是:单叶和冠层光合速率对环境因子响应的差异。这一点已在第 2 章进行了介绍(图 2.10)。

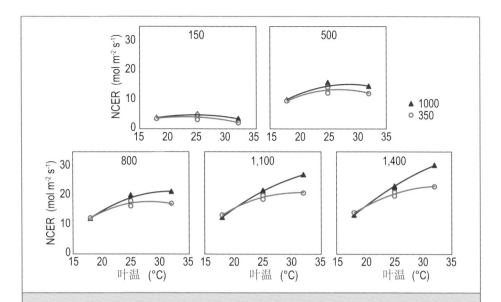

图 7.13　平均净碳交换率(NCER)与光照(图框内上方数值, μmol m⁻² s⁻¹)、CO_2 浓度(见图例, μmol mol⁻¹)、1.1(18 和 25 ℃)或 2.2(25 和 30 ℃)kPa 饱和水汽压差之间的关系。作物生长于 350 和 700 μmol mol⁻¹ 两个 CO_2 浓度下,以空气温度代替叶温(18、25 或 32 ℃)。基于 Stanghellini 和 Bunce(1993)的研究数据重绘。

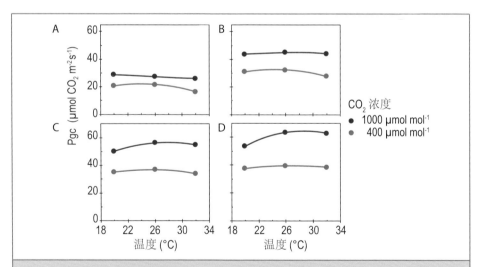

图 7.14　番茄总光合速率测量值(P_{gc})与温度、CO_2 浓度(400 或 1000 μmol mol⁻¹)以及光合光量子通量密度(PPFD)(A:300 μmol m⁻² s⁻¹, B:600 μmol m⁻² s⁻¹, C:900 μmol m⁻² s⁻¹或 D:1200 μmol m⁻² s⁻¹)之间的关系。图为二次函数拟合曲线,曲线的标准误低于数据点的标准误(Körner 等, 2009)。

7.4　湿度

空气湿度可以表示为水汽压、水汽浓度或者相对湿度（RH，见表 4.1）。空气饱和湿度随空气温度的升高而显著升高。湿度是温室空气的重要物理性质：作物通过蒸腾作用向温室空气释放水汽，对温室能量平衡起着重要影响（见第 6 章）。湿度代表潜热，通过自然通风来降低湿度会损失能量，因为湿热空气会将能量带出温室（见第 5 章）。在很大范围内，湿度对作物的生理活动（如光合作用或干物质分配）影响不大，除非出现极端情况（如湿度过低或者过高）。

7.4.1　高湿

极端高湿，也就是 VPD 低于 0.2 kPa（<1.5 g m^{-3}），相当于 25 ℃时 RH 高于 94%，会引起一些问题。高湿度下，植物无法进行足够的蒸腾，体内水分运输活动缺失。这意味着没有钙（Ca）元素的运输，叶片缺钙导致叶片变小（见图 13.1），降低了光照截获和作物光合作用。同时，较高湿度下，花药不能正常释放花粉，授粉受到抑制。温室生产需要防止湿度过高，尤其是温室温度分布不均匀时，水汽会在温室内最冷的部位发生冷凝，增加了病害风险（如灰霉病）。另外，作物蒸腾作用停滞时，作物仍然存在一定程度的吸水。这会导致番茄裂果（果实水分太多而"爆裂"）和生菜叶片玻璃化（叶片细胞间隙含水）等问题。

高湿还会降低产量：研究表明，相对于 VPD 为 0.5 kPa 的栽培环境，VPD 为 0.1 kPa（高湿）时番茄产量会降低 18% ~ 21%。这是叶片缺钙导致叶片变小带来的结果（Holder 和 Cockshull，1988）。高湿的栽培环境还对鲜切花的瓶插寿命产生负面影响（如玫瑰），影响程度因品种而异（Mortensen 和 Gislerod，1999）。高湿环境下栽培的玫瑰瓶插寿命缩短的主要原因是植物气孔关闭能力受到影响，插瓶后会快速失水干燥（Fanourakis 等，2016）。

7.4.2　低湿

另一种极端的情况是极端低湿：饱和差高于 1 kPa(>7.5 g m⁻³)，相当于 25 ℃时 RH 低于 70%。干燥的环境加剧了作物蒸腾，导致了胁迫的产生。作物会部分关闭气孔来减弱蒸腾强度，这也意味着气孔对 CO_2 的阻力升高。因此，叶片光合作用随之减弱。此外，细胞伸长减少，叶片缩小，不能截获足够的光照用于光合生产。低湿产生的这两方面影响均会降低光合作用，进而影响作物的生长和产量。

长时间低湿会导致番茄果实鲜重减小。Lu 等(2015)通过高压喷雾系统控制湿度，研究了 VPD 对温室环境和番茄生长的影响。在整个冬季，高压喷雾系统有效地将正午平均 VPD 从 1.4 kPa 降到 0.8 kPa。维持较低的正午 VPD 能够增加番茄叶片气孔指数和气孔导度，进而增加净光合速率。此外，较低的 VPD 将番茄的平均干物质量和产量分别提高了 17.3% 和 12.3%。在地中海气候下，白天温度最高时高于 2 kPa 的 VPD 会降低果实的生长和鲜重，这可能是高 VPD 降低了果实与茎干的水势梯度而导致的结果。在这样的环境下，总产量也因为果实尺寸减小而降低了(干物质含量变高，Leonardi 等，2000)。Ehret 和 Ho(1986)在研究盐分对番茄果实干物质分配时发现了类似的结果。甚至当果实干重没有受到影响时，果实鲜重也受到影响而降低。尽管这带来了更好的口感，但显然产量还是降低了。

湿度还有另外一个影响。叶片持续蒸腾，不断吸引植株木质部的水流，而植株体无蒸腾功能的部位(如果实)会缺水，导致局部缺钙，因为钙元素只能随着植株体内的水流被动运输。甚至植株整体钙元素充足时，也会发生局部缺钙症状。尽管大多数其他离子在植物体内都可以再分配，但钙元素在植物体内无法进行再分配(钙元素只随着木质部蒸腾流到达并停留在植株各部位)。番茄和甜椒的果脐部位缺钙会引起脐腐病(图 7.15；Ho 和 White，2005)。当作物生长于高盐分条件时，因吸水困难，同样会出现缺钙症状。此外，高盐分条件下，相对于其他阳离子，钙离子的浓度降低了。

图 7.15　番茄和甜椒脐腐病（局部缺钙）。照片来源：Wim Voogt，瓦赫宁根大学及研究中心，温室园艺组。

7.5　干旱和盐分

7.5.1　Maas-Hoffman 模型

作物遭受水分和盐分胁迫的早期反应在本质上是相同的（Munns，2002）：作物对水分的吸收受到了限制。Maas-Hoffman 模型（Grieve 等，2012，引自 Maas 和 Hoffman，1977）非常有助于普适性描述干旱和盐分对作物产量的影响。在一定的干旱和盐分范围内，产量能够保持最大值，当干旱和盐分超过阈值后，产量就会下降。产量下降与横坐标因子（干旱或盐分浓度）相关，以线性相关为其特征：产量逐渐下降至零（图 7.16）。

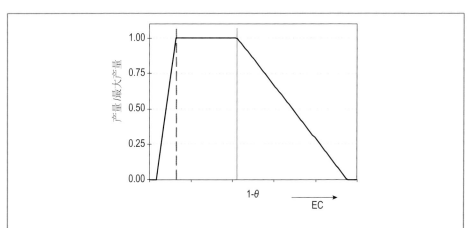

图 7.16　Maas-Hoffman 模型。临界值（绿线）和斜率描述了盐分（EC）或干旱（θ，表示根际环境的容积含水量）对产量的影响。

干旱和盐分(表示为溶液的电导率 EC，dS m^{-1}，也即 mS cm^{-1}，框注
13.1)对产量的影响曲线是相似的。横坐标表示 1−θ(θ 表示根际环境的容积含
水量)或根际环境的溶液电导率 EC。两个曲线的区别在于产量开始下降时对
应的横坐标阈值和线性下降的斜率不同。如果 1−θ 趋近于零，这种情况称之
为渍害。土壤或基质含水已达饱和，由于缺氧，根系正常功能受到影响，作
物无法吸水。这就解释了图 7.16 中第一段曲线：过量的水会导致产量下降。
接着存在一段 1−θ 的理想值范围。当 1−θ 超过阈值后，产量随着干旱的增加
而降低，这段同样为线性影响，影响的程度和阈值因作物而异。当 EC 值非常
低时，很显然没有足够的养分元素离子供作物健康生长，产量未达最优。当
EC 值超过阈值后，不断升高的盐分浓度会对产量产生负面影响(图 7.16)。
不同作物对盐分的敏感度不同(Grieve 等，2012)：曲线的阈值和斜率因作物
而异(图 7.17)。芦笋是一种耐盐植物，萝卜、胡萝卜和生菜则对盐分非常敏
感，番茄对盐分中度敏感。除了作物种类，同一种作物的不同(基因型)品种
对盐分的敏感程度也存在差异。

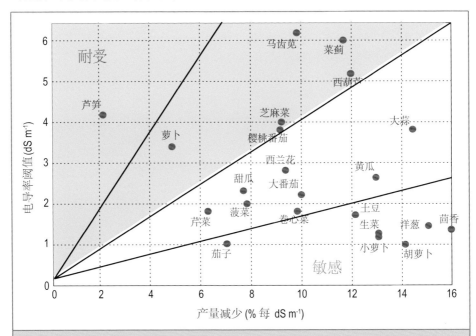

图 7.17　Maas-Hoffman 模型中盐分对(各作物)产量影响的阈值和斜率(Shannon 和
Grieve，1998)。值得注意的是，樱桃番茄对盐分的耐受程度要高于大番茄。作物不同
品种间的敏感度也可能不同。图中表明小萝卜对盐分敏感，但 Marcelis 和 Van
Hooijdonk(1999)研究表明小萝卜耐盐，这个差异可能是源于其他环境因子。

7.5.2 电导率的时空变化

如果根际环境中电导率的空间分布不均匀，那么对作物产生的影响取决于最低 EC 值，而不是平均 EC 值(Sonneveld，2000)。为了结合高 EC(口感更好)和低 EC(产量更高)两者的优势，分根栽培可以作为解决方案：一半根系提供较高浓度的矿质元素，另一半根系提供极低浓度的矿质元素(框注 7.5)。Mulholland 等(2002)观察到在分根试验中，(2.8/8.0 dS m^{-1})EC 组合改善了果实品质，提高了果实糖分、有机酸和可溶性固形物含量，降低了成熟不均匀等肉眼可见缺陷的发生率。

框注 7.5　根际养分分布不均并非总是弊端。

无论使用哪种基质，总会出现局部含有或高或低的矿质营养元素。关键在于，这对植物生长有害吗？Cees Sonneveld 是位于荷兰 Naaldwijk 的研究站的植物营养和基质研究组前负责人，他在 20 世纪 90 年代开展了研究并得到了一些有趣的结果。Sonneveld 将番茄植株的根系分为两部分，一半生长在一个岩棉基质块中，另一半生长在另一个岩棉基质块中。这样，他就可以为两个基质块提供不同电导率(EC)的营养液(见插图)。

研究获得了很有意义的结果。水分更多是被植物从 EC 值较低的基质块吸收，因为这里更容易吸收水分。而营养元素则更多是从 EC 值较高的基质块吸收。如果其中一个基质块的 EC 值增加，即使达到 10 dS m^{-1}，只要另一个基质块的 EC 值保持较低水平，产量就不会降低。因此，即使两个基质块 EC 值差异很大，其产量仍与正常 EC 值时的产量相同。所以，生产中基质条里的局部盐分积累似乎不会带来问题。研究人员还注意到，植物主要对灌溉液的 EC 值产生响应，而对基质条平均 EC 值的响应较小，这可以解释为：灌溉液往往被提供到活跃根系最集中的区域。黄瓜也有相同的反应，但对高 EC 值的局部区域要更敏感一些。这些试验还清楚地表明，可以将植物对水和养分元素的吸收分开管理。

在几个试验中，植物的一半根系生长在低 EC 岩棉块中，另一半生长在高 EC 岩棉块中。植物从低 EC 基质块中吸收水分，从高 EC 基质块中吸收营养元素。插图：Wilma Slegers。

更实用的方法是在白天和夜间(时间变化模式)采取不同的 EC 值控制。

当太阳辐射较高、蒸腾作用较强时，较低的 EC 值有助于植株大量吸收水分。但是，持续低 EC 环境会导致果实口感不好以及缺素。所以，夜间蒸腾作用较弱时，可以用高 EC 值来补偿白天的低 EC 值。例如，番茄的营养液 EC 值可以控制在白天 1 dS m^{-1} 和夜间 9 dS m^{-1}。这样的设置降低了作物的胁迫，有助于水分和养分的吸收，能够大幅度减少脐腐病的发生（Van Ieperen，1996）。只有在无基质栽培系统里（如营养液膜技术 NFT，框注 13.6）或者根际只有少量（营养液）缓冲的栽培系统里才能够实现根际 EC 值的快速改变。尽管如此，在基质（如岩棉或珍珠岩）栽培中，白天采取低 EC 值灌溉，并且根据光照设定营养液 EC 值（光照越强，营养液 EC 值越低），非常有助于实际生产。许多种植者应用了这种灌溉策略。当进行土壤栽培时，由于根际环境的缓冲能力太强，很难快速改变根际 EC 值，所以土壤栽培条件下无法采取这样的灌溉策略（见章节 13.1.2）。

7.5.3 电导率与果实品质

对于番茄，提高根际环境的 EC 值可以提高番茄货架期和糖度（表 7.3）。可以通过在营养液中添加 NaCl 或提高营养液中大量营养元素的浓度来提高 EC 值。当添加 NaCl 时，产量会下降 10%，而提高大量营养元素的浓度则对产量几乎没有影响。但后者对果实品质的改善效果也要小得多。NaCl 对番茄产量的负面影响取决于温室环境和品种，例如，Li 等（2001）比较了在标准营养液中添加 NaCl 和提供更浓的营养液两种方法下的番茄产量（EC 值为 9 dS m^{-1}）。NaCl 的微小（负面）影响可以解释为对根际渗透压的微小影响。较高的 EC 值提高了番茄果实中营养物质的含量，如维生素 C、番茄红素等（Fanasca 等，2007）。Petersen 等（1998）观察到较高的根际盐分浓度提高了番茄果实中干物质、糖分、可滴定酸、维生素 C 和总胡萝卜素的含量，并且，在所有情况中（除一个情况外）都观察到这些影响，且这些影响不依赖于盐分的来源。

表 7.3 电导率（通过提高大量营养元素浓度或添加 NaCl）对番茄果实品质的影响（Verkerke 等，1993）

电导率 (dS m^{-1})	货架期（天）	产量	感官评价 （打分 0~100）	含糖量 （% FW）
3	24	100%	53	2.9
6	28	98%	54	3.1
6 NaCl	31	90%	60	3.5

7.5.4 盐分对产量影响的机制

过高的盐分造成了作物吸水困难，盐分通过三种可能的过程降低了作物产量(图 7.18)。首先，吸水困难导致叶片无法足够扩展，所以叶片变厚，比叶面积 SLA 变小；其次，作物会降低蒸腾作用强度，关闭气孔，减少了 CO_2 的吸收，所以，光合作用变弱；再次，果实(干物质)无法被足够的水分稀释，果实干物质含量(DMC)相对升高，导致鲜重产量降低。

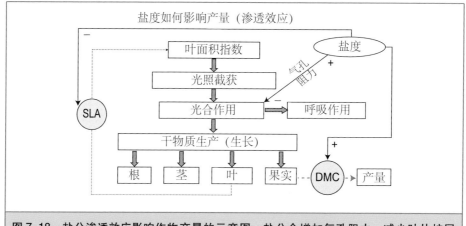

图 7.18　盐分渗透效应影响作物产量的示意图。盐分会增加气孔阻力、减少叶片扩展(SLA 变小)并(或)提高果实干物质含量，这一切导致果实鲜重降低。

Heuvelink 等(2003)通过模型研究量化了这三种影响的相对大小。EC 为 2 dS m^{-1} 时，DMC 为 5%，EC 每增加 1 dS m^{-1}，DMC 线性提高 0.2%。EC 超过 3 dS m^{-1} 时，EC 每增加 1 dS m^{-1}，SLA 降低 8%。气孔完全张开时，气孔阻力估算值为 50 s m^{-1}，EC 在 1~10 dS m^{-1} 的范围内，气孔阻力会以 2 或 4 的倍率增加。

盐分造成的果实 DMC 或气孔阻力的升高，仅对番茄产量有微小影响，但 SLA 的降低却对番茄产量有显著影响(图 7.19)。高盐分下，叶片非常小且厚，大大降低了作物产量。种植者应该怎么做？理想的应对方法是，通过推迟摘除老叶来保留尽量多的叶片，同时提高种植密度。

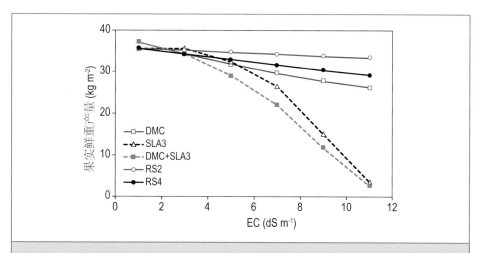

图 7.19 盐分影响果实鲜重产量的五个相关假设机制：干物质含量（DMC），EC 每升高 1 dS m^{-1}，干物质含量升高 0.2%；SLA3，EC 超过阈值 3 dS m^{-1} 后，EC 每升高 1 dS m^{-1}，比叶面积降低 8%；DMC+SLA3，前两个影响的综合；RS2 和 RS4，EC 在 1~10 dS m^{-1} 范围内，气孔阻力分别以 2 或 4 的因子增长（Heuvelink 等，2003）。

7.5.5 高湿减轻盐分胁迫

番茄生产中，有三种栽培技术被证明有助于部分克服盐分的负面影响：（1）对幼苗进行干旱或 NaCl 处理，以提高成株对盐分的适应性；（2）喷雾（增加湿度）改善盐分条件下的作物营养生长和产量；（3）选用合适的砧木生产番茄嫁接苗（Cuartero 等，2006）。较高的 CO_2 浓度也能够缓和盐分对光合作用和作物生长的负面影响，这也许是因为植物的氧化应激能力提高了，同时高浓度 CO_2 导致气孔关闭进而降低了蒸腾、改善了作物水分状况（Takagi 等，2009）。

在较高的温室湿度下，因蒸腾减弱，作物需水量降低，盐分也许不再是个大问题。Li 等（2001，2004）针对这个假说开展了对番茄作物的研究，在两个温室小气候环境下设置了不同的根际盐分处理（EC = 2、6.5、8 和 9.5 dS m^{-1}），两个温室小气候环境分别为：对照，也即高蒸腾处理（HET0）；低蒸腾处理（LET0，通过低压弥雾系统实现）。结果表明，当 EC 超过 2 dS m^{-1} 后，EC 每增加 1 dS m^{-1}，商品果产量效率下降 5.1%（图 7.20）。果实采收数量没有影响，产量的降低主要源于单果重的降低（EC 每增加 1 dS m^{-1}，单果重降低 3.8%）和商品果比例的降低。在 LET0 条件下，产量降低仅为 3.4% 每 dS m^{-1}。Li 等（2004）据此总结认为，温室作物生产中，通过对作物地上部环境的管理来控制产品鲜重可以降低灌溉水质较差的影响而不影响产品品质。

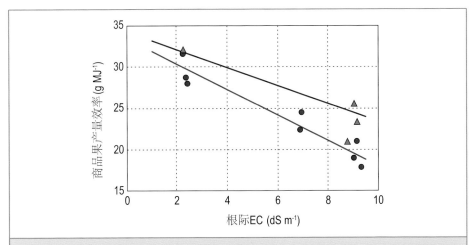

图 7.20 商品果产量效率 VS 根际平均电导率（EC）。每个点代表一个完整栽培周期的平均数据，红色表示"标准"小气候处理，也即对照，蓝色表示低压弥雾加湿处理，两个处理温度相同。基于 Li 等（2001）的数据重绘。

7.6 小结

光照强度和光照累积量主要影响作物的光合作用和生长，而光谱（光质）主要影响作物形态。平均温度主要影响作物发育速率，昼夜变温模式影响作物的伸长进而影响幼苗生长，而成株则更多受到积温的影响。CO_2 施肥增强了作物光合作用。光照、温度和 CO_2 通过影响源库比（同化和需求之比）来影响作物形态。盐分对作物产量最显著的影响来自叶片面积的降低。本章列举了大量实例，阐述了环境因子对作物产量、作物状态以及产品品质的影响。在接下来的几章中，我们将讨论哪些环境因子可以用于温室环境控制以及如何将作物方面的知识应用到控制策略中。

第八章
温室加温

照片来源：Bert van't Ooster

在装备完善的温室中，温室环境控制要考虑水汽、能量和 CO_2 的平衡，往往由一系列相互影响的措施来实现，温室环境控制的总体目标就是以最少的资源来调节温室小气候。但是，使用这些资源控制环境时，如果作物生长的气候因子没有调控好，可能会导致更多其他资源的浪费。在章节 5.2 中描述了（最低）通风量，本章将重点介绍采暖热负荷和加温设备，从环境控制和资源利用效率的角度来讨论和评估控制理论及其与能量平衡的结合。

在温带气候区，温室加温是为了控制温室内空气温度或更好地防止作物受到低温胁迫。由于作物是温度控制的实际目标，所以温度控制的重点应放在作物温度上。在稳定状态下，叶片与空气之间的绝对温差通常低于 2 ℃，但太阳辐射的突然升高会导致叶片与空气之间的温差上升到 5~6 ℃，不过，温差仅仅能持续到叶片气孔对突然增加的太阳辐射做出反应之前。实际生产中，大多数种植者仅仅测量空气温度。要达到环境的充分控制，还需要更多的传感器（框注 8.1）。人们很容易想到（Jongschaap 等，2009），与其加热空气，不如通过辐射加温的方式直接加热作物。但是，由于叶片是非常好的传热介质，它们会立即将能量释放给空气，因此，为了获得所需的叶温，通过直接辐射加热叶片和用热水管道加热空气来间接加热叶片所消耗的能量几乎没有差异。

8.1　温室采暖热负荷

我们使用温室能量平衡来确定采暖热负荷（加温所需要的热负荷）。在这里有必要区分采暖所需的能源总量（负荷）和任意特定时间的实际采暖热负荷，两者单位都是 W m^{-2}。明确采暖热负荷可以帮助我们选择最经济可行的加温设备。

框注 8.1 环境控制基本原理。

下图表示温室环境控制系统的基本设置，包含相关的传感器，用于温度、湿度、辐射、风速和风向的测量。内部反馈环路支持主控计算机的自动控制，外部反馈环路基于种植者的观测，种植者对内部控制环路不断调整（也即，为控制"目标"选择设置点，框注 12.1）。环境控制系统需要在温室内、最好也在温室外安装温度传感器。如果仅有温度传感器，不能看出完整的温室环境信息，也很难知道需要采取什么必要措施才能实现想要的温室环境。其他有用的传感器如湿度传感器（框注 4.1）、PAR 传感器（框注 3.3）、辐射传感器（即测量室外总辐射 I_s 的总辐射仪，框注 3.3；测量长波净辐射 $R_{n,TIR}$ 的地面辐射仪，框注 3.7）、风速和风向传感器。

传感器记录的数据变成反馈信号传递到控制器。风速和风向影响冷风渗透和热传递，进而影响温室整体能量损失。风速测定主要为了保障安全，风向测定用于决定迎风面或背风面开窗通风（框注 12.1）。控制器根据这些信号对热量损失作出响应。所有传感器（辐射传感器除外）应放在通风的白盒内，盒内含温度计、湿度计和 CO_2 传感器（可选）。白盒可保护传感器免受直接太阳辐射和长波辐射的影响，通风保证白盒内的空气更具环境空气代表性。传感器放在一起有一个不足之处：温度和湿度仅在一个位置测量，而温室中可能存在较大的水平和垂直梯度。为了解决这个问题，无线传感器网络已成功应用于温室，可以反馈温室内温、湿度的均匀性情况（如 Balendonck 等，2014）。有线和无线传感器结合在一起可以很好地反映温室环境的变化。温度和湿度无线传感器在环境控制中越来越受欢迎，但可靠性较低，需要更多维护，不通风时会对白天的测量准确性产生很大影响。在环境控制程序中使用多个传感器的想法受到执行器数量的限制（例如，每个温室分区只有一个加温阀门）。

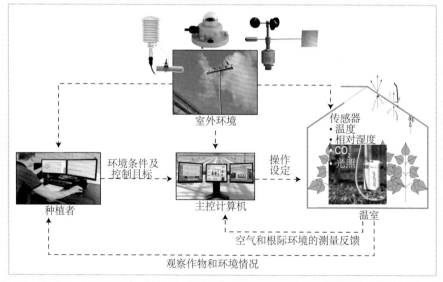

上图为温室环境控制系统的基本组成：温室内部测量盒（避免阳光直射和通风），内有温、湿度传感器，外部有光照、风速和风向传感器。内部控制环路用于主控计算机的自动控制，外部控制环路基于种植者的观测。

8.1.1 采暖热负荷

快速明确采暖所需能源总负荷的一种方法是通过温室净热量损失求出温室采暖热负荷 $H_{heating}$，即温室的热量损失（$H_{in,out}$）（另见公式3.7）减去太阳辐射 H_{sun} 带进温室的热量：

$$H_{heating} = \max\{H_{in,out} - H_{sun}, \ 0\} \qquad \text{W m}^{-2} \quad (8.1)$$

$$H_{heating} = \max\left\{ U \cdot \frac{A_c}{A_s} \cdot [\, T_{iH} - T_{out,D}(t_{th}) \,] - (1-f) \cdot \tau \cdot (1-\rho) \cdot I_s, \ 0 \right\}$$

其中，U 值在建筑物理学中指的是通过建筑成分的单位热传导（W m^{-2} K^{-1}），也称有效传热系数。它综合了对流、辐射和传导的影响（第 3 章）。框注 8.2 和框注 8.3 中提供了计算的详细信息。A_c/A_s 为比温室外壳面积（-），A_c 为屋顶和侧墙总面积（m^2），A_s 为温室土壤或地表面积（m^2）。T_{iH} 为温室加温的控制设定点（℃）。$T_{out,D}(t_{th})$ 为室外设计温度（℃），这是 $T_{out,D}$ 的临界值，满足长期内有 t_{th}% 的时间段，室外温度 T_{out} 低于或等于此临界值 $T_{out,D}$（译者注：t_{th}% 指的是百分比）。参数 t_{th} 可以设定为一个标准值，也可以由温室设计人员设置。f 为温室正常运行情况下进入温室的太阳辐射转化为潜热的比例（估算值）。τ 为温室透光率，ρ 为基于温室内部的光照反射率。公式 8.1 中考虑了太阳辐射 I_s（W m^{-2}），因为夜晚不一定是采暖热负荷最高的时候。标准的 U 值定义为当室内外温差为 1 ℃时通过建筑物外壳的能量流量。公式 8.1 中的 U 值定义更为综合，因为它包括了幕布和温室冷风渗透的影响：

$$U' = U_{tr} + U_{V,leak} \qquad \text{W m}^{-2} \text{ K}^{-1} \quad (8.2\text{a})$$

$$U_{tr} = U_c \cdot [\, s_{screen} \cdot (1 - p_{screen}) + (1 - s_{screen}) \,] \qquad (8.2\text{b})$$

其中，$U_{V,leak}$ 为温室冷风渗透热损失的部分，冷风渗透热损失约在 0.4 ~ 1 W m^{-2} K^{-1}。比冷风渗透率 $g_{V,leak}$（m^3 m^{-2} s^{-1}）取决于温室结构和风速（译者注：比冷风渗透率，以温室面积为基准的冷风渗透，也即温室空气渗透速率除以温室占地面积）。U_c 为温室外壳结构的 U 值。s_{screen} 为温室幕布开关的二进制函数（打开为 0；关闭为 1），$p_{screen} \in [\,0, 1\,]$ 为幕布节能率。实际上，公式 8.1 并不是很精确，因为公式 8.1 中的 f 和公式 8.2b 中的 U_c 都假定为常数，这是不精确之所在。尽管如此，它可以使人们快速地了解采暖热负荷的数量级。实际上，U_c 取决于如下几个因素（图 8.1）：从温室内部到温室围护结构

(屋顶和墙)的长波辐射、围护结构内表面边界层中的对流、屋顶内表面的冷凝、透过温室围护结构的热传导、围护结构外表面边界层中的对流以及围护结构向外部环境的长波辐射。

框注 8.2 通过热阻求和来计算 U 值。

方法 1：建筑各元素的总热阻为 $R_o = R_i + R_c + R_e$，其中，R_c 为建筑的热阻（m^2 K W^{-1}），R_i 和 R_e 为建筑内、外边界层的热阻（m^2 K W^{-1}）。下标 i、c、e 分别表示内部、建筑、外部。U 值是 R_o 的倒数：$U_c = 1/R_o$。热阻的组成为建筑热阻 R_c、内部边界层热阻 R_i 和外部边界层热阻 R_e。建筑热阻 R_c 是其各层热阻之和：

$$R_c = \sum R_{c,\,nh} + \sum_{l=1}^{m} \frac{d_l}{\lambda_l} + R_{cav}$$

它可以是非均质层 $\sum R_{c,nh}$（如双层墙）；均质层 $\sum d_l/\lambda_l$ [如塑料或玻璃板，其中 λ_l 是材料第 l 层中的导热率（W m^{-1} K^{-1}）]；或建筑的中空层 R_{cav}（如双层玻璃的中空层，m^2 K W^{-1}）。

边界层的热阻可定义为：

$$R_i = \frac{1}{\alpha_{ci} + \alpha_{Ri}^*} \quad R_e = \frac{1}{\alpha_{ce} + \alpha_{Re}^*}$$

其中，α_{ci} 和 α_{ce} 为内、外边界层的对流传热系数。这是建筑尺寸、温差和空气流速的函数；α_{Ri}^* 和 α_{Re}^* 是内、外边界层长波辐射线性化的表观传热系数（因为辐射与环境中的"物体"而不是空气进行能量交换）。因此，对 α_{Ri} 和 α_{Re} 进行了温度校正：

$$\alpha_{Ri}^* = \alpha_{Ri} \frac{T_{Rin} - T_{iS}}{T_{air} - T_{iS}} \text{和} \ \alpha_{Re}^* = \alpha_{Re} \frac{T_{eS} - T_{Rout}}{T_{eS} - T_{out}}$$

其中，α_{Ri} 和 α_{Re} 为根据斯蒂芬-波尔兹曼定律线性化处理而得的内、外部传热系数（框注 3.6）；T_{iS}、T_{eS}、T_{Rin}、T_{Rout}、T_{air} 和 T_{out} 分别为温室屋顶内外表面温度、内外部辐射参考温度和内外部空气温度（℃）。此方法最接近建筑物理中 U 值的定义（热量损失等于 U 乘以面积再乘以室内、外空气的温差），但需要屋顶表面的温度。

在保温良好的建筑物中，建筑结构的热阻远大于边界层的热阻。因此，R_i 和 R_e 的影响很小，可以分别将 R_i 和 R_e 设定为标准值 0.13 m^2 K W^{-1} 和 0.04 m^2 K W^{-1}。但温室保温性通常较差，此时，$R_c \ll R_i$ 且 $R_c \ll R_e$，因而对流和辐射作用的影响占主导地位。温室围护结构通常是单层玻璃或塑料（薄膜）。此情况下，U 值取 U_c（框注 8.2）或用替代值 U_c^*（框注 8.3）：

框注8.3 （干、薄）温室屋顶热损失替代计算方法。

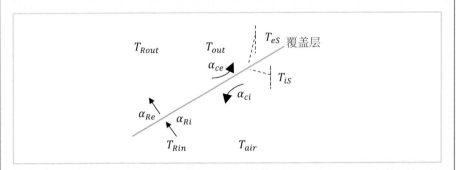

上图为各变量符号及其位置示意图。

方法2：平衡状态时，通过(1)内边界层、(2)建筑层和(3)外边界层的三个热量流量相等，可以定义为：

$$H_{in,out} = \alpha_{Ri} \cdot (T_{Rin} - T_{iS}) + \alpha_{ci} \cdot (T_{air} - T_{iS}) \tag{1}$$

$$H_{in,out} = \lambda/d(T_{iS} - T_{eS}) \tag{2}$$

$$H_{in,out} = \alpha_{Re} \cdot (T_{eS} - T_{Rout}) + \alpha_{ci} \cdot (T_{es} - T_{out}) \tag{3}$$

替代和分离变量可以得到：

$$H_{in,out} = U_c^* \cdot (T_{air}^* - T_{out}^*)$$

其中，$U_c^* = \left(\dfrac{1}{\alpha_{ci} + \alpha_{Ri}} + \dfrac{d_c}{\lambda_c} + \dfrac{1}{\alpha_{ce} + \alpha_{Re}} \right)^{-1}$；$T_{air}^* = \dfrac{\alpha_{Rin} \cdot T_{Rin} + \alpha_{ci} \cdot T_{air}}{\alpha_{Rin} + \alpha_{ci}}$；$T_{out}^* = \dfrac{\alpha_{Rout} \cdot T_{Rout} + \alpha_{ce} \cdot T_{out}}{\alpha_{Rout} + \alpha_{ce}}$。

U_c^* 是在使用实际传热系数、并且内外部空气温度采用空气温度和辐射参考温度的加权平均值的情况下的定义值，由此消去了屋顶内外表面的温度。

示例：

4 m s^{-1} 风速下，比较方法1和方法2计算的单层玻璃屋顶热损失情况。

数据：$\alpha_{Ri} = 6$；$\alpha_{Re} = 6$；$\alpha_{ci} = 3.7$；$\alpha_{ce} = 20$；$T_{air} = 20\ ℃$；$T_{Rin} = 22\ ℃$；$T_{Rout} = 0\ ℃$；$T_{out} = 10\ ℃$。

$\dfrac{A_c}{A_s} = 1.2$；$d_{cov} = 4$ mm；$\lambda_{glass} = 0.84\ W\ m^{-1}\ K^{-1}$

答案：

方法1，$H_{in,out} = \dfrac{A_c}{A_s} \cdot U_c \cdot (T_{air} - T_{out}) = 1.2 \times 9.26 \times (20-10) = 111\ W\ m^{-2}$

方法2，$H_{in,out} = \dfrac{A_c}{A_s} \cdot U_c^* \cdot (T_{air}^* - T_{out}^*) = 1.2 \times 6.83 \times (21.2-7.7) = 111\ W\ m^{-2}$

练习：请计算出 U_c、U_c^*、T_{air}^* 和 T_{out}^*。

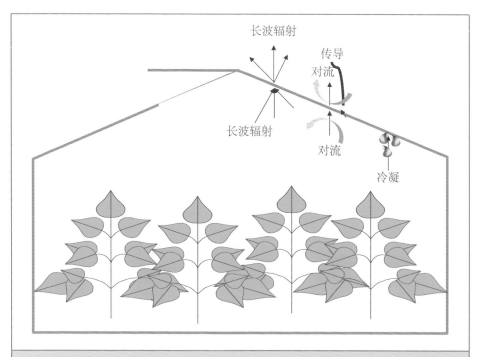

图8.1　温室屋顶热交换过程：长波辐射或热辐射、对流、传导和冷凝（也可能在屋顶外侧采用冷水降温，参见章节9.1.3）。

$$U_c = \left(\frac{1}{\alpha_{ci} + \alpha_{Ri}^*} + \frac{d_c}{\lambda_c} + \frac{1}{\alpha_{ce} + \alpha_{Re}^*} \right)^{-1} \qquad \text{W m}^{-2}\ \text{K}^{-1} \quad (8.3)$$

$$U_c^* = (R_i + R_c + R_e)^{-1} = \left(\frac{1}{\alpha_{ci} + \alpha_{Ri}} + \frac{d_c}{\lambda_c} + \frac{1}{\alpha_{ce} + \alpha_{Re}} \right)^{-1}$$

其中，U_c 为最接近 U 值正式定义的计算。热损失可以根据以下公式计算：

$$H_{in,out} = A_c/A_s \cdot U_c \cdot (T_{air} - T_{out}) \qquad \text{W m}^{-2}\ \text{K}^{-1} \quad (8.4)$$

或 $H_{in,out} = A_c/A_s \cdot U_c^* \cdot (T_{air}^* - T_{out}^*)$（替代公式）

尽管有上述各种算法，但对于特定的结构，用于计算热损失和采暖设备负荷的 U 值一般都会假定为恒定值或与风速成比例，并在表中列出。表 8.1 的示例表明 U 值的上限主要取决于温室类型、覆盖材料和加温系统（Von Zabeltitz，1986）。

公式 8.3 中的 α 受温室内空气流动、风速和天空温度的影响。这就是为什么表 8.1 中列出的是最不理想情况下的值，即在风速为 4 m s^{-1}、天空温度较低且温室内空气流动亚适（非最优）的情况。因此，U' 值是有条件约束的，不同条件下，其值与平均值能相差大约 1 个点。

表 8.1 风速为 4 m s⁻¹ 时，不同屋顶材料的最大 U' 值（参见公式 8.2a）(Von Zabeltitz，1986)	
覆盖材料	U_c(W m⁻² K⁻¹)
单层玻璃	8.8
全为双层玻璃	5.2
双层丙烯酸	5.0
双墙聚碳酸酯	4.8
单层聚乙烯膜	8.0
双层聚乙烯膜	6.0

另一个热损失因素往往被忽略，即冷凝。水汽在屋顶冷凝后会向屋顶传递热量，屋顶变热后，会通过对流和长波辐射增加显热损失。Stanghellini 等（2012a）测量得出，潮湿屋顶比干燥屋顶增加了 12% ~ 16% 的总能量损失。

框注 8.4 简单示例了一个基于 U 值的采暖热负荷计算。

框注 8.4 采暖热负荷计算示例。

一个大跨度（跨度为 12 m）温室，长宽尺寸为 96 m×105 m（10000 m²），脊高 3.5 m，屋顶坡度 25°。请计算在不使用节能幕布、温室内夜间目标温度为 18 ℃、室外温度 −10 ℃ 时，单层玻璃、双层聚碳酸酯板温室的采暖热负荷分别为多少？

要求实际温度在 99.5% 的时间内高于设计温度，$t_{th}=0.5\%$。

$$H_{heating} = U' \cdot A_c/A_s \cdot [T_{air,t} - T_{out,D}(t_{th})] - (1-f) \cdot \tau \cdot (1-r_e) \cdot I_s$$

$H_{heating} = 8.8 \times 1.28 \times (18--10) - 0 = 315 \text{ W m}^{-2}$ 　　单层玻璃（最不理想的情况）

$H_{heating} = 4.8 \times 1.28 \times (18--10) - 0 = 172 \text{ W m}^{-2}$ 　　双层聚碳酸酯板（最不理想的情况）

$$\frac{A_c}{A_s} = \frac{2 \cdot (L+W) \cdot H_{eaves} + \dfrac{A_s}{\cos\alpha} + \dfrac{1}{2} \cdot n \cdot W_s^2 \cdot \tan\alpha}{A_f}$$

$$= \frac{2 \times (105+96) \times 3.5 + \dfrac{96 \times 105}{\cos 25} + \dfrac{1}{2} \times 8 \times 12^2 \times \tan 25}{96 \times 105} = 1.28(-)$$

L 为温室长度（m），W 为温室宽度（m），H_{eaves} 为温室脊高（m），W_s 为跨度（m），n 为跨数。

单层玻璃温室的采暖热负荷为 315 W m⁻²，双层聚碳酸酯板温室的采暖热负荷为 172 W m⁻²。通常，种植者会在晚上使用节能幕布，采暖热负荷会降低，具体取决于幕布的特性 p_{screen}。另外，储热罐也有助于降低采暖热负荷，如章节 8.8 所示。

8.1.2　实际采暖热负荷

如果要计算温室实际的采暖热负荷而不是设备的供暖能力，则需要更详细的公式，该公式要同时考虑到最小通风率 $g_{V,min}$ 和转化的潜热 H_{cnv}。可以使用以下的稳态平衡公式来计算实际采暖热负荷：

$$H_h = \left(U_{tr} \cdot \frac{A_c}{A_s} + g_{V,min} \cdot \rho c_p \right) \cdot (T_{iH} - T_{out}) - (1-f) \cdot (1-\rho) \cdot \tau \cdot I_s$$

$$+ H_{cnv} + H_{AiSo} \qquad\qquad \text{W m}^{-2} \qquad (8.5)$$

$$H_h = \max\{H_h,\ 0\}$$

或者，强制通风系统的进风口使用了空调的情况下：

$$H_h = \left(U_{tr} \cdot \frac{A_c}{A_s} + g_{V,leak} \cdot \rho c_p \right) \cdot (T_{iH} - T_{ext1})$$

$$+ \max\{(g_{V,min} - g_{V,leak}),\ 0\} \cdot \rho c_p \cdot (T_{iH} - T_{ext2}) \qquad \text{W m}^{-2} \qquad (8.6)$$

$$- (1-f) \cdot (1-\rho) \cdot \tau \cdot I_s + H_{cnv} + H_{AiSo}$$

$$H_h = \max\{H_h,\ 0\}$$

其中，H_h 为特定时间的实际采暖热负荷，H_{cnv} 为转化为潜热的显热热通量（W m^{-2}）。f 和 H_{cnv} 作用类似。当 $f \geq 1$ 时，透射进温室的太阳辐射完全转化为潜热，此时 H_{cnv} 表示潜热。空调的作用是通过热回收系统或降温帘对进入的空气进行预处理，将进入温室的空气温度调整为 T_{ext2}（℃）。T_{ext1}（℃）通常就是 T_{out}。手工计算时，与土壤的相互热交换（H_{AiSo}）通常会预设为特定值或忽略不计，模型计算时，H_{AiSo} 由计算机程序计算。根据公式 8.2b，当保温幕布打开或关闭时，U_{tr} 可以有一个白天的值和晚上的值。根据公式 8.5，采用随风速和天空温度而变化的 U_c 值和气候数据可以计算出一年中每小时的采暖热负荷，全年采暖热负荷变化如图 8.2A 所示。

图 8.2B 表示一个荷兰温室的累积能耗。在冬季，累积能耗曲线急剧上升。而在夏季，曲线几乎是平的。曲线 a 表示图 8.2A 中数据的累积曲线，曲线 b 表示不使用保温幕布，曲线 c 表示温室冷风渗透率为 0.5 h^{-1}，曲线 d 表示通风使用了温度效率为 75% 的热回收系统的情况。总能耗 E_h 分别为 1.10、1.63、1.16 和 1.05 GJ m^{-2}。常用燃料的热值，请参见表 8.2。

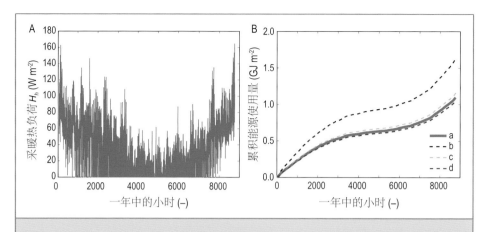

图 8.2 图 A：荷兰温室每小时采暖热负荷模拟值。$A_c/A_s = 1.12$。U_c，白天平均值 5.6（标准差 SD = 0.78 W m^{-2} K^{-1}），夜晚平均值 3.1（标准差 SD = 0.32 W m^{-2} K^{-1}）。白天和夜晚的 $T_{iH} = 20$ ℃。温室平均高度为 6 m，加温时的冷风渗透率为 0.25 h^{-1}。温室透光率为 0.7，（$1-f$）= 0.45，保温幕布的 $p_{screen} = 0.4$。起始时间 t_0 为 1 月 1 日午夜。图 B：荷兰温室全年累积能源使用量。a 表示图 A 数据的累积曲线；b 表示不使用保温幕布；c 表示温室冷风渗透率翻倍；d 表示通风使用了温度效率为 75% 的热回收系统。

8.1.3 临界室外温度

随时间变化的临界室外温度 T_{coh} 表示必须启动加温系统时的室外温度（℃）。能量平衡可用于确定需要加温的时间。对于通风温室（章节 5.3），临界室外温度的公式如下：

$$T_{coh} = T_{iH} - \frac{\tau \cdot (1-\rho) \cdot I_s \pm H_{AiSo} - g_{V,min} \cdot \Delta \chi \cdot L}{\dfrac{A_c}{A_s} \cdot U_{tr} + g_{V,min} \rho c_p} \qquad ℃ \qquad (8.7)$$

其中，T_{iH} 为加温的控制目标（℃），T_{coh} 为加温启动的临界室外温度。如果 $T_{out} < T_{coh}$，则采暖热负荷为正值。对加温来说，可控的最低通风量（不管是自然通风还是强制通风）是最起码的要求。当需要加温时，通风必须尽可能少。如公式 8.7 所示，T_{coh} 取决于温室设计、通风量、蒸腾量、土壤热通量和太阳辐射。

燃料(态)	分子式	摩尔质量 ($g\ mol^{-1}$)	摩尔%甲烷 (%)	单位	密度 ($kg\ l^{-1}$)	总热值 ($MJ\ unit^{-1}$)	净热值 ($MJ\ unit^{-1}$)
甲烷(气态)	CH_4	16.043	100	kg		55.53	50.05
甲醇(液态)	CH_4O	32.042	–	kg	0.792	22.66	19.92
乙烷(气态)	C_2H_6	30.070	–	kg		51.90	47.52
乙醇(液态)	C_2H_6O	46.069	–	kg	0.789	29.67	26.81
丙烷(液态)	C_3H_8	44.097	–	kg	0.493	50.33	46.34
丁烷(液态)	C_4H_{10}	58.123	–	kg	0.579	49.15	45.37
天然气 (气态)[1]			83	m^3		35.17	31.65
天然气 (气态)[2]			97	m^3		40.30	34.00
天然气(尼日 利亚) (气态)			91	m^3		44.00	
汽油(液态)	$C_nH_{1.87n}$	100~110	–	kg	0.72~0.78	47.30	44.00
轻柴油 (液态)	$C_nH_{1.8n}$	170	–	kg	0.78~0.84	46.10	43.20
重柴油 (液态)	$C_nH_{1.7n}$	200	–	kg	0.82~0.88	45.50	42.80
生物油[3]			–	kg		30.1~39.7[5]	
生物甲烷			–	m^3		38.30	
木质生物量[4]			–	kg			18.0~21.0

表8.2 常用燃料和碳氢化合物的总热值和净热值。也称高热值和低热值
(Engineering ToolBox，多种来源)

[1]低热值荷兰天然气。

[2]高热值俄罗斯天然气。

[3]微藻水热处理得到的生物油。

[4]基于0%的水分，棕榈油残留量(Paul等，2015)。

[5]数值来源于Yang等(2011)和Demirbas(2009)。

8.1.4 采暖系统负荷的确定

到目前为止，我们已经看到可以通过对稳态显热平衡方程求解来估算每小时的采暖热负荷。稳态能量平衡方程可以分别对白天和夜晚求解，包括幕布影响、基于光照的加温和通风控制设定点。将计算得到的每小时数据进行降序排列，就可以得到在实际生产中被称为采暖热负荷累积频率的曲线（图8.3）。然而，这并不是真正意义上的采暖热负荷频率的分布曲线。同时，没有考虑前 $t_{th}\%$ 的值，这是为了防止持续时间很短的峰值采暖热负荷。

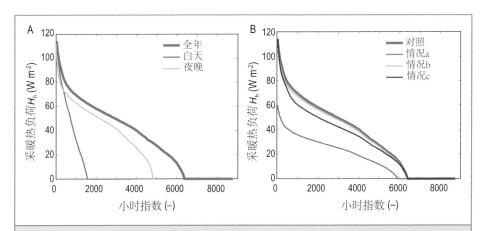

图8.3　图A：温室全年采暖热负荷累积频率模拟曲线。模拟使用了图8.2A中的参考气候数据，$t_{th}=0.5\%$。红色和黄色曲线分别表示白天和夜晚的采暖热负荷。蓝色、红色和黄色曲线与坐标轴围成的面积分别表示全年、白天和夜晚采暖总热负荷（Wh m^{-2}）。图B：不同情况对全年累积频率曲线（对照）的影响。a 表示采用双层屋顶（保温更好，$R_c=0.18$ m^2 K W^{-1}）；b 表示使用了温度效率为75%的热回收系统；c 表示幕布节能率 p_{screen} 从0.4提高到0.5。

图8.3中的蓝色曲线表明，一年中有5000小时的采暖热负荷高于30 W m^{-2}。温室全年总共有6397小时的采暖需求，因而无采暖需求的时间为8760−6397＝2363小时。图8.3是用于准确选择采暖系统大小的工具，比如：锅炉的供暖能力（负荷）是否足够？选择一套不同的供暖能源是否明智？温室中60 W m^{-2}的采暖回路是否足够，当作为主要供暖源时，它占总采暖热负荷的百分比？

另外，我们也可以评估影响图8.3曲线走向的几种管理措施的效果，包括：

> 改善温室保温性能；

> ▶ 换热器的应用；

> ▶ 改善幕布性能；

> ▶ 备选环境控制策略。

这些评估结果能够辅助有关采暖热负荷和供暖系统布局的决策。(纵坐标)峰值表示供暖系统的最大供暖能力。曲线与坐标包围的面积是每年采暖能耗总需求。如果某个系统的供暖能力低于最大采暖热负荷，则可以使用图 8.3 查找该系统可以有效使用的小时数，以及每年所需采暖总负荷中有多少可以通过该系统提供。

8.2　温室加温系统

许多系统可以将热量传输到温室(并在温室内分布热量)。本节介绍温室内的相关设备。章节 8.3 至 8.8 将介绍加温的能源。作物间使用的对流加热器主要通过强制对流或自由对流来工作。强制对流装置由风扇驱动，通常使用纺织物管道或带孔的塑料薄膜管道来分布热空气。如果设计不当，这些装置会导致温度不均匀。自由对流器使用(热)浮力将空气沿加热器传输。章节 8.2.1 将介绍直接和间接对流加温系统。章节 8.2.2 将讨论第二类加温系统，即热水管道加温系统，几种不同设计的管道中含有或多或少的水量。较小直径的管道可以更快地应对变化，缺点是水流阻力高和加温能力低。

8.2.1　直接和间接加温系统

直接加温系统在温室内部燃烧燃料并直接加热温室空气，它还可能释放燃烧后的烟气进行 CO_2 施肥。加温能力、燃料和分配空气的风扇决定了温室中热量分布的均匀性，还可能决定燃烧后的气体成分(CO_2、H_2O)。传热系数随着通过系统的空气流速的增加而增大，但大多数情况下，燃料供给和空气供给可以协调配合。这种系统通常由温控器控制(开或关)，较难控制温室温度。

间接加温系统由一个独立的燃烧室和一个用水作为介质的换热器或一个气-气换热器组成，烟气转移到单独的烟气输送单元中并通常排放到室外空气中。某些情况下，烟气可以转移到温室中用于 CO_2 施肥(第 11 章)。图 8.4 示例了直接和间接空气加温系统。

图8.4 图A：直接加温系统，燃料在燃烧室燃烧，烟气直接释放到温室空气中；图B：间接加热器，燃料在其内部燃烧，烟气排放到温室外（https://www.winterwarm.nl/producten/agri/dxadxb_heater.aspx；www.gvzglasshouses.co.uk）；图C：对流加热器，Fiwihex散热器（https://www.fiwihex.nl）；图D：以水为介质的管道加温系统。

对流加温系统通常使用水-气换热器或翅片盘管。空气被强制通过加温元件加热后释放到温室内，但是最好通过管道均匀地分布热空气，防止温室内出现(不希望看到的)温度梯度。空气加温系统的另一个选择是将中央空调处理后的空气通过管道释放到温室中，这些管道可以布置在苗床下方、悬挂式栽培槽下方或作物行间(Kempkes等，2017b)。水-气对流加温系统对控制的响应很快，可以控制很大范围的水温。

8.2.2 管道加温系统

管道加温系统常用在纬度高于45°地区的温室中。由于成本问题，在冬季温和、采暖需求较低的地区，种植者一般不使用管道加温(Baille，2001)。管道加温系统包括高位管道(上层加温管道)、轨道加温系统、苗床加温系统以及用于加温根际或植株间的特殊系统等几种类型。管道加温系统是一种延伸式热交换系统，通过预先设计的管道布局来减小温室温度的空间梯度(框注8.5)。

框注 8.5　温室内采暖回路。

热水在流经加温管道时释放能量并冷却。在温室中如何布局管道很重要。管道并联时，热水流经第一根管道的总路程比流经最后一根管道的总路程要短，会导致不同的冷却曲线，产生水平温度梯度。Albert Tichelmann（1861～1926）通过设计确保热量均匀分布的回路解决了这个问题。这是通过称为环路传输来实现的，环路传输回路中各分支路程都是相同的。对于每个分支，供水管道长度总和必须等于回水管道长度。同时，所有管道的直径必须也相同。因此，所有分支都必须有相同的压降，这样，各分支会具有相同的体积流量。采暖回路上的压降由阀门控制。

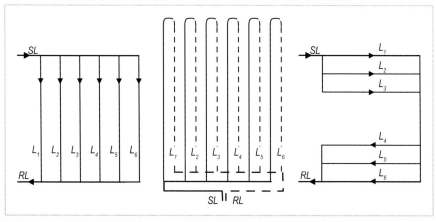

上图显示了采暖回路的三种可能设计：并联管道（左）、Tichelmann 地面管道（中）、Tichelmann 侧墙管道（右）。通常，加温管 L_1 至 L_6 被折叠成发夹形状，从而使供水管道 SL 和回水管道 RL 设计在同一侧。

　　热水加温管道通过（自由）对流和热辐射的方式将热量释放进温室（热红外，斯蒂芬-波尔兹曼，章节 3.2）。温度越高，热辐射的部分越多。在较低的温度范围内，如 $T_{pipe} \leq 60$ ℃时，直径 51 mm 管道的（对流和辐射）总传热系数 α_{pipe}（W m^{-2} K^{-1}，K 指管道与空气之间的温差）可用如下公式表示（De Zwart，1996）：

$$\alpha_{pipe} = a \cdot (T_{pipe} - T_{ambient})^b; \qquad a = 1.99, \ b = 0.32 \qquad \text{W m}^{-2}\text{ K}^{-1} \quad (8.8)$$

其中，T_{pipe} 为管道温度（K 或℃），$T_{ambient}$ 为管道周围的空气温度（K 或℃）。管道释放到单位温室地面面积的有效热量，可计算如下：

$$H_{pipe} = \alpha_{pipe} \cdot A_{s,pipe} \cdot (T_{pipe} - T_{ambient}) \qquad \text{W m}^{-2}\text{ K}^{-1} \quad (8.9)$$

其中，$A_{s,pipe}$ 为比管道面积（管道表面积与地面面积之比）。比管道面积可计算如下：

$$A_{s,pipe} = \pi D_{pipe} \cdot S \cdot L_{s,pipe}; \qquad L_{s,pipe} = \frac{L_{pipe}}{A_s}$$

其中，D_{pipe} 为管道直径，S 为形状因子（如，通过焊接翅片增加管道表面积），$L_{s,pipe}$ 为单位地面面积上的管道长度，L_{pipe} 为温室中管道总长度，A_s 为温室内土壤或地面面积（m^2）。

8.3 不同温室分区以及不同温室的热量传输单元

热量必须从热源传输并在温室内均匀分布。对于直接和间接加热器，必须将燃料安全地传输到加温设备。对于对流加热器和管道加温系统，则要传输热水。热量传输系统存在于一个或多个温室分区中的加温回路和能源中心之间，必须以最低的损耗、快速、按需提供热量。传输系统由不同的子系统组成，必要时，子系统间的水流可以混合。温室通过管道水-气对流装置、散热器或加温管道（如轨道加温系统）进行加温。图 8.5 表示了温室采暖回路热量分布的基本原理。

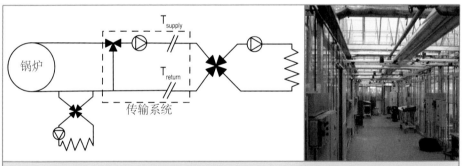

图 8.5　能源中心（锅炉）的热量直接传输到附近的采暖回路或通过传输系统传输到远离锅炉的回路（左图）。位于温室主过道的热量传输系统（右图）。大管道负责将水传输到温室采暖回路并将温室采暖回路中的回水传输回锅炉。

传输系统传递的热量 H_h（W）计算如下：

$$H_h = \varphi_w (\rho c_p)_w (T_s - T_r) \qquad\qquad \text{W} \quad (8.10)$$

其中，ϕ_w 为传输系统中水的流量（$l\ s^{-1}$），$(\rho c_p)_w$ 为水的热容量（$J\ l^{-1}\ K^{-1}$），T_s 为出水温度，T_r 为回水温度。

通常，采暖回路通过四通阀供热（图 8.5）。相对于两路阀门，四路阀门的优势在于可以控制较大的温度范围、在管道中保持恒定的水流量、在（有或无)采暖需求时快速响应去控制热源。图 8.6 示例了温室热量传输系统的温度和采暖回路的温度。

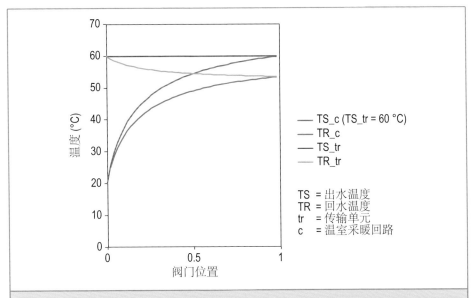

图 8.6　四路阀门的各路温度：传输单元的出水和回水温度、温室采暖回路的出水和回水温度。传输单元的出水温度为 60 ℃，根据阀门位置不同，采暖回路的出水温度范围为 20~60 ℃。传递的热量与阀门位置不成线性关系。

8.4　温室能源中心

图 8.7 示例了一个温室能源中心，分水器为热量传输系统或采暖回路提供热量，集水器将回水汇向能源中心。示例中，加温中心由 1 号锅炉、2 号锅炉、热电联产机组和储热罐组成。仅 1 号锅炉用于向温室供应 CO_2。

种植者通常将热电联产机组与两个锅炉结合使用，确保在维护加温设备时有备选方案，避免无法供暖的情况发生，并且可以做到"调峰"(译者注：在用电高峰期启动热电联产机组来进行温室供电)。锅炉的热效率比热电联产机组的热效率要高得多，因而锅炉以更少的燃料产生更多的热量，使得种植者可以降低燃料获取成本，因该成本取决于通过燃料网点或储存库获取燃料的峰值需求(时段)。

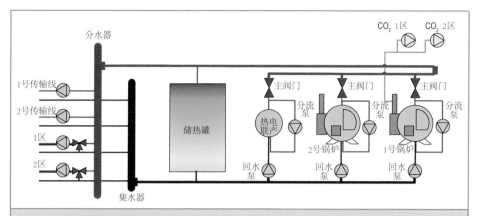

图 8.7　组合热源示例。分水器向传输管道以及温室各区采暖回路分配热水。集水器接受回水。在主回水管道和主出水管道之间，Tichelmann 回路连接了一个储热罐、一个热电联产机组以及两个锅炉。它们可以单独或同时提供热量。1 号锅炉也用于 CO_2 施肥（另见章节 11.3）。

8.5　能源

有多种能源可以用于各类设备的温室采暖，这些设备包括带烟气冷凝器的中央热水锅炉、热电联产机组（CHP）、地热井、太阳能集热器、风力、工厂余热以及热泵。太阳能、风能和地热被认为是可持续能源。使用可持续能源的不足之处在于温室施肥的 CO_2（章节 11.3）必须另外购买。锅炉和热电联产使用的是化石燃料、生物质或生物质裂解油。

温室适宜的热源必须满足几个要求：温度必须适合采暖回路的设计，反之亦然；温度在恰当的时间必须足够高，即需要采暖时就得有热源；回水温度必须相对较低，以确保尽可能将热量传输到温室。另一方面，回水温度是一个典型的设计问题。通常使用 10～15 ℃ 的 ΔT。如果加温系统（如轨道加温系统）的 ΔT 设计太大，则单位长度内同时含有供水管和回水管的区域中，两根管道释放的热量在整个长度上会有所不同，从而导致温室内的水平温度梯度。

如果一种能源同时产生多种资源（热、电、CO_2），那么，所有资源都必须得到有效利用以避免浪费。选择正确的设备需要了解系统并回答以下问题：它会同时产生单个资源还是多个资源？如何处置产生的其他资源？哪种设备或设备组合最具经济性或能最有效利用资源？设备可控性如何？对环境有什么影响？

8.5.1 中央热水锅炉和烟气冷凝器

最常见的设备是中央热水锅炉。图8.8为锅炉的示例，它同时产生热量和CO_2。燃料(如天然气)在锅炉内燃烧，大火加热了输送管道内的水。热水被输送进温室，水温可达到105℃，回到锅炉的水温不得低于65~70℃，以防止由于冷凝和材料热张力而损坏火管。燃烧室出来的烟气温度达400~500℃，通过烟气冷却器在锅炉内部冷却至约120℃。烟气中包含显热以及水汽的潜热。水汽主要是通过燃料燃烧产生，能量来源于燃料的能量。烟气冷凝器，即热量回收装置(框注8.6)"收集"了水汽的潜热。依据其设计，该设备可将烟气冷却到40℃，低于烟气的露点温度(50~60℃)；收集的热量在换热器内转移至水中，成为副供热系统的热源。

图8.8 左图：(内部)带有烟气冷凝器的中央热水双锅炉系统。右图：隔热的分水器和集水器管道以及烟气处理单元。照片来源：Bert van't Ooster。

温室加温的热水一般保持在70~90℃，如有必要，可持续将锅炉燃烧产生的或冷凝器中的热水混合进入加温进水管道。冷凝器热量的最有效利用是在低温(30~40℃)的副加温管道中，即植株间、地面或根际加温(图8.9)。

如果冷凝器中的烟气足够干净和低温，则可将其用于CO_2施肥(章节11.5)。

框注 8.6　换热器。

温室中许多能量交换过程的核心要素是换热器。它由两个独立的回路组成，这些回路通过导热性很好的较大接触面交换热量。两个回路中的水永远不会混合。一侧被加热，另一侧被冷却。

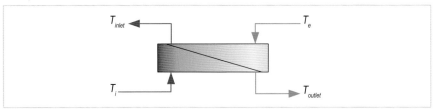

T_e =冷端的流入温度（℃）

T_i =热端的流入温度（℃）

T_{inlet} =加热后的介质流出温度（℃），通常是目标系统的入口处

T_{outlet} =冷却后的介质流出温度（℃），通常是目标系统的出口处

热交换效率（η_T）与设计有关，可以通过以下公式计算：

$$\eta_T = \frac{T_{inlet} - T_e}{T_i - T_e}$$

典型换热器的效率约为 70% ~ 80%。

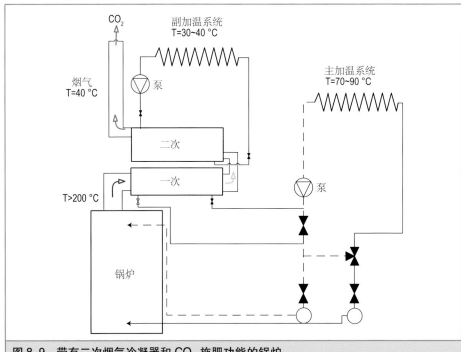

图 8.9　带有二次烟气冷凝器和 CO_2 施肥功能的锅炉。

能源传递的热通量可以定义为：

$$H_{hd} = \frac{\varphi_{fuel} \cdot E_{fuel} \cdot \eta}{A_s} \cdot f_{cnv} \qquad \text{MW ha}^{-1} \text{ or W m}^{-2} \quad (8.11)$$

其中，H_{hd} 为能源（本例中为锅炉）传递的热量流量（MW ha^{-1}或 W m^{-2}），φ_{fuel} 为每小时向锅炉输送的燃料流量（m^3、l、kg），E_{fuel} 为燃料燃烧的总热值或净热值（MJ 每单位，该定义可参见 Wikipedia 或 Hydrogen Centre），η 是锅炉对燃料总热值或净热值的"水侧"效率（译者注：即热水获得的燃料燃烧热量的百分比），A_s 是温室地面面积（m^2）。H_{hd} 单位为 MW ha^{-1} 时，f_{cnv} 为 $10^4 \times 3600^{-1}$；H_{hd} 单位为 W m^{-2} 时，f_{cnv} 值为 $10^6 \times 3600^{-1}$。

例如，当锅炉使用 100 m^3 h^{-1}（总热值效率为 100%）燃料时，可为 1 公顷温室提供多少热量？荷兰天然气总热值为 35.17 MJ m^{-3}（表 8.2）：

$$H_{hd} = \frac{100(\text{m}^3 \text{ h}^{-1}) \times 35.17(\text{MJ m}^{-3}) \times 1}{10000(\text{m}^2)} \cdot 10^6 \times 3600^{-1} = 97.7 \qquad \text{W m}^{-2}$$

这非常接近 1:1 的比例。一条实用的经验法则表明，锅炉使用 1 m^3 h^{-1} ha^{-1} 天然气将提供 1 W m^{-2} 的热量。当不需要 100% 精确度时，该法则通常用于实际计算中。公式 8.11 可用于针对任何热源的更精确计算。

总热值和净热值之差，也就是表 8.2 中高热值和低热值之间的差，是烟气中水汽的潜热。

8.5.2 热电联产

热电联产（CHP）在温室园艺中有其存在的充分理由（主要见于西北欧的荷兰和比利时）。热电联产机组由驱动发电机的发动机组成，因而也称为热电联产发电机。热电联产过程同时产生热、电和 CO_2。产生的电力可以内部使用（如温室补光）或卖给电网。

使用温室热电联产（分散）生产的电比使用常规（中央）电厂的电更高效（框注 8.7），因为热量和烟气可以在本地使用。常规电厂也产生大量的热量和烟气，但常常被浪费，因为热量难以运输，尽管也有一些例外。图 8.10 示例热电联产机组与输送给温室或电网的电、热、CO_2。电动机和烟气的热水被存储在储热罐中用于温室加温。内燃发动机产生 NO（一氧化氮）、NO_2（二氧化氮）、CO（一氧化碳）以及未充分燃烧的碳氢化合物。催化剂可净化废气中的这些污染物，效率高达 95%（Clark 能源公司）。废气经过尿素反应溶液处理，再通过细孔蜂窝状转化器，将氮氧化物还原为水和氮气，此过程称为选择性催化还原。CO 和未充分燃烧的碳氢化合物则通过催化氧化除去。这个过程中，污染气体扩散到镀有贵金属的陶瓷蜂窝的表面，反应形成 H_2 和 CO_2。如果配有烟气净化催化剂(图 11.1)，则废气可用于温室 CO_2 施肥。

框注 8.7　热电联产比常规电厂更高效。

当热电联产机组使用 100 单位的燃料产生 40 单位的电和 50 单位的热量时，其整体能源效率为 90%。当电和热独立产生时，种植者拥有一台锅炉，并从电网购买电。在假设热效率 η_{th} 为 95% 的情况下，锅炉使用 52.5 单位燃料产生热量。常规电厂的电效率 η_e 约为 40%：使用 100 单位的燃料产生 40 单位的电，产生的热量散失到环境中。因此，电和热独立产生的总成本为 100+52.5 = 152.5 单位燃料。因而在实际应用角度，热电联产机组节省了 (152.5-100)/152.5 = 34% 的能源。大型热电联产机组比小型热电联产机组具有更高的电效率。

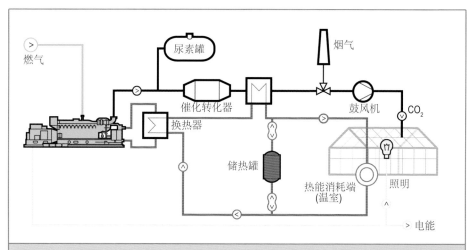

图 8.10　热电联产系统组成：单次冷却系统、两个换热器、一个用于储存热量的储热罐；催化转化器净化烟气。产生的电用于温室或输送到电网(www. gepower. com)。

　　热电联产机组通常只满负荷运行。图 8.11 中的曲线为温室采暖热负荷累积频率曲线示意图。该图显示了热电联产机组需要维持满负荷运行状态的小时数，以及需要部分负荷运行状态的小时数。由于效率问题，部分负荷运行发电并不常见。通过满负荷运行，将一部分热量存储在储热罐中，避免部分负荷运行的情况。如果还通过热电联产来进行 CO_2 施肥，则热电联产系统全年可以启用更多小时。热电联产系统需要运行数千个工作小时才具有经济可行性。

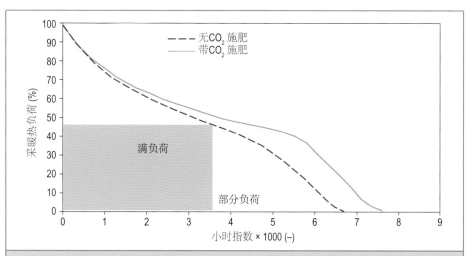

图 8.11 基于采暖热负荷累积频率的热电联产机组运行小时数和供暖量示意图。如果热电联产机组的供暖负荷是温室最大采暖热负荷的 48%，那么它可以持续运行直到采暖热负荷曲线与满负荷线相交处（此例中为 3500 小时）。然后，它必须停止运行或以部分负荷运行 1400 小时，直到 4900 小时。红色虚线表示无 CO_2 施肥，绿色实线表示有 CO_2 施肥。两条曲线之间的面积，表示机组在温室没有采暖需求的情况下为产生 CO_2 所产生的热量。这部分多余的热量可以储存在储热罐中以备后用。因此，虚线和实线之间的面积所表示的热量可以用来"填充"虚线下未使用热电联产机组的空白时间段。

8.5.3 地热

在不同的深度（从土壤表面到大约 5.5 km 深度），地球的刚性地幔（厚度 5~50 km）保存着地热，当这种热量存在于导水多孔层中时就可以开采地热。Limberger 等（2018）研究发布了世界各地区地热潜力分布地图。地热源不会永远提供热水，它最终会冷却下来。从技术层面预估其寿命约在 30~100 年左右（Sullivan 等，2010）。

从地下抽出热水（60~100 ℃）并传输到换热器，水的热量被部分传递，冷却后的水（20~50 ℃）被泵回到地下与热水相同深度但不同的地方。暖水井和冷水井必须彼此保持一定距离，否则冷水井可能会使暖水井冷却。地热水的回路是封闭的：即地热水和温室用水之间没有直接接触。如公式 8.10 所示，从深处地热井抽出的热量定义为：

$$H_{gt} = \varphi_w (\rho c_p)_w (T_{gt} - T_r) \qquad \text{MW} \qquad (8.12)$$

其中，H_{gt} 为热量（MW），φ_w 为地热井的热水量（$\text{m}^3 \text{ s}^{-1}$），$(\rho c_p)_w$ 为水的热容量，约为 4.186 $\text{MJ m}^{-3} \text{ K}^{-1}$，取决于地热井的盐分含量，$T_{gt}$ 为地热井出水

温度(K 或℃)，T_r 为回水温度(K 或℃)。

除了"得天独厚"的地区(如匈牙利南部、土耳其中部、意大利中部或冰岛)外，地热通常位于超过 1 km 的深度。因此，主要投资是钻井成本，并且还存在实际获取热量的不确定性。例如，在荷兰，深度超过 2 km、初始投资为 400 万~1000 万欧元的地热井，预估热水量为 150 m^3 h^{-1}。如果一个种植者(或种植者联盟)能够承担投资(有补贴的情况下)，那么，与锅炉和热电联产的可变成本相比，使用地热的运营成本较低(章节 8.9)。所以，有必要(鼓励)将热水井/回灌井的面积与大面积的多个温室匹配起来使用。热水井产出的热量是平稳的，而温室采暖热负荷却是波动的。这可以通过短期(每日)和长期(季节)缓冲来平衡。

地热系统中使用许多换热器来高效地传递热量，也可以使用热泵(图 8.12)，因为热泵可以将回灌水冷却到大约 20 ℃，因而可以获取更多地热。水泵和热泵需要电能来驱动，制热能力与所消耗电能之间的比值，称为能效比(COP，也叫性能系数；章节 9.2.3)。对于有热泵的系统，COP 约为 8，而没有热泵的系统，COP 约为 12。

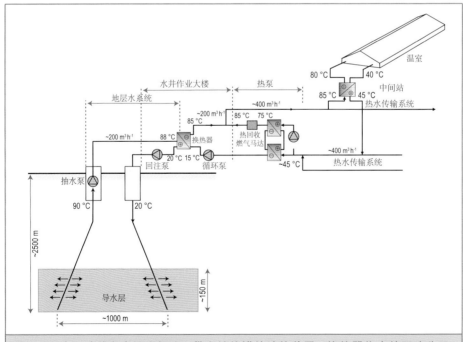

图 8.12 与一个或多个温室相连、带有储热罐的地热装置。换热器将水的回路分开。可以使用热泵将回水温度降至最低。

8.6　工业余热

工厂，特别是发电厂，以及能源密集型产业（如化肥厂），通常通过冷却塔或水将热量传递到周围空气中从而浪费了能量。某些情况下，这些浪费的能量可以用于温室。主要取决于基础设施分布、工厂与温室的距离、可用能量（负荷）和温度限制。许多情况下，供水温度约为 80 ℃，回水温度不应高于 25 ℃ 或 40 ℃。在确定余热供应系统的负荷时，热源、传输系统、采暖需求端三者必须匹配。种植者仍然需要锅炉作为后备采暖设备，并且需要找到 CO_2 供应源用于增施气肥。工业余热供给系统的最大投资成本取决于其对口服务温室供暖系统的固定和可变成本（€ GJ^{-1}）。

8.7　热泵

种植者越来越多地将热泵与长期低温储热结合使用。热泵通常与降温结合使用，它们的工作原理和性能将在第 9 章进行介绍。热泵也可以用于加温，然而，当只是需要加温时，可以使用其他技术。也不建议通过热泵来满足温室的全部采暖需求（Ruijter，2002），热泵的负荷一般设计成总采暖热负荷的 70%~80%，其余的采暖热负荷由（燃气）锅炉提供，以防止热泵频繁过低的 COP。

8.8　储热罐

温室通常使用储热罐来存储多余的热量，根据储热罐容量和用途的不同，储存的热量可以在一天的晚些时候用（短期储热罐）或在一年的晚些时候用（长期储热罐）。水平和垂直储热罐主要用于短期或中期存储热量。与水平储热罐相比，垂直储热罐的容量要大得多，一般使用于大型种植公司，但必须在现场制造，要具有良好的垂直温度梯度且相等的截面积。由于运输限制，水平储热罐的容量有限。浅层蓄水层（另见章节 9.4.1）和温室地下储热设备可用于长期存储（图 8.13）。

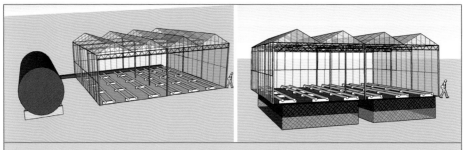

图 8.13　左图：用于短期储热的储热罐，以每天或几天为周期来储存和释放热量。这些储热罐可以根据需求高效率地提供热量和 CO_2。

右图：用于长期储热的地下储热设备，可将一个季节的太阳能储存起来用于另一个季节。图片来源：Janssen 等，2006。

储热罐旨在最大限度地减少热量浪费并避免燃料消耗的峰值负荷。因此，必须根据热源和需求端来确定储热罐的容量，以保证其始终可以管理。当热量(和电力)和 CO_2 同时产生时，储热罐可以使这些资源的利用相对独立、更加灵活。

储热罐的另一个重要作用是降低锅炉或热电联产的负荷。如果储热罐可以储存 25 W m^{-2} 的热能，锅炉提供热能的能力为 50 W m^{-2}，则对温室供暖的能力就可达到 75 W m^{-2}。锅炉负荷较低这一点是很重要的，因为与燃气网的连接成本通常基于每月和每年的燃气需求峰值负荷。

使用地热时，储热罐可以提高能源利用效率，从而更好地满足温室采暖需求，增加能源的最大供暖能力，并有助于管理热源。

储热罐可以存储的最大总能量为：

$$E_{max} = V_b \cdot (\rho c_p)_w (T_h - T_b) \hspace{4em} \text{MJ} \hspace{2em} (8.13)$$

其中，V_b 为储热罐容量(m^3)，$(\rho c_p)_w$ 为水的热容量(4.186 MJ m^{-3} K^{-1})，T_h 为输送至储热罐的水的温度(K 或 ℃)，T_b 为冷却后的储热罐的最低温度，通常是指冷却水返回储热罐的温度(K 或 ℃)。

除了向储热罐储存热量，还必须将储热罐的热量用掉。换句话说，温室必须有足够的小时需要供暖。考虑到夜间没有辐射，并且忽略作物蒸腾以及温室空气与土壤的热交换，那么，夜间温室的平均采暖热负荷等于：

$$H_h = U' \cdot A_s \cdot \Delta T \hspace{4em} (\text{W})$$

框注 8.8 示例了储热罐管理的计算。

框注 8.8　储热能力和热量储存。

容量 V_b 为 100 m^3 ha^{-1} 的储热罐，出水温度为 95 ℃，回水温度为 45 ℃。在 $\eta_{th}=0.85$ 的锅炉和 $\eta_{th}=0.53$ 的热电联产系统中，最大存储热量 E_{max} 分别是多少？需要燃烧多少燃料？

答案：$E_{max}=20930$ MJ ha^{-1}，相当于 595 立方米热值为 35.2 MJ m^{-3} 的天然气。锅炉燃烧天然气：700 m^3 ha^{-1}，热电联产系统燃烧天然气：1123 m^3 ha^{-1}。

温室的 U 值，U' 等于 8 W m^{-2} K^{-1}，夜晚时间为 14 小时。请问在夜间是否可以完全用完储热罐的热量？

答案：每 1 K 温差的热量需求为每公顷 80 kW K^{-1}。如上所述，该储热罐可提供 20930 MJ ha^{-1} 热量。可用的平均供暖功率为：

$$\frac{E_{max}}{t}=20930 \text{ MJ}/(14 \text{ h}\times3600 \text{ s h}^{-1})=0.4153 \text{ MW}=415.3 \text{ kW}$$

$$\Delta T=\frac{H_h}{U' \cdot A_s}=415.3/80=5.2 \text{ ℃}$$

因此，在没有热量损失的情况下，储热罐的热量可以持续 14 小时保持与室外 5.2 ℃ 的温差。

如果需要保持的室内外温差低于 5.2 ℃，或夜晚短于 14 小时，则无法完全用完储热罐的热量。

8.9　经济可行性

在确定哪种加温方式最具经济可行性时，要同时考虑投资成本和运营成本。投资成本可以估算为

$$C=\frac{a \cdot I}{H_s} \qquad\qquad € \text{ GJ}^{-1} \qquad (8.14)$$

其中，a 为基于选定利率和投资期限的年金（每隔一定的时间，付出相同的款项），I 为总投资成本（€），H_s 为系统每年产生的热量（GJ yr^{-1}）。从投资成本得出成本参数，单位为 € MWh^{-1} 或 € GJ^{-1}。由于金融环境的不同（投资者想要的贷款、可以得到的贷款），I 可能会受到限制。可变成本包括燃料和资源购买（如果公司本身不生产这些资源）。

中央锅炉使用寿命长、能效高，因而固定成本较低。可变成本取决于燃料价格。热电联产需要的投资成本较高，但是如果点火差价足够理想，则投资回收期较短。点火差价是指热电联产的电价与热电联产发电所需燃料成本之间的差额，通常采用各个区域贸易点的燃料和动力的每日现货价格计算得

出。点火差价的单位是 € MWh⁻¹。总体来讲，热电联产在使用寿命内的总成本要比锅炉低，但很大程度上取决于点火差价。

图 8.14 示例了不同加温系统的成本计算。

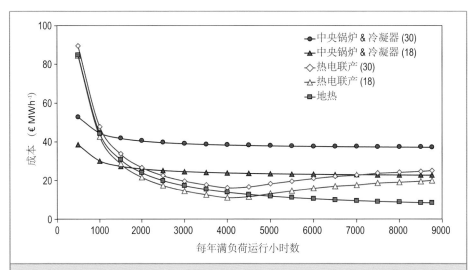

图 8.14　三种温室热源(锅炉、热电联产、地热)的经济性对比。温室面积为 10 ha，作物生长周期从 12 月初到次年 11 月第 3 周。白天/夜晚的目标温度分别为 20.5 ℃和 17~19 ℃。供暖系统总热负荷为 13.6 MW：两个中央锅炉，每个功率为 5.8 MW$_{th}$，2 个热电联产机组功率为 4.4 MW$_{th}$，一个短期储热罐容量为 2640 m³。储热罐允许加温、CO₂ 施肥与供电分开进行。温室配有节能率为 40% 的保温幕布。图例括号内数字为两个假定的天然气平均价格，分别为每立方 18 欧分和 30 欧分。热电联产输送到电网的分时电价为：60 € GWh⁻¹(18 点至次日 7 点)、100 € GWh⁻¹(7 点至 18 点)。每 MWh 的成本包括系统的投资成本和维护成本，中央锅炉、热电联产和地热热源的 $a·I$ 分别估算为 9750、141000 和 405000。

尽管投资很高，但地热的每 MWh 成本最低。用得越多，每 MWh 的成本就越低。短期和长期储热罐可最大限度地利用地热源。在荷兰，地热的可变成本为 5~14 € MWh⁻¹(Vermeulen，2013)。这主要取决于安装的热泵和地热井的产能，而产能取决于出水量以及暖水井和冷水井的出水和回水温差。固定成本取决于投资、地热井产能、热源使用寿命、每年运行小时数以及维护要求。这些成本大约为 20~40 € MWh⁻¹(Vermeulen and Van Wijmeren，2013)。

8.10　小结

为了更好地理解温室加温，需要区分采暖热负荷和满足采暖热负荷所使用的能源及热量分布系统。温室供暖各个能源的工作原理，在同时产出资源（热、电和 CO_2）、达到的温度和所受限制等方面是有区别的。对能源的需求和所需的能源类型决定了最佳解决方案，同时，最佳方案也因地制宜。因此，我们不是提出最佳方案，而是给出了设计以及评估不同地区加温系统效果的方法。由于目前的趋势是向可持续能源的过渡，因而种植者在选择和使用温室（多种）能源和热能分布系统时可以越来越好地区分它们。基于可行性的原因，诸如工业余热、地热和太阳能等新的解决方案还有待商榷。要收集太阳能并在温室需要热量时使用这些能量，需要温室具备加温、降温以及储存热能的功能（Kempkes 等，2017b），有必要将温室的加温、降温和除湿结合起来考虑，这是我们将在第 9 章介绍的主题内容。

第九章
降温与除湿

自然通风是温室降温和除湿的一种经济有效的方法(第5章)。但随着空气离开温室,太阳辐射的热能、水汽以及(一些情况下)CO_2都会流失到温室外。如果自然通风量不足以将温室温度保持在需要的温度范围或者如果这些损失的资源可用于其他用途,则必须进行主动降温。温室内过高的湿度是造成作物病害和减产的原因(章节7.4),因而温室需要除湿以防止过高的湿度。如果使用干燥的暖风进行通风时,则需要加湿。现代温室,特别是(半)封闭温室的目标是对环境的最佳控制和资源的智能利用。本章将从资源利用的角度讨论主动降温和除湿/加湿。

可以通过通风或主动降温来降低温室温度。不考虑作物蒸腾的降温效应(章节6.4.2和4.2.3),通风最多可以使温室温度降至室外温度。即使使用减少太阳辐射的外遮阳网也无法将温室空气温度降至低于室外温度的水平(框注5.3)。此外,遮阳网会减少作物吸收的光照,从而降低潜在产量(第2章和第7章)。

如果温室空气的目标温度低于室外温度,则需要主动降温。类似于讨论加温的方式(公式8.7),我们可以定义主动降温的临界室外温度:

$$T_{coc} = T_{iC} - \frac{\tau \cdot (1-\rho) \cdot I_s \pm H_{AiSo} - g_{V,100\%} \cdot \Delta \chi \cdot L}{\frac{A_c}{A_s} \cdot U_{tr} + g_{V,100\%} \rho c_p} \qquad \text{℃} \quad (9.1)$$

其中,T_{iC}为降温的目标温度(℃),T_{coc}为降温的临界室外温度。当100%通风且结果证明不足以达到室内目标温度T_{iC}时,则首选主动降温(且不通风)。如果$T_{out} > T_{coc}$,由于完全通风的通风率$g_{V,100\%}$不足以达到降温目标,因而存在主动降温的需求。对于未解释的变量符号,请参见公式8.7。T_{coc}取决于温室设计、通风量、蒸腾量、土壤热通量和太阳辐射(公式9.1)。T_{coc}表示在特定的目标温度和最大通风量下,需要主动降温时的室外温度。主动降温的方式包括:

➤ 通过水分蒸发进行蒸发降温,有时被称为自然降温方式,因为作物蒸腾就是这种降温方式的自然形式;

> ▶ 屋顶降温，即一层水膜顺着屋顶流下、吸收热量并部分蒸发；

> ▶ 热泵；

> ▶ 含水层中储存的冷水；

> ▶ 其他冷源和干燥剂系统。

9.1　蒸发降温

最廉价的主动降温方法是绝热（无外部能量输入）降温，因其基于水的蒸发，所以也称为蒸发降温。章节 4.3.2 描述了该过程的物理学原理。显然，只有在干湿球温差较大的情况，也即在炎热干燥的气候区域，才可能进行蒸发降温。缺点是蒸发降温会消耗大量水分。Misra 和 Ghosh（2018）的综述文章介绍了三种主要降温系统：直接蒸发降温、间接蒸发降温或屋顶蒸发降温以及两级或混合模式降温系统。

9.1.1　低压弥雾系统和高压喷雾系统

低压弥雾和高压喷雾系统是直接蒸发降温的两个应用。这些系统将水雾直接喷洒到温室空气中。喷洒的水量是所需的降温负荷与温室目标湿度范围之间的权衡。对于直接蒸发降温，唯一的外部能耗是驱动泵的电能。这部分能耗相对较小，因而这些系统运行成本较低。该系统的有效性取决于通风量，通风量取决于风压，而较少取决于热压（章节 5.2）。随着温室降温，温室内空气温度可能会低于室外温度，这时候，通常有助于通风的浮力效应对通风起到了负面影响。因此，这种情况下，通风的驱动力是风。如果没有风，这种降温方式将无法达到预期效果。

低压弥雾系统向温室空气中喷洒细小的雾粒，在非常热和/或干燥时缓和温室环境。低压弥雾系统的工作压力为 200~500 kPa（Bottchere 等，1991；Li 和 Willits，2008）。雾粒体积中径（volume median diameter，VMD）为 100~200 μm，细小雾粒比粗大雾粒的降温效果更好。根据压力和雾粒大小、喷雾速率、通风速率和饱和水汽压差（VPD），喷洒的水有 10%~60% 会蒸发（蒸发效率），并将显热转化为潜热。如图 4.12 所示，降温和加湿导致相对湿度（RH）增加。由于 VPD 降低，作物蒸腾速率往往会降低。在低压弥雾系统中，一小部分雾粒太大，无法在到达作物或温室地面之前蒸发掉，这可能会导致作物产品品质下降，并且由于潮湿的作物冠层而导致病害发生率增加。

高压喷雾系统使用小内径钢制管线在 2 ~ 7 MPa 的高压下运行（Li 和 Willits，2008；Lu 等，2015）。高压喷雾管线压力和喷嘴需要妥善维护才能正常工作。雾粒大小（VMD）通常在 2 ~ 60 μm 的范围内（Li 和 Willits，2008）。当非常细小的"雾化"水滴悬浮到温室空气中时，雾粒会在几秒钟内蒸发。高压喷雾系统总体蒸发效率会在 60% ~ 100% 范围内波动，具体取决于喷雾速率、通风速率和 VPD（Li 和 Willits，2008）。一个运行良好的系统必须确保没有水落在作物上，并且空气足够干燥以吸收水分（Hanan，1998）。因此，高压喷雾系统通常按照一定喷雾周期运行，周期内进行喷雾的开/关时间控制（几分钟的周期内持续喷雾几秒）。增加通风量会保持空气干燥（VPD 更高），因而加快了雾粒的蒸发。结果就是更多的热空气通过温室排出，更多的雾粒漂移出温室而没有起到降温作用。如果湿度低，并且温室内环境没有极端热负荷，那么在地中海地区，室内温度可能会比室外温度低 3℃（Katsoulas 等，2006），而在炎热干燥地区则会降低 10℃（Davies，2005）（图 4.12）。空气越干燥，降温效果越好。Abdel-Ghany 和 Kozai（2006）将降温效率 η_{mC}（也称换热效率、热交换效率、饱和效率或接触系数）的平均值定义为：

$$\eta_{mC} = \frac{1}{t_{tot}} \int_0^{t_{tot}} \eta_{iC}(t) \cdot dt, \ \text{其中} \ \eta_{iC}(t) = \frac{T_{db,u} - T_{db,i}}{T_{db,u} - T_{wb,i}} \quad (9.2)$$

喷雾蒸发将温室内的空气从降温前的状态（$T_{db,u}$，x_u）改变到降温后的状态（$T_{db,i}$，x_i）。$T_{wb,i}$ 是温室内空气的湿球温度。对瞬时降温效率 η_{iC} 在降温的运行时间段 t_{tot} 进行积分可以获得平均降温效率。根据公式 9.2，他们发现 η_{mC} 在 0.2 ~ 0.3 范围内。Öztürk（2003）采用了一个基于室外干球温度 $T_{db,out}$ 的不太精确但更实用的喷雾系统效率参数 η_{fs}（%）：

$$\eta_{fs} = \frac{T_{db,out} - T_{db,i}}{T_{db,out} - T_{wb,out}} \cdot 100 \quad (9.3)$$

其中，$T_{db,i}$ 为温室内空气的干球温度，$T_{wb,out}$ 为室外空气或经通风进入温室的空气的湿球温度。公式 9.3 着重于进入温室空气的降温而不是温室空气的降温，因而其精确度不如公式 9.2。

9.1.2 湿帘风机降温

湿帘风机是炎热干燥气候区最流行的直接降温系统。该系统将进入温室的空气降温并加湿(图9.1)。空气在湿帘的位置被降温，风机将降温后的空气抽进温室(负压，目前最常见的系统)或推入温室(正压)。该系统需要维护良好的风机和透水性良好且不被盐分堵塞的湿帘。采用湿帘风机系统不可避免地会产生水平温度梯度，导致温室各个区域的作物生长发育的不均一。太阳辐射热负荷的存在，使得温室中气温最低的区域与湿帘相邻，越接近风扇温度越高。在通风空气经过路径的一处或多处配备低压弥雾系统或高压喷雾系统，可以降低水平温度梯度。如果没有主动降温，湿帘的水温常假定为空气的湿球温度(可在焓湿图中查找)。这种情况下(配备喷雾系统后)，空气温度可能会降温到低于湿球温度。温度低于室外空气露点温度的水将在一定程度上使通过湿帘的外部空气更干燥，这似乎是在潮湿地区使用湿帘风机的一种方法。此时，湿帘系统相当于显热降温系统，并会回收(空气中的)部分水。但(大多数情况下)在湿帘中使用降温水并不经济。湿帘风机系统的缺点是大多数情况下也将周围环境降温。例如，如果室外空气温度为45℃，RH为10%，空气通过湿帘后为25℃，离开温室的空气温度约为30℃。可见，在正常运行中已经浪费了很多降温能量。如果要进一步降低进入温室的空气温度，能量损失将进一步增加。这种情况下，建议在不通风的情况下对温室内部进行降温。

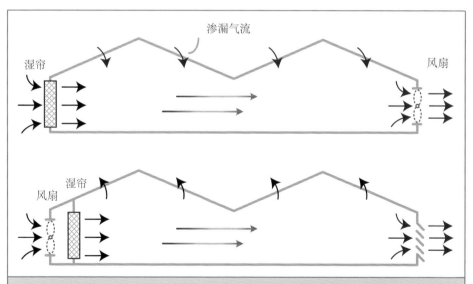

图9.1　湿帘风机系统[根据Von Zabeltitz(1986)的文献重新绘制]。湿帘是一个开放的用于蒸发水分的横流换热器。风扇产生空气流经湿帘所需的压力。在负压系统中(上图)，风扇在温室中产生负压，并通过渗漏带进一部分热空气。在正压系统中(下图)，风扇在温室中产生正压，使得暖空气阻隔在外，但渗漏会流失一部分冷空气。

湿帘风机系统的降温效率（公式9.3）取决于湿帘厚度和通过湿帘的空气流速（过帘风速）（图9.2），湿帘中的压降也取决于湿帘厚度和过帘风速。为了尽可能减小温室内温度梯度，湿帘风机系统通常具有较高的通风率，每小时空气交换率高达 20 h^{-1}（Misra 和 Ghosh，2018），但降低通风率能够节省用水并获得更高的降温效率。因此，通风率的大小是水分利用率和可接受的水平温度梯度之间的权衡。建议温室内水平气流方向的距离不要超过 50 m。

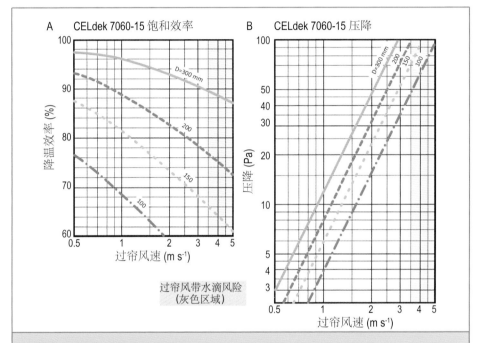

图9.2　CELdek 7060-15 湿帘系统（Munters）的性能。四种不同厚度湿帘的降温效率（图A）和压降（图B）与过帘风速的关系。过帘后空气的湿度和降温程度取决于两个主要因素：湿帘的深度/厚度和过帘风速。薄湿帘的效果不如厚湿帘。只有效率达到 100% 时，过帘后空气温度才能达到湿球温度，所以，温度通常会高于湿球温度。

原则上，蒸发的水分可以在温室出风口的降温部件中重新获得。有人提议将其作为缺水地区缓解水资源紧张的措施。例如，Paton 和 Davies（1996）以及 Bailey 和 Raoueche（1998）提出了"海水温室"系统，可用于沿海和干旱地区，以产生适合作物生产的小气候，并提供灌溉用水。该系统使用两个湿帘：进风口湿帘用海水湿润（大流量冲洗蒸发留下的盐分），水汽在出风口的换热器处被深海水降温并回收。Sablani 等（2003）模拟结果表明，这种系统与低近红外(NIR)透射率的覆盖材料结合，可以在炎热干旱的地区种植作物，并产生淡水。遗憾的是，由于成本高昂和技术"障碍"，原型产品的应用受到了限制。障碍之一是难以环境友好且经济可行地获得足够冷的深海水来回收水汽。Sundrop Farms 是一个最新的商业模式"海水温室"复合建筑，在这里，他们使用太阳能发电厂为温室供电，淡化海水用于灌溉，还可以选择湿帘风机系统进行降温。

如果不希望增加空气湿度，则如图 9.3(右)所示的间接蒸发降温是一种替代的蒸发降温方法。在该系统中，两股气流被热回收系统隔开而不直接接触。在干燥的一侧，一次空气在冷表面上被降温；在潮湿的一侧，二次空气被蒸发冷却方式降温。潮湿的二次空气不用于温室内。

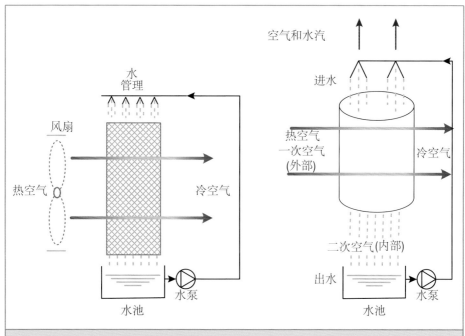

图 9.3　左图：湿帘风机，直接蒸发降温示例。右图：间接蒸发降温，增加一个换热器，转变成显热降温系统，不影响待降温空气的湿度(Misra 和 Ghosh，2018)。

9.1.3　屋顶降温

屋顶降温是一种简单的蒸发降温方法，更确切地说是对流降温与蒸发降温的结合。在该系统中，通过在温室屋顶或外遮阳网上喷洒或滴入细流来实现降温。由于温室屋顶面积相对较大，可以有效地将室外气温降低 4℃

以上（Ghosal 等，2003；Sutar 和 Tiwari，1995）。当冷水流过屋顶板材外表面时，它既能降低板材温度，又通过对流和蒸发的方式对板材的外部空气边界层降温。每当开启通风时，屋顶外部空气边界层较冷的空气将会增加通风的降温效果。采用屋顶降温时，必须考虑外部气温和水膜的部分蒸发（Campen，2009）。该降温系统在单层玻璃或塑料薄膜温室中使用时很有效（Campen，2009）。使用双层玻璃时，由于温室热空气与冷的外表面之间的热阻增加，其降温效果要差得多。

9.2　通过热泵进行空气调节

种植者越来越多地将热泵与长期低温储热结合使用。可以将其理解为冰箱的"逆运行"。对于冰箱而言，用热泵的工作原理来降温，但也可以用来除湿或加温。

9.2.1　热泵类型

热泵有两种类型：压缩式热泵（框注 9.1）和吸收式热泵（框注 9.2）。压缩式热泵由电动机或燃气内燃发动机驱动（De Zwart，2004）。这两种热泵（压缩式和吸收式）都涉及系统内工作介质（也称工质、制冷剂）的冷凝和蒸发。不同的是，吸收式热泵是热化学过程，而压缩式热泵则依靠机械能。吸收式热泵能源效率较低，但也有其优点，就是它能利用热量（如太阳能）产生冷量。事实证明，当供电不稳定、无法供电或电费很昂贵，并且有可用的高温废热或太阳能的情况下，吸收式热泵是最理想的选择。

9.2.2　热泵功能

尽管热泵可以用于加温、降温和除湿，但在温室园艺中，热泵主要与降温措施结合使用，仅仅只需要加温时，可以通过其他技术实现。当使用如图9.4 所示的空气源热泵进行除湿和加温时，空气进入蒸发器被降温和冷凝并损失部分水汽。该热量被蒸发器吸收用于制冷剂的蒸发。所获得的显热和潜热加上压缩机传递的做功在冷凝器中释放，冷凝器在制冷剂的冷凝过程中释放热量。（一部分）显热被释放到温室空气中。这样就产生了温暖干燥的空气。如果仅需除湿或仅需加温，则流经蒸发器和冷凝器的气流将相互独立。流经蒸发器和冷凝器的气流经常用水来代替作为传输介质,在应用大型中央热泵时实现热源端和需热端的换热器的空间分离。

框注 9.1 压缩式热泵。

在压缩式热泵中,一种叫制冷剂(工质)的液体在蒸发器中汽化,该过程所需热量从待降温的介质(水或空气)中获得,从而降低介质温度。随后,制冷剂蒸气被压缩机压缩,压力和温度大大提高。由于这种高压,蒸气可以在冷凝器中以较高的温度液化。该过程将会释放制冷剂在蒸发器中吸收的热量和压缩机提供的能量。接着,当液态制冷剂离开冷凝器后,它会通过膨胀阀降压。最后,制冷剂流回蒸发器,该过程可以开始又一轮循环。

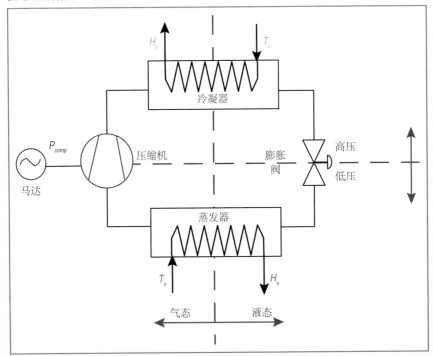

压缩式热泵示意图,其中,P_{comp} 为压缩机向系统的做功,H_c 为冷凝器释放的热量流量,T_c 为冷凝器温度,H_e 为蒸发器吸收的热量流量(显热和潜热),T_e 为蒸发器温度。

框注 9.2　吸收式热泵。

吸收式热泵的工作原理是下图所示的热化学过程。与压缩式热泵压缩制冷剂蒸气不同，它将蒸气溶解在吸收剂中。吸收过程的原理是分离并重新混合两种流体（制冷剂和吸收剂）以产生降温效果。这涉及两个循环：氨-水循环或溴化锂循环。在氨-水循环中，水是吸收剂，氨溶液是制冷剂。在溴化锂循环中，溴化锂是吸收剂，水是制冷剂。

最常见的应用是氨-水循环，现在对此进行进一步说明。蒸发器中产生的氨蒸气在（吸收器吸收蒸气产生的）蒸气压梯度的作用下传输到吸收器。在吸收过程中，由于冷凝和结合，液体在较高的介质温度下释放出热量。随着氨气浓度的增加，液态制冷剂的进入会减少吸收器的吸收。因此，来自吸收器的液体被泵送到发生器。在那里，借助外部能量 P_{gen} 和压力，制冷剂氨再次从浓氨溶液中蒸发。随后，该制冷剂蒸气再次在冷凝器中液化。流经膨胀阀 V1 后，液态制冷剂将返回蒸发器，蒸发并吸收能量以产生降温。一部分制冷剂释放的吸收液从发生器流经调节阀 V2 返回吸收器。

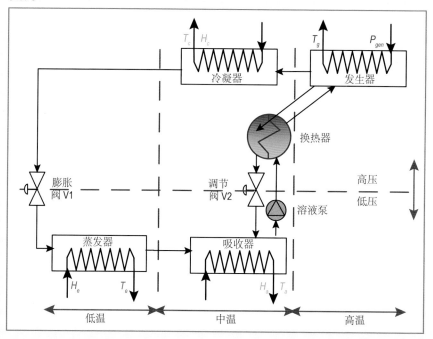

吸收式热泵示意图［基于 Pocket Book（2002）绘制］。P_{gen} 是发生器添加到系统中的外部能量，H_c 为冷凝器传递的热量流量，T_c 为冷凝器温度，H_a 为吸收器传递的热量流量，T_a 为吸收器温度，H_e 为蒸发器吸收的热量流量（显热和潜热），T_e 为蒸发器温度。在吸收式热泵中，热量在冷凝器和吸收器中释放，在蒸发器中吸收。该过程由热能来驱动。由集中式太阳能集热器系统驱动的吸收式降温系统的降温能效比（COP）为 0.4~0.6（Sonneveld 等，2006）。

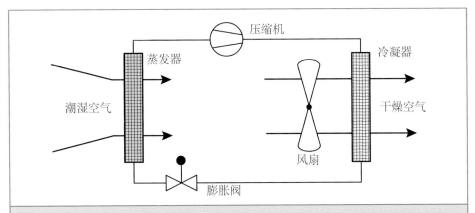

图 9.4　用作除湿器和显热加热器的压缩式热泵的运行示意图。对流经的外部空气的影响：蒸发器对空气进行降温和除湿，此过程的潜热和降温所得显热在冷凝器中作为显热返还给流经的空气。Kempkes 等（2017b）介绍了此方法的应用。内部过程：制冷剂在蒸发器中蒸发，该过程所需热量从流经蒸发器的外部空气中获得，流经的空气被降温。制冷剂蒸气随后在压缩机被压缩，压力和温度大幅度提高。由于这种高压，在冷凝器中制冷剂蒸气可以在较高的温度下液化。冷凝器将会释放在蒸发器中吸收的热量以及压缩机传递的做功热量。

如果将水用作热泵中的传输介质，则在常规的独立回路中只有显热传输。例如，温室降温回路中的水在蒸发器侧被降温，而储热罐的水在冷凝器侧被加温以将降温获得的热量存储在储热罐中。这个过程也可以反过来进行（如图 9.6 和图 9.7 的示例）。

9.2.3　热泵的性能——COP

热泵的能量需求由能效比（COP）表示，COP 为可用于降温（或加温）的输出能量与驱动热泵（工作）的输入能量 P 之间的比值，COP 越高表示效率越高。对压缩式热泵，P 等于 P_{comp}；对吸收式热泵，P 等于发生器吸收的能量 P_{gen}。降温和加温的 COP 值是有区别的：

$$\text{COP}_c = \frac{H_e}{P}; \quad \text{COP}_h = \frac{H_e + P}{P} = \frac{H_e}{P} + 1，\text{所以，} \text{COP}_c = \text{COP}_h - 1 \qquad (9.4)$$

COP_c 为降温能效比，其中 H_e 为热泵在蒸发器处吸收的能量流量（W 或 W m^{-2}），也就是热泵的吸热侧吸收的热量。P 为外部输入能量（W 或 W m^{-2}）。COP_h 为加温的能效比，其中 $H_e + P$ 为冷凝器有效释放到系统的能量，也即热泵的放热侧被加温的水或空气吸收的热量。压缩机吸收的能量也以做功的形式传递给制冷剂。对吸收式热泵，有效的输出能量可以计算为 H_e+P_{gen}，或计算为冷凝器和吸收器传递的热量之和 H_c+H_a（W 或 W m^{-2}）。降温和加温的 COP 均表明每单位电/热的输入能量能够释放多少单位的热量。COP$_c$ 等于 5 表示：每单位的电能输入，热泵系统能够有效地带走 5 个单位的热量。这种情况下，温室降温所需投资的能耗就是温室降温负荷的五分之一。

压缩式热泵的 COP 取决于不同的因素，最重要的是蒸发器（T_e）和冷凝器（T_c）之间必须达到的温差。压缩式热泵的 COP 值随温差的增加而减小（图 9.5）。55℃ 的冷凝器温度有时称为最高冷凝器温度（$T_{c,max}$）。

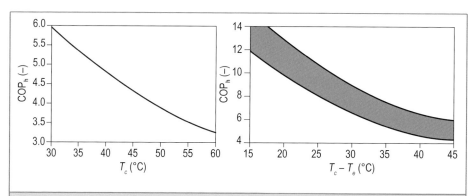

图 9.5　左图：压缩式热泵的实际能效比（COP$_h$）与冷凝器温度 T_c 的关系（蒸发器温度 7~8℃、氨为制冷剂）（De Zwart 和 Swinkels，2002）。右图：不同的冷凝器与蒸发器温差（T_c-T_e）下的 COP$_h$ 理论值，卡诺效率。系统效率通常为 50%~70%（工业热泵）。

而且，热泵有一个 COP 理论值，这称为卡诺效率（图 9.5 右图）。卡诺效率仅取决于蒸发器温度 T_e 和冷凝器温度 T_c（以 K 为单位）：

$$\mathrm{COP}_{c,\mathrm{Carnot}}=\frac{T_e}{T_c-T_e}; \ \mathrm{COP}_{h,\mathrm{Carnot}}=\frac{T_c}{T_c-T_e} \qquad (9.5)$$

$$\mathrm{COP}_h=\eta\cdot\mathrm{COP}_{h,\mathrm{Carnot}}$$

其中，η 为系统效率，一般为 50%~70%，受系统损耗和负面影响效率的参数的综合影响。

压缩机由燃料或电力驱动，发生器由热能驱动，这也存在运行效率。我们采用一次能源利用效率（PER；框注 9.3）来表示系统的整体效率，定义为（每年）有效输出能量与（从能量链开始）用于驱动热泵所需的一次能源输入能量之间的比值。

框注 9.3　一次能源利用效率。

除 COP 之外，一次能源利用效率（PER）也很重要。PER 定义为有效输出能量 H_c 与（从能量链开始）用于驱动热泵所需的一次能源输入能量之比。PER 和 COP 之间的区别在于，PER 与整个能源系统有关，而 COP 仅指热泵本身。PER 可用如下公式确定：

$$PER = \frac{E_u}{E_{pe}}$$

其中，E_u 为获得的有效冷量或热量（kWh y^{-1}），E_{pe} 为一次能源消耗量（kWh y^{-1}）。

9.3　其他降温除湿方法

9.3.1　干燥剂除湿

干燥剂是一种干燥的、能够吸收水分子的化学物质。温室除湿干燥剂的使用经常被提及和尝试，如，Milani 等（2014）以及 Munters（2018）的 Desicool 系统。但其主要局限性在于干燥剂再生需要大量能耗。如果干燥剂再生所需能量可以很容易地从太阳能或工业余热中获得，则该方法可行。Raaphorst（2013）成功地使用真空蒸发器降低了再生干燥剂溶液所需的能耗。可以将除湿与降温或加温过程结合在一起去实现所需的空气条件。

以色列开发的潜热转化器（Assaf，1986；Assaf 和 Zieslin，2003）是一个早期的除湿系统。除湿可以减少通风、降低加温成本以及（低通风率下）增加 CO_2 施肥的效果。当回收的显热全部可用于温室加温时，它将水汽转化为液态水并以 15.4 的 COP_h 效率进行加温。潮湿的温室空气被抽到一个盐水溶液浸湿的湿帘上，吸湿性盐水与空气直接接触以吸收水汽。在此过程中，水汽释放的潜热使得盐水和空气变热。因此，该系统对返回温室的空气进行除湿、过滤和加热。湿帘吸收水汽、盐溶液被稀释，再使用热泵将水从盐溶液中分离出来。该系统已经在几个小规模的温室中得到了应用。Kempkes 等（2017b）研究得出结论，使用吸湿除湿系统，可以有效回收显热和潜热，预计在北半球生产型温室中可以节能 250 MJ m^{-2} y^{-1}。

9.3.2 空气处理除湿

每当无法进行或不希望进行自然通风时(如使用保温幕布时),可以通过侧墙吸入空气进行强制通风来代替。通常,风扇将外部空气强制吹入带孔的风道中,这些风道将空气分布到温室中(Campen,2011)。为了节省能源,可以将室外空气先流经换热器,主要目的是回收空气中的显热(节能 130 MJ m^{-2} y^{-1}),或者与空气混合装置组合,通过将室内外空气混合来控制空气湿度(章节 4.2.2)(不节能,仅为了控制进入温室空气的湿度而进行除湿),或使用热泵对空气除湿并获得显热和潜热(节能 225 MJ m^{-2} y^{-1})(Kempkes 等,2017b)。这些节能数据来自荷兰(半封闭)温室中采用这些系统的试验和模拟结果。

9.3.3 两级或混合模式的降温和除湿

除了蒸发降温和热泵降温之外,还有两级或混合模式降温系统(Misra 和 Ghosh,2018)。Davies(2005)提出了一种在炎热气候下用于温室农产品生产的太阳能降温系统。在该系统中,空气在进入蒸发降温器之前,先在干燥剂帘和换热器中干燥,降低其湿球温度,并使干燥剂帘保持凉爽。换热器带走了冷凝释放的潜热和干燥剂稀释产生的热量。受太阳能驱动的再生器遮挡了部分太阳光照,也增强了降温效果。再生器吸收的太阳能用于干燥剂溶液的再生。根据 Abu Dhabi 海湾的气象数据分析,与直接蒸发降温相比(直接蒸发降温可使温室日平均最高温度降低约10℃),该系统能够将夏季温室最高温度再降低5℃。这将使得每年的生菜栽培最佳季节从 3 个月延长至 6 个月,对于番茄和黄瓜,则从 7 个月延长至全年。该系统的关键在于能够产生足够的用得起的热量以再生干燥剂。

9.4 提高温室的太阳能集热器功能

降低温室通风需求有几个好处:即便光照很强,依然可以增施 CO$_2$(框注 5.4 和图 12.5);提高水分利用率(章节 13.5);减少害虫及其携带者进入温室的机会。另一个好处是借助热泵可以更好地利用太阳能。夏季过剩的能量可以被收集并存储在季节性储热层中，以供冬季使用。即使在荷兰这样的高纬度（52 °N）地区，每年进入温室的太阳能也有盈余，因此，这种方法可以实现可持续发展。通过热泵和（地下）储热的结合应用，可以在夏季从温室空气中带走水汽并储存热量，并将该热量用于冬季供暖，这在建筑和工厂应用中已经是成熟的技术，并且正在越来越多地应用于温室园艺。框注 9.4 示例了半封闭温室的能量平衡构成。

框注 9.4　减少通风的益处。

即使在荷兰（北纬 52°），温室每年也有盈余热量。换句话说，经通风排出的能量大于加温的能量。问题在于时期的错位：阳光充足时能量过剩，而低光照和寒冷季节又需要加温。如果夏天储存盈余能量，以用于冬季加温，那么就无需额外供暖。这就是"封闭式温室"的原理。在夏季，不采用通风，温室空气中的热量通过在换热器中循环的冷水带走，该水被储存在地下含水层"暖水井"中；在冬季，抽取"暖水井"中的水，通过换热器进行循环并在热泵的冷凝器处升温，用于温室加温，在蒸发器处降温后的水被泵入"冷水井"，该水是夏季冷水的来源。

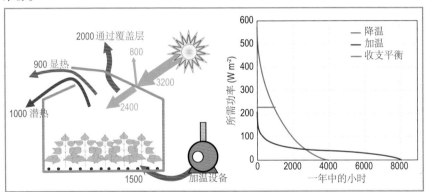

上左图是保温良好的荷兰温室的典型能量平衡构成（MJ m^{-2} y^{-1}）（De Zwart，2007）。上右图是采暖热负荷（红色曲线）和降温需求（"通风排出"的能量，蓝色曲线）的年度分布。蓝色曲线和收支平衡线（绿色）下方区域与红色曲线下方区域的面积相同，换句话说，大约 230 W m^{-2} 的降温功率以及足够的储热将使温室能源在 100% 储热效率下保持能源中和。在温室热负荷超过 230 W m^{-2} 的时段（大约 650 h y^{-1}）需要通风（即半封闭温室的情况），而为了完全避免通风，温室需要大约 550 W m^{-2} 的降温功率（即封闭温室的情况）。通常，温室储热效率约为 70%，这将使收支平衡线接近 300 W m^{-2}。

　　拥有位于 20~200 m 深度"水井"的地下含水层最适合用于长期储存热量（图 9.6）。为了含水层储热系统的良好运行，地下土壤必须适合储存。因此，

该层必须具有高孔隙率的性质，必须被非渗透层包围，并且必须(几乎)没有水流。通常，两个粘土层之间的砂土层可以满足这些要求。一个储热系统由两个水井组成：一个用于储存温水(18~20℃)，另一个用于储存冷水(6~8℃)。在冬季，暖水井中的水在被吸取热量后就存储到冷水井中。储存的热水和冷水都与温室系统中的用水分开。

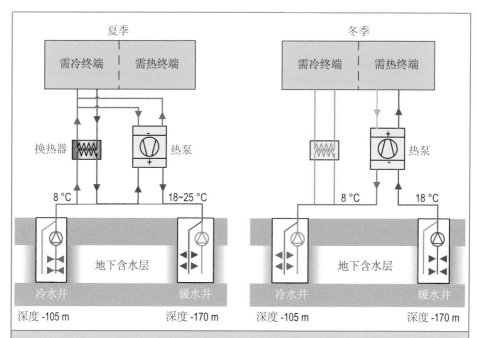

图9.6　夏季和冬季的地下储水层系统运行图(TechWiki)。左图：夏季，温室为需冷终端，可以直接使用冷水井中的水对温室降温或者通过热泵将其进一步降温至约5℃再用于温室降温，此过程也把对温室进行过降温的回水加热并储存到暖水井中。示例中，温室在夏季没有需热终端。右图：冬季，温室为需热终端，水流方向相反，来自暖水井的水被热泵降温储存到冷水井。热泵利用热水井中获得的热量在冷凝处将水温提高到中等温度用于温室加温。温室在冬季的除湿属于可选的需冷终端。

　　换热器将热量从一个水系统传递到另一个水系统。种植者可以使用热泵在冬季将水加热到更适合的温度再用于温室加温，并在夏季对温室进行降温(图9.6)。图9.7示意了另一个用于加温、降温和除湿的先进温室能源系统。

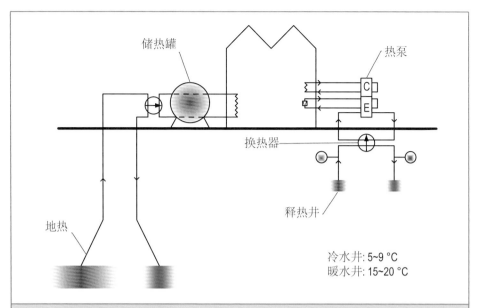

储热罐

热泵

换热器

释热井

地热

冷水井: 5~9 ℃
暖水井: 15~20 ℃

图9.7　零化石燃料温室的概念。该温室具有除湿和借助热泵进行基础降温的功能，热泵使用非化石燃料能源来运转，并连接到地下含水层系统（右侧）和地热能共享网络以解决进一步采暖之需（左侧）。

该温室利用热能并将盈余热量储存在储热罐或含水层中。另外，冷水被储存在地下。热泵将水加热到更高的温度，并通过除湿获得潜热。季节性热能存储（STES）系统的热功率（H_{th}）为：

$$H_{th} = \varphi_w \cdot \rho c_p \cdot \Delta T \qquad\qquad \text{W} \quad (9.6)$$

其中，φ_w 为系统中的水流量（$\mathrm{m^3\ s^{-1}}$），ρc_p 为水的热容量（$\mathrm{J\ m^{-3}\ K^{-1}}$），$\Delta T$ 为出水和回水的温差（℃或K）（另见公式8.12）。在夏季，当含水层冷水井被抽空用于温室降温，除非需要进一步降温（也就是要从温室空气中带走更多热量），否则不需要使用热泵（图9.6）。无论哪种方式，冷水都将通过换热器系统传输，以实现温室降温。管道中的水在此过程中变热，（使用另一个换热器）将热水的能量存储在"暖水井"中。这样就实现了温室降温并且收集和存储了太阳能。

9.5　小结

除湿、降温和加温是密切相关的过程，但除湿和温度管理的目标不同。除湿在温室生产全年都需要，而降温只有在室内温度超过温室生产最适温度上限时才需要。除湿的主要方法是通风、降温和干燥。本章介绍的几种降温和除湿系统的设计，可以节约相关能源，也越来越多地降低了用于除湿和降温的通风需求。这个领域仍在发展之中，未来发展方向是：选择以更少的资源（燃料、CO_2和水）实现更优的环境控制方式。

第十章
温室补光

照片来源：Paolo Battistel Ceres s.r.l.

在北欧和加拿大的温室，常采用人工补光增加冬季每日光照总量。补光可以提高产品的产量和品质，并实现周年生产(章节7.1)，还可用于控制日长来调控花期。本章主要从工程技术的角度来介绍人工补光。

10.1　概述

作物生长发育的很多过程会受到光强、光谱和光照时间的影响(图1.2、章节7.1)，因此，温室人工补光的原因有很多。最显而易见的原因是在自然光不足的情况下通过人工补光增加同化作用，从而提高产品的产量和品质。同样重要的是，通过人工补光可以对产品市场价值有正面的影响，例如，反季节生产、周年生产、将用工需求均摊到整个生产季从而相对降低温室生产的人工成本。再比如，荷兰的玫瑰种植者通过使用大量补光(光照时长和光照强度)获得全年稳定均匀的产量。

对于观赏作物，人工补光还用于日长控制，从而达到诱导长日照植物或抑制短日照植物的开花。人工补光还在育苗时促进幼苗生根。近年来，发光二极管(LED)技术的发展使得控制光源的光谱变得容易起来，光谱可调技术越来越多地用于调控作物形态，特别是在观赏作物方面的应用。

温室园艺中有多种常用的补光灯类型，补光灯的选择取决于多种因素。控制日长通常不需要太高的光强，使用节能灯、荧光灯管或相对低光强的LED就可以达到这一目的。如果想增加光合作用，则需要相对高光强的灯，温室中最常用的是高压气体放电灯(HID)，其中高压钠灯(HPS)尤为常见。但高压钠灯不适合用于多层种植系统(如气候室、生长室或植物工厂)，因为它们产生的热量和热辐射使得灯与作物的距离必须保持至少1.2 m以上。在LED时代之前，荧光灯管是多层种植系统照明应用的首选。

温室园艺补光需要特定的光谱组合，大功率LED(瓦，而不是毫瓦)的开发使之成为可能，温室 LED 补光应用越来越多(框注 10.1)。LED 照明系统通常由红光 LED(效率最高)加少部分蓝光 LED 组成。例如，2012 年的 LED 系统一般含 12%蓝光成分(Dueck 等，2012)，现在的 LED 系统中蓝色成分则要少得多。远红光($\lambda \approx 720$ nm)以及白光 LED 的商业应用也正在研究之中(章节 7.1.1)。

框注 10.1 LED 的优势(LED VS HPS)。

Morrow(2008)提到，与设施园艺当前使用的 HPS 相比，LED 具有以下优势：

▸ 电光转换效率更高：Persoon 和 Hogewoning(2014)指出，LED(95%红光+5%蓝光)的效率达到了 2.3 $\mu mol\ J^{-1}$，而最好的高压钠灯为 1.85 $\mu mol\ J^{-1}$。LED 制造商发布的 LED 效率介于 1.4~3.7 $\mu mol\ J^{-1}$ 之间。因此，最好的 LED 的效率比高压钠灯高 60%。

▸ 可调光谱(光质)能够优化光合作用以及植物的形态和功能。

▸ 辐射热低，可以放置在靠近植物的地方(如植株间照明)。

▸ 使用寿命长(> 50000 小时)。

▸ 光污染更少：人眼对光的敏感度(框注 3.2)以黄光最高，这是高压钠灯的光谱峰值(图 10.4)。LED 里不含有黄光。

▸ 良好的安全性。

如果没有特定光谱要求，那就可能有不止一种类型的灯可以满足特定需求，选择补光灯时要考虑的因素如下：

▸ 投资成本，其中灯的寿命是一方面；

▸ 光效：输出特定光通量的 PAR 需要消耗的电能，光效决定了：

   ● 运营成本；

   ● 除光照所含能量之外，带入温室的额外热量；

▸ 灯具遮挡掉的自然光；

▸ 光照空间分布。

10.2 光照测量单位及所用变量

光照可以用几种不同的单位系统来衡量(Thimijan 和 Heins，1983)：照度单位、辐射单位、光量子单位或爱因斯坦单位(译者注：1 摩尔光子的能量称为 1 爱因斯坦)。照度用于表征办公室和家用照明场所的光照，它体现了人眼对不同波长的敏感度(框注 3.2)，因而这类单位与作物补光应用不相关，不应使用于园艺领域。光量子单位是我们讨论光照与作物光合作用及生长的相关性时需要使用的单位，因为它表征的是光子数量而不是其所含能量。当研究光照能量方面的相关问题时，则需使用辐射单位(表 10.1；另见框注 3.1)。如果已知灯的光谱组成，这三个单位之间就可以相互转换，每种灯的转换系数由灯本身决定(框注 10.3)。

表 10.1　测量和处理光的三种物理单位系统(光子、能量、照度)		
光量子单位	辐射能量单位	照度单位(不适用园艺领域)
光量子数量 P_q 爱因斯坦(μmol)	辐射能 Q_r(J, Wh)	发光强度 I(坎德拉, 1 cd = 1 lm sr^{-1})
光合光量子通量 PPF(μmol s^{-1})	辐射通量 q_r(W)	光通量 φ (流明, lm)
		光量 Q(lm s)
PPFD：PPF 密度(μmol m^{-2} s^{-1})	辐射强度 E_r(W m^{-2})	照度 E(lm m^{-2}, lux)
电光转换效率(μmol J^{-1})	辐射效率(mW W^{-1})	发光效率(lm W^{-1})
每行表示这些单位之间的对应类比。表中添加了照度单位(框注 10.2)以帮助理解类比。作物生长应用时不建议使用照度单位，但照度单位与温室内作业的工人相关(人眼对照度单位敏感)。		

框注 10.2　照度单位——仅用于单位转换。

在某些情况下，手工计算光照分布需要使用照度单位，因为许多厂商仅提供照度单位的配光曲线图。

光源在给定方向上的发光称为发光强度 I，以坎德拉(cd)为单位(1 cd = 1 lm sr^{-1})，光通量 ϕ 是指光源在指定方向的单位立体角内发出的流明数(lm)。对时间积分，可得该时间段的光量 Q(lm s)。在受光面上，单位面积接受的光通量称为照度 E(lm m^{-2}, lux)。为了解光源的电耗需求或发光效率，我们采用了光效(lm W^{-1})这个物理量。

光量子单位认为光是光量子。光合光量子通量(PPF, μmol s^{-1})表征光源产生的光量子通量。当方向给定时(即光束不是均匀分布)，我们用给定方向上单位立体角(球面度, sr；图 10.1)内的光量子通量(μmol s^{-1} sr^{-1})来表征光强。在作物应用方面，相应的光强单位是作物单位面积接收的光量子通量(光合光量子通量密度，PPFD, μmol m^{-2} s^{-1})。光量子单位中的光量子数量(μmol)类似于辐射单位中的辐射能(J)(框注 3.1)。

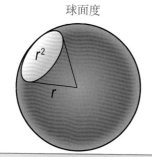

1球面度的图形展示。
球体的半径为 r，在这种情况下
高亮区域的面积 A 为 r^2。
立体角 Ω 等于 $[A/r^2]$ sr。
在本例中为 1 sr。很显然，
整个球面有 4π 球面度。

单位信息

单位制	国际单位制导出单位
单位	立体角
符号	sr

图 10.1　立体角的定义（维基百科）。

框注 10.3　转换系数。

照度、辐射度和光量子单位之间可以相互转换。只要知道光谱分布，就可以根据辐射能量来量化光源发射的辐射（以光量子和辐射单位计量）。我们测量的是受光面上单位面积接受的辐射，因为传感器的光谱响应曲线不是平直的（框注3.3），这就增加了测量的复杂性。这种复杂性在照度测量上更甚，因为照度表征人眼的光谱敏感度，而人眼的光谱响应很显然不是平直的（见框注3.2）。

因此，人们采用标准传感器在 PAR 波段内测量并确定了一套综合转换系数（Thimijan 和 Heins，1983）。需要注意的是，考虑到同类型的灯之间可能出现的光谱差异（如有无反光罩）以及传感器之间可能存在的光谱响应差异，这些转换系数都为近似值。

下表是 400~700 nm 波段内的光量子、辐射和照度值之间的转换系数。

辐射源	乘以相应的转换系数					
	光量子转换成 $W\ m^{-2}$	$W\ m^{-2}$ 转换成光量子	光量子转换成 lux	lux 转换成光量子	$W\ m^{-2}$ 转换成 klux	klux 转换成 $W\ m^{-2}$
太阳光	0.219	4.57	54	0.019	0.249	4.02
冷白荧光灯	0.218	4.59	74	0.014	0.341	2.93
植物生长荧光灯	0.208	4.80	33	0.030	0.158	6.34
高压钠灯	0.201	4.98	82	0.012	0.408	2.45
高压金卤灯	0.218	4.59	71	0.014	0.328	3.05
低压钠灯	0.203	4.92	106	0.009	0.521	1.92
100 W 卤钨灯	0.200	5.00	50	0.020	0.251	3.99

此处给出的太阳光转换系数是第3章中计算的转换系数的两倍多（框注3.1）。这是由于太阳辐射的一半以上在 PAR 波段之外，而上表的数值是 PAR 波段内的转换系数。此外，由于太阳辐射的光谱分布随大气条件而变化（Hogewoning 等，2010a），因此，与其他光源的转换系数相比，太阳光的转换系数更是个近似值。

从工程角度来看，最相关的问题是：在作物冠层受光面，按照所需的光量子通量密度或辐射通量密度来设计光分布均匀的灯具和配件。入射光强定义为 PPFD = PPF/A 或 $E_r = q_r/A$ 或 $[E = \varphi/A]$，其中 A 为受光面的面积。

10.3　特定点的光照量

在一球面度的光束中，距离光源 1 m 处的光照面积是 1 m²，2 m 距离处光照面积是 4 m²。光束照亮的面积与到光源的距离的平方成正比，测得的光强与距离的平方成反比：

$$\text{PPFD} = \frac{\text{PPF}}{A}(\mu\text{mol m}^{-2}\text{s}^{-1})\ ;\ E_r = \frac{q_r}{A}(\text{W m}^{-2})$$

作物高度接收的光强可以根据框注 10.4 进行计算。一盏灯无法向所有方向发出均匀光束。二次光学元件(反射器，如透镜)可以将光尽可能均匀地分布在给定距离的水平表面上，因此，光束入射角对于水平"受光面"是变化的。当入射光束与垂直法线成 α 角度时，测得的辐射(W m⁻²)是 $E_{r,\alpha} = E_{r,\text{垂直}} \times \cos(\alpha)$。

框注 10.4　作物冠层光强的计算。

600 W (1070 μmol s⁻¹)高压钠灯的效率为 35%，反光罩效率为 98%。如果种植者想要 80 μmol m⁻² s⁻¹ 的 PAR，在假设光分布均匀的情况下，每只灯可以照亮的面积是多少？补光 12 小时需要多少电量？

答案：1 只 1070 μmol s⁻¹ 的灯，反光罩效率 98%。种植者想要 80 μmol m⁻² s⁻¹，因此每只高压钠灯平均覆盖 1070×0.98/80 = 13.1 m²。

每日光照总量取决于补光时间和光强。补光 12 小时的情况下，每日光照总量为 12×3600×80/10⁶ = 3.46 mol m⁻²。则电量需求为 600/13.1×12×3600/10⁶ = 1.98 MJ m⁻² d⁻¹ = 0.55 kWh m⁻²d⁻¹。

作物上各点通常从多个光源接收光照，有必要根据距离和入射角，综合考虑每个光源到达作物的光，从而计算出作物受光面接受的总光照。例如，图 10.2 表示两个光源的情况，单元面积 A 接受的光照就是不同入射角和位于不同距离的灯 L_1 和 L_2 达到 A 处的光照之和。

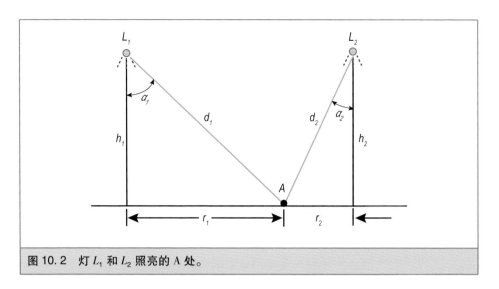

图 10.2 灯 L_1 和 L_2 照亮的 A 处。

　　光从灯 L_1 射出，以天顶角 α_1 的角度经过距离 d_1 照亮单元面积 A，光与 A 处不垂直，而与 A 成 $90-\alpha_1$ 的仰角。I_{α_1} 表示灯 L_1 向 A 方向发射的光照强度。以照度为单位，则 A 处光强为：

$$E = \frac{I_{\alpha_1} \cdot \cos\alpha_1}{d_1^2}, \ 其中, \ d_1 = \frac{h_1}{\cos\alpha_1} \tag{10.1}$$

　　将 d_1 代入 E，并转换为光量子单位或辐射单位，将得到：

$$\mathrm{PPFD} = \mathrm{PPF}_{\alpha_1} \cdot \frac{\cos^3\alpha_1}{h_1^2} \ 或$$

$$E_r = q_{r,\alpha_1} \cdot \frac{\cos^3\alpha_1}{h_1^2} \qquad\qquad \mu\mathrm{mol \ m^{-2}s^{-1}} 或 \mathrm{W \ m^{-2}} \tag{10.2}$$

　　同理，可以计算灯 L_2 对 A 处贡献的光照强度。如果有更多光源（如共 n 个），则必须计算每个光源对 A 处贡献的光照强度，再根据公式 10.3 和图 10.3 求其总和，对光量子单位和辐射单位均如此：

$$\mathrm{PPFD} = \sum_{i=1}^{n} \mathrm{PPF}_{\alpha_i} \cdot \frac{\cos^3\alpha_i}{h_i^2} \ 或$$

$$E_r = \sum_{i=1}^{n} q_{r,\alpha_i} \cdot \frac{\cos^3\alpha_i}{h_i^2} \qquad\qquad \mu\mathrm{mol \ m^{-2}s^{-1}} 或 \mathrm{W \ m^{-2}} \tag{10.3}$$

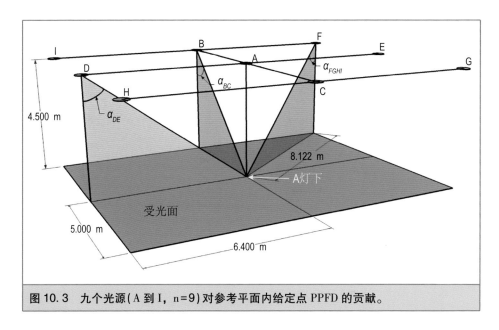

图10.3 九个光源(A 到 I, n=9)对参考平面内给定点 PPFD 的贡献。

灯和二次光学元件的共同作用使得 PPFD 或辐射流会随光源角度而变化。灯具在空间各个方向的光强分布通常用灯具配光曲线表示，也称为光强分布图，采用极坐标绘制成图(框注 10.5)。

框注 10.5 温室光分布示例。

LED 系统的光输出为 1562 $\mu mol\ s^{-1}$。种植者需要的平均 PPFD 为 75 $\mu mol\ s^{-1}\ m^{-2}$，则每只灯具可覆盖 20.83 m^2。如果温室横梁之间的距离为 5 m，则温室跨度方向的灯具的距离应为 20.83/5 = 4.16 m。该图表示宽光束(120°)LED 光源的配光曲线，以及均匀度为 0.904 的光分布情况。

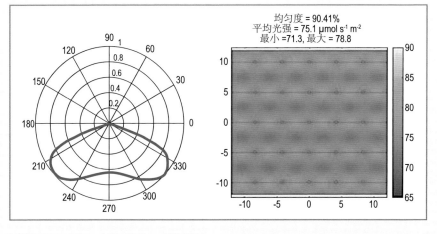

(来源: groentenieuws, HortiDaily, 水冷 LED)

由于光强和光分布对作物产量及其产品均一性均有很大影响，所以需要非常仔细地测量光照。Nederhoff 等（2009）以及 Dueck 和 Pot（2010）提出了在研究型温室中测量光强和光分布的标准方法。

灯具配光曲线图中的曲线（框注 10.5）表示光源在不同方向上的相对或绝对光强，这些图是用于确定某点 PPFD 的工具。同心圆表示不同角度的等光强线。这种分布结果更多来自二次光学元件的影响，而非不同类型光源本身的影响。

尽管如此，这些光强分布曲线在快速了解光束特性方面非常有用。但在多个光源提供补光的情况下（尤其采用 LED 时，光源数量非常之多），就不再采用这些图，而是由具有光线追踪算法的计算机程序来替代。

10.4　主要光源种类及其特性

10.4.1　高压钠灯

高压钠灯于 1964 年首次开发，此后一直用于温室补光增加光合作用、促进作物生长。在温室补光应用中，通常使用 400 W、600 W 和 1000 W 钠灯。1000 W 钠灯效率更高，所以更受欢迎，因其在同样光强要求下所需的灯具数量更少，阻挡自然光也就更少。但另一方面，当光强需求较低时，1000 W 钠灯所需数量进一步减少，却最难以获得温室光照的均匀分布。

高压钠灯的最高光效约为 1.85 μmol J^{-1}（框注 10.6）。一只 1000 W 高压钠灯（灯泡）具有约 1060 W 的电耗，它将约 37% 电能转化为 PAR，约 39% 电能转化为热能，约 5% 电能消耗于电极，约 8% 转换为非 PAR（主要是热红外 TIR）。大量产生的辐射热可能会影响到温室作物生长。所有 HID（包括白光金卤灯）均基于相同类型的工艺，因而具有相似的光谱能量分布，主要区别在于可见光波段内的颜色分布。商业化高压钠灯的光谱分布如图 10.4 所示。

框注 10.6　当前补光系统的效率。

温室中的绝大多数补光系统都使用高压钠灯(左图)，但 LED(右图)的市场份额正在增加。在过去的 20 年中，高压钠灯系统没有太大的发展，其最高光效约为 1.85 μmol PAR J^{-1}，而最先进的 LED 系统平均可达 2.7 μmol J^{-1}，并且有 3.7 μmol J^{-1} 的 LED 系统在市场问世。

灯的效率率首先取决于光的波长，波长可根据辐射能量推算(框注 3.1)。波长越长，辐射能量越低，1 μmol 红光光子和蓝光光子分别含能量 0.181 J 和 0.267 J。光源内部产生光子过程的效率同样决定了系统整体效率。技术的进步可以改善(并且正在改善)该过程，然而，物理学定律(指特定波长的光子所含能量)却不能靠技术的进步来改变。

高压钠灯光谱是众所周知的，LED 光谱能够做到有所不同。上面给出的 LED 参数是来自温室中常用的红蓝组合 LED(94：6)。具有这种成分的光具有 0.186 J μmol^{-1} 的能量，假定产生光子的效率为 1，该 LED 系统的光效可达 5.37 μmol J^{-1}。

用电量通常以 kWh 来计，所以上述效率必须转换为用 kWh(1 kWh = 3.6 MJ)表示：高压钠灯的光效为 6.7 mol kWh^{-1}，最先进的 LED 系统光效为 9.7 mol kWh^{-1}。

照片来源：Frank Kempkes(左图)，Cecilia Stanghellini(右图)，瓦赫宁根大学及研究中心，温室园艺组。

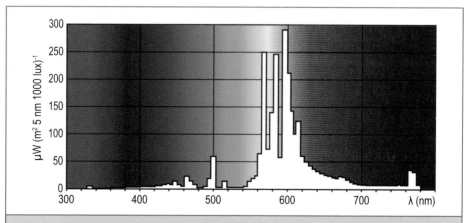

图 10.4　1000 W E40 1SL/4 高压钠灯光谱能量分布图(http://www. lighting. philips. com/main/products/horticulture)。以每 5nm 波段内每 1000lm 的 μJ 能量来表示。

　　高压钠灯(像所有 HID 一样)必须安装在形状很好的反光罩中,以确保将大多数光照向作物均匀照射。反光罩对光分布的影响如图 10.5 所示。当然,即使最好的反光罩也具有一定的扩散性,这就必须考虑反光罩的效率。一个容易被忽视的问题是反光罩的老化速度很快,湿度和灰尘的影响最大。所以,反光罩应该每两三年就更换一次(或至少进行表面清洁处理)。

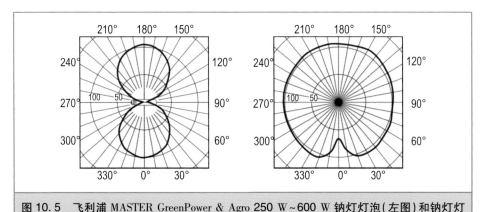

图 10.5　飞利浦 MASTER GreenPower & Agro 250 W~600 W 钠灯灯泡(左图)和钠灯灯具(右图)的相对光强配光曲线图。同心圆表示光源在各个方向的相对光强。

10.4.2　LED

　　顾名思义,LED 是一个 P-N 结,当电流流过 P-N 结(正/负极)时会发光。LED 发出的光几乎是单色光,其波长取决于 P-N 结和涂层采用的材料。例如,红光 LED(可见光波段中第一个光谱)在 20 世纪 60 年代初问世,而明亮的蓝光 LED 则于 90 年代初才问世。红蓝 LED 与绿光 LED 组合起来,可以发出白光,尽管"白"得有些不自然(与自然光相比)。近年来,通过蓝光 LED 激发封装的荧光粉涂层制成了白光 LED,发出的白光或多或少接近自然光了(图 10.6)。

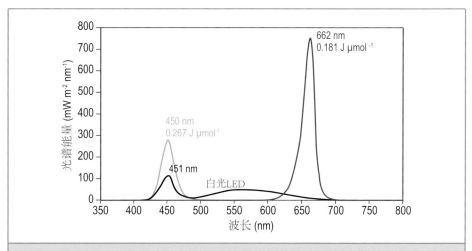

图 10.6　蓝光 LED (蓝色曲线)、红光 LED (红色曲线)和白光 LED (黑色曲线)的典型辐射分布和光谱波峰。白光 LED 和蓝光 LED 光谱波峰图表明白光是由蓝光 LED 激发封装材料中的荧光粉涂层而成。该图分别在蓝光和红光的波峰处注明了每微摩尔光子所含能量(J)。

　　光子所含能量与其波长成反比，产生一个蓝光光子所需能量要大于产生一个红光光子所需能量。另外，在光源内部产生光子这个过程的效率也同样重要，与波长无关。例如，在一篇关于 LED 生产的综述中(2012)，飞利浦(译者注：现在的昕诺飞公司)指出，深红光 LED 的光子产生效率要低于蓝光 LED 的光子产生效率，这一点可以通过技术的发展来不断改进。

　　正如框注 10.6 所计算的那样，当前使用的 LED 系统效率仍然只有大约 50%，LED 温度较低，尚无法产生足够的热红外辐射，其余能量主要以对流热散失了。大多数 LED 系统都封装在一个导电且方便成型的支架中，以便有效地散热，因为 LED 效率会随温度的升高而降低。一些公司生产水冷式 LED，这就可以临时性收集多余的热量以供稍后使用或用于其他地方。

　　LED 必须将光传输到需要的地方，它们被封装在"二次光学元件"中，光学元件背面是反射装置，正面是透镜，能够将光束精准折射成所需的发光角度，例如 80°或 150°的光束(图 10.7)。显然，在确定系统效率时，必须考虑此类"二次光学元件"的效率和老化速度。

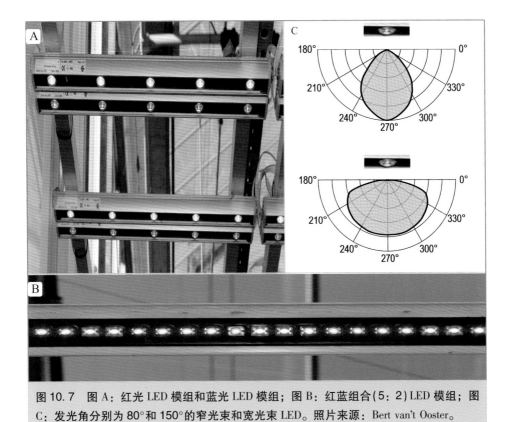

图 10.7 图 A：红光 LED 模组和蓝光 LED 模组；图 B：红蓝组合（5：2）LED 模组；图 C：发光角分别为 80°和 150°的窄光束和宽光束 LED。照片来源：Bert van't Ooster。

目前市场上不同波长的 LED 可以很大程度控制作物生长的各个过程，而这在几年前几乎是无法想象的（章节 7.1.1）。

一般来说，对于光合作用，"一个光子就是一个光子"，在给定 PAR 光强下，LED 的窄光谱不会对产量产生负面影响。尽管如此，研究人员很快就发现，仅给作物提供红光会造成作物畸形，这就是现在的 LED 普遍加入蓝光成分的原因。从那时开始的试验和早期应用表明，在相同的 PAR 光强下，使用 LED（至少双色）和 HPS 带来的增产效果是等同的（Gómez 和 Mitchell，2014；Singh 等，2015）。然而，在加温温室中，由于 LED 产生的热辐射较少，会导致作物温度比 HPS 温室里的作物温度低（从而影响生产），这需要提高温室温度来弥补（Dueck 等，2012；Dieleman 等，2016）。

10.4.3 荧光灯

温室补光应用中没有使用荧光灯管，主要原因是荧光灯的光通量较低，需要安装很多数量荧光灯管才能满足合理的光强需求，这在温室里会遮挡掉很多自然光。荧光灯管主要用于气候室(植物工厂、催芽室、组培室),但也逐渐被 LED 取代。荧光灯的优点在于它们不会产生很多热量,且具有很宽的发光角(160°),这使得它们可以贴近作物放置,从而保持很小的栽培层间距。荧光灯的白光由蓝光、红光和黄光的光谱相叠加而产生(图 10.8)。

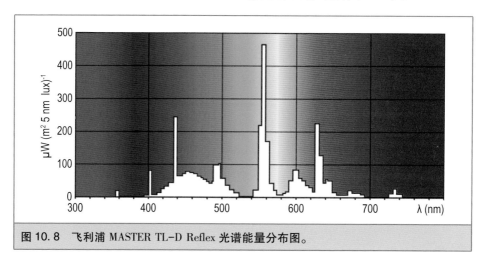

图 10.8　飞利浦 MASTER TL-D Reflex 光谱能量分布图。

　　园艺生产中光周期调控对灯的要求不太严格,只要能发出恰当颜色的光就行。灯的功率可以很低,如 20 W 就可以满足要求。通常会使用节能灯或小型荧光灯管,现在也正越来越多地使用 LED。不过,与白炽灯相比,荧光灯几乎不产生任何远红光,所以它们不是很适合用于光周期调控。

10.5　电力来源

　　照明系统所需的电力可以通过公用电网或热电联产来提供。使用公用电网的电力不需要大量投资,但在大多数国家中,电价受两个因素影响:实际使用电量和电网承受负荷。人工补光需要高负荷供电,这可能会增加电力成本,人工补光使用公共电力的运营成本通常比使用内部供电的成本要高得多。

　　用热电联产发电的优点是能源利用效率高:废热和 CO_2 可用于温室加温和 CO_2 施肥。相对于化石燃料的火电,热电联产更环保,一些国家的政府会对温室中使用热电联产的企业给予补贴。但也有其不足,除了需要额外的投资,还面临热量过剩(温室采暖需求低、储热罐容量不足)和电价波动的可能。

　　温室生产选择公用电网还是内部热电联产供电,一个关键判断因素是(热电联产或电厂)发电的电价与发电所需原料(燃料/天然气)成本之间的差价,也即前面章节提到的"点火差价"。

必须提及的是,当今(全球)减少化石燃料用于供暖和发电的趋势已经成为"共识",并且正在改变过去的温室能源使用观念,现在普遍认为使用可持续技术发的电向温室供暖比燃烧天然气供暖更好。

10.6　小结

本章对补光灯和照明系统的大部分特性进行了概述,指出了应用人工补光时需要考虑的关键问题,这些信息将有助于温室补光系统的选择和管理。关于人工补光的经济性评估,请参见章节 12.4.1。

照片来源：Luca Incrocci，比萨大学

在温室内进行 CO_2 施肥(也称增施 CO_2、补充 CO_2)是高科技温室高产的最重要原因之一。在本章,我们将讨论可能的 CO_2 碳源及其特征、温室中的 CO_2 分布以及 CO_2 施肥管理。

11.1 概述

光合作用是作物生产的基本过程,光照为该过程提供了能量,在我们所说的暗反应中,CO_2 和水结合在一起产生碳水化合物和氧气。因此,可以将 CO_2 视为光合作用反应的底物,温室空气中的 CO_2 浓度是对作物光合作用影响极大的因素之一,这一点已在章节 7.3 中体现和讨论了。

本章将介绍如何获取 CO_2(CO_2 碳源)、温室 CO_2 施肥的临界条件、输送分布 CO_2 的技术装置以及监测反馈实际 CO_2 浓度的传感器。

11.2 单位

当浓度与光合作用相关时,统一使用的单位为 $\mu mol\ mol^{-1}$,这与 vpm 相同(百万分之一体积,通常也用 ppm 表示),因为在相同温度和压力下气体的摩尔体积相等,即理想气体定律,$1\ cm^3\ m^{-3}$ 也即 1 vpm。此外,$1\ m^3$ 纯 CO_2 等于 1.83 kg(20 ℃ 和 101.3 kPa 大气压下)。所以,目前大气中 CO_2 浓度 400 ppm 就等于 732 $mg\ m^{-3}$。表 11.1 列出了 CO_2 浓度的常用单位以及单位换算。

表 11.1 CO₂ 浓度的常用单位以及单位换算[1]	
空气中 CO₂ 浓度	**单位**
体积浓度	$1 \text{ vpm} = 1\mu l \text{ } l^{-1} = 1 \text{ cm}^3 \text{ m}^{-3} = 10^{-4}\%$
分子浓度	$1 \text{ ppm} = 1\mu mol \text{ } mol^{-1}$
质量浓度	$1 \text{ mg kg}^{-1} = 10^{-4}\%$
单位体积的质量	$1 \text{ mg m}^{-3} = 1 \text{ } \mu g \text{ } l^{-1}$
单位体积的摩尔数	$1\mu mol \text{ m}^{-3}$
分压强	$1 \text{ Pa} = 0.01 \text{ mbar} = 10^{-5} \text{ bar}$

[1] $1 \text{ vpm} = 1 \text{ ppm} = (20℃ 、 101.3 \text{ kPa}) \text{ } 1.53 \text{ mg kg}^{-1} = 1.53×10^{-6} \text{ kg kg}^{-1} = 1.83 \text{ mg m}^{-3} = 1.83×10^{-6} \text{ kg m}^{-3} = 41.6 \text{ mmol m}^{-3} = 41.6×10^{-9} \text{ kmol m}^{-3} = 0.002437 \text{ Pa}。$

11.3 CO₂ 碳源

获取 CO₂ 最常见的方法是燃烧化石燃料，尽管并非所有的化石燃料都同等适用。可以通过温室的空气加热器燃烧化石燃料获得 CO₂，也可以通过中央锅炉燃烧燃料获得 CO₂，后者通常会搭配使用储热罐。最重要的一点是，燃料必须充分燃烧，燃烧后的烟气不应含有任何有害气体，例如氮氧化物（NOₓ）、乙烯、CO 或 SO₂。当采用低硫天然气和运行良好的燃烧器时，废气中仅含有 CO₂ 和 H₂O。燃烧后可以直接用于温室 CO₂ 施肥的燃料还有：低硫油、优质煤油（石蜡）和丙烷。

当使用其他燃料（如重油）时，烟气需要先经过净化才能用于温室 CO₂ 施肥。由于燃烧过程不稳定，燃烧室（气缸）中的温度也不均匀，因而在带有冲程发电机组的热电联产（CHP）系统里，即便使用天然气作为燃料，烟气也需要净化。在这些情况下，将烟气补充到温室之前，都会使用特殊的催化（主要是尿素吸收剂）过滤器除去烟气中的氮氧化物（图 11.1）。对烟气中的乙烯通常进行监测但不过滤，如果超过上限浓度，则不将烟气用于 CO₂ 施肥。Dueck 和 Van Dijk（2007）测量了特定浓度的氮氧化物和乙烯对农作物造成可见损害所持续的时间（表 11.2）。尽管各种作物的可接受浓度和持续时间都不同（辣椒和蝴蝶兰的花非常敏感），但表 11.2 中的数据可作参考，因为它们是基于几种作物暴露于这两种气体的试验中得出的数据。由于高浓度 SO₂ 对作物生长的负面影响，因而生物质燃料的烟气不能用于温室 CO₂ 施肥（López 等，

2008)。

图 11.1　热电联产(CHP)发电机组废气用于温室 CO_2 施肥所需的技术设备(另见图 8.10)。发电机组在隔音的白墙后面,液态尿素喷入温度约为 120℃ 的废气。这里看到的是冷却器:废气在保温的厚管道中从机组(照片左上部后侧)传输到冷却器(照片左中部),然后再传输进温室(照片右上部),水被冷凝并收集在回水设备中(照片中下部)。照片来源:Paolo Battistel Ceres s. r. l.。

表 11.2　温室空气中有毒气体的最大耐受浓度(十亿分之一),以及对植物造成损害的最长持续时间(Dueck 和 Van Dijk,2007)

气体	浓度(ppb)	最长持续时间
NO_x	40	24 小时
	16	1 年
乙烯	11	8 小时
	5	4 周

　　所有的燃烧废气都必须先经换热器冷却到大约 55 ℃,以除去水汽,然后再用于温室 CO_2 施肥。这样可以回收潜热并防止输气管道中出现冷凝水而堵塞进而影响 CO_2 在温室中的合理分布。

不同燃料会产生不同量 CO_2。燃烧 1 m^3 天然气、1 l 煤油和 1 l 丙烷分别会产生 1.8 kg、2.4 kg 和 5.2 kg CO_2(Portree，1996，Engineering Toolbox)。如章节 8.5.1 所述，采暖热负荷为 1 W m^{-2} 时，通过中央锅炉供暖，每公顷温室每小时约需要 1 m^3 天然气，相当于每公顷温室每小时产生 1.8 kg CO_2，即 0.18 g m^{-2} h^{-1} CO_2(表 11.1 脚注)。

当使用天然气加温时，只要温室有采暖需求，就可以获得免费的 CO_2。但显然存在时间段不匹配(错位)的情况：CO_2 施肥是在白天，而加温主要是在夜间。因此，必须将二者之一(热量或 CO_2)存储起来以备后用。储存热水要比储存气体成本低，所以装配中央锅炉热水管道加温的温室通常配有储热罐(图 11.2)。

框注 11.1 烟气中的 CO_2 浓度：我们需要提供多少空气以补充 CO_2？

我们示例的天然气由如下几种成分组成，其余成分几乎全部为氮气(需要注意的是，不同气田的天然气成分存在很大差异)。对于这种天然气，n_p(标准压力下每立方米的摩尔数) = 44.6。

每种成分的燃烧反应方程式为：

$CH_4 + 2 O_2 \rightarrow CO_2 + 2 H_2O$	81.3% 甲烷
$2 C_2H_6 + 7 O_2 \rightarrow 4 CO_2 + 6 H_2O$	2.9% 乙烯
$C_3H_8 + 5 O_2 \rightarrow 3 CO_2 + 4 H_2O$	0.4% 丙烷
$2 C_4H_{10} + 13 O_2 \rightarrow 8 CO_2 + 10 H_2O$	0.2% 丁烷

从这些数据中，我们可以得出 1 mol 天然气需要 1.76 mol O_2，并产生 0.9 mol CO_2 和 1.74 mol H_2O。空气中含 21% O_2，燃烧每摩尔天然气需要的空气量 R_{air} 为 1.76/0.21 = 8.4 mol。为了燃烧 1 m^3 天然气，我们需要 n_{da} 摩尔干空气：$n_{da} = n_F \times R_{air} = 44.6 \times 8.4 = 375$ mol。燃烧烟气总量，n_{fg} 等于 375 + 44.6 = 419.6 mol。在燃烧烟气的正常温度 55℃ 时，摩尔体积为 26.9 l mol^{-1}，即 11.3 m^3 燃烧烟气。为确保气体充分燃烧，引入额外空气系数(A) 1.2，即 13.3 m^3 m^{-3}。CO_2 生成量 n_{CO_2} 为 $0.9 \times 44.6 = 40.2$ mol，可得烟气最大 CO_2 浓度 $c_{CO_2,fg}$ 为 8%(A 为 1 时，10%)，其中，

$c_{CO_2,fg} = n_{CO_2} / (A \times n_{da} + n_F) \times 100$。

为了最佳分布温室中的 CO_2，需保持 PVC 输送管内最小静压力为 7 mm H_2O，以及保持输送管两端的压力差在 20% 以内。在低 CO_2 补充速率下，稀释烟气可以使其均匀分布。那么，当需要 50 kg h^{-1} ha^{-1} 的 CO_2 补充速率，并且在给定分布系统里所需的最小供气速率为 1800 m^3 h^{-1} ha^{-1} 时，稀释系数 D 是多少？

答案：$D = MF_{min}/MF_{fg}$；$MF_{fg} = I_{CO_2}/m_{CO_2,fg}$；$m_{CO_2,fg} = n_{CO_2} \times M_{CO_2}/V_{s,fg}$，其中下标 fg 指烟气，min 为最小气流量，MF 为质量流量，D 为稀释因子，m 为质量，n 为摩尔数，M 为分子量。每立方米烟气中的 CO_2 质量 $m_{CO_2,fg} = 40.2 \times 44/13.3 = 133$ g m^{-3}；$MF_{fg} = 50 \times 10^3/133 = 376$ m^3 ha^{-1} h^{-1}；稀释系数 $D = 1800/376 = 4.8$。

图 11.2　储热罐。保温良好的储水罐（照片中最大的圆柱罐），高耸于荷兰大型温室复合体的技术车间外，技术车间里含有热电联产系统。照片来源：Paolo Battistel Ceres s. r. l. 。

　　白天，锅炉燃烧以产生 CO_2 输送到温室中，并将产生的热水存储在储热罐中，以便在需要加温时使用。如果白天采暖热负荷为零，根据燃料的热值、存储效率以及储热罐升高的温度，可计算出存储容量。例如，天然气的热值为 35.2 MJ m^{-3}，存储效率为 90%，温度升高 50 ℃：

$$1 \text{ kg } CO_2 \Rightarrow 0.9 \frac{35.2 \text{ MJ m}_{gas}^{-3}}{1.8 \text{ kg m}_{gas}^{-3} \cdot 4.19 \text{ MJ m}_{water}^{-3} K^{-1} \cdot 50 \text{ K}} = 0.084 \text{ m}_{water}^3 kg^{-1} = 84 \text{ l kg}^{-1}$$

　　因此，如果一天内需要以 100 kg ha^{-1} h^{-1} 的速率进行 10 小时的 CO_2 施肥，那么储热罐容量需达到 84 m^3 ha^{-1}（框注 11.2）。

框注 11.2　在分离 CO_2 和产热方面，一个 100 m^3 ha^{-1} 的储热罐可以做什么？

假定 9 小时光期内（白天）的采暖需求可忽略不计。在这 9 小时内，完全注满储热罐后，平均可以向温室中提供多少 CO_2？

$$E_{max}(\text{buffer}) = V \cdot \rho c_{p,w} \cdot \Delta T = 100 \cdot 4.186 \cdot 50 = 20930 \text{ MJ ha}^{-1}$$

该公式假定将一个 100 m^3 ha^{-1} 的空储热罐加温到 50 ℃。温室没有采暖需求，我们假设包含储热罐热水回路的中央锅炉的热效率为 90%，该效率是相对于天然气的总热值[1]而言。在这种情况下，每小时可用于 CO_2 施肥的平均质量流量 MF_{CO_2} 为：

$$MF_{CO_2} = \frac{E_{max}}{t \cdot E_{fuel} \cdot \eta_w} \cdot P_{CO_2} = \frac{20930}{9 \cdot 35.2 \cdot 0.9} \cdot 1.8 = 132 \text{ kg ha}^{-1} \text{ h}^{-1}$$

即 13.2 g m^{-2} h^{-1}。上式中第一个比值表示注满储热罐的每小时平均天然气需求量。P_{CO_2} 是单位立方米天然气可产生的 CO_2 量（kg）。

1　燃料总热值和净热值定义，请参见 Wikipedia（https://en. wikipedia. org/wiki/Heat_ of_ combustion）。

但是，目前全世界减少 CO_2 排放的趋势正在减少可用的温室加温副产物 CO_2，主要由两方面引起：一是温室加温需求降低了（得益于温室保温性能的提高和对温室环境控制的新理念），二是温室加温正在逐渐转向零碳能源。我们离零碳电力生产还有很长的路要走（章节14.4），但这是当前趋势，且在不断加快。此外，在很多地区或情况下，无法使用燃烧器或热电联产机组产生的废气来进行 CO_2 施肥，例如，不加温温室或不合适的烟气成分（例如生物质燃料的烟气）。另一方面，CO_2 施肥的潜在市场正在从典型的高科技温室拓展到冬季温和地区的中等科技温室（Sánchez-Guerrero 等，2010）。换句话说，CO_2 施肥的需求将增加，并且将不得不依靠外源 CO_2。

显然，由于大多数工业过程会产生一些 CO_2，并且法律规章制度促使/强制将其从废气中移除，因此，潜在的 CO_2 碳源足够多。事实上，荷兰 Westland 地区的种植者已经将温室连接到传输工厂废气 CO_2 的管道系统中，工厂主要来自鹿特丹港口地区（www.ocap.nl）。由于该计划的成功进行，CO_2 供应源正在增加，并且正在考虑在如今北海空天然气田中进行季节性存储（季节上，温室夏季对 CO_2 的需求比冬季更多，而 CO_2 供应则相对较平稳）。遗憾的是，这种管道系统目前是独一无二的，大多数种植者还是通过卡车运送瓶装 CO_2 用于 CO_2 施肥。

一个1公顷的温室究竟需要多少 CO_2？我们在框注2.6中已经看到，同化1 kg CO_2 会生产5 kg鲜重的番茄。我们还看到（框注5.4），经温室通风流失的 CO_2 量可能是作物同化量的好几倍。典型的荷兰种植者可收获约600 $t\ ha^{-1}\ y^{-1}$ 的番茄，也就相当于120 $t\ ha^{-1}\ y^{-1}$ 的 CO_2 同化量。对比当前荷兰温室 CO_2 施肥策略，最多者总共施用了250 $t\ ha^{-1}\ y^{-1}$。可见，通过采用更好的策略，CO_2 施肥还有提高的空间。

11.4 CO_2 施肥策略

在充足的阳光下，健康生长的 C_3 作物成株会同化 CO_2 约5 $g\ m^{-2}\ h^{-1}$（图2.12）。在完全密封的温室中，50 $kg\ ha^{-1}\ h^{-1}$ 的 CO_2 供应量将足够满足最大同化速率下每小时的 CO_2 需求。框注11.3示例了增加温室 CO_2 浓度所需 CO_2 施肥量的计算。在如此密封的温室中，由于暗呼吸，日出前温室内 CO_2 浓度会很高(温室实际生产中很容易达到700 vpm),其量足以维持所需浓度。大多数商业化种植的作物所需的 CO_2 浓度,也即 CO_2 设定值,在700~1000 vpm 之间(图2.11)。

框注11.3 增加温室 CO_2 浓度需要补充多少 CO_2?

假设一个空温室的平均高度为6 m,使内部 CO_2 浓度从400 ppm 提高到1000 ppm 需要补充多少 CO_2?

1000 ppm CO_2 意味着温室内每升空气含有1000 μl CO_2,即每立方米空气有1 l CO_2。CO_2 分子量为44 g mol^{-1}(20℃摩尔体积为24升)。因此,1 l CO_2 等于44/24=1.83 g(另见表11.1)。因此,1000 ppm 等同于1.83 g m^{-3}。

400 ppm CO_2 即1.83×400/1000=0.73 g m^{-3}。

6m 的温室平均高度意味着每平方米温室含有6 m^3 空气。为了使 CO_2 从400 ppm 提高到1000 ppm,我们需要(1.83-0.73 =)1.1 g m^{-3} CO_2×6 m=6.6 g m^{-2}。因此,温室密封且在补充 CO_2 时没有同化作用发生的情况下,1 ha 温室必须提供66 kg CO_2 来提高浓度。

假设温室渗漏通风率为2 m^3 m^{-2} h^{-1},室外 CO_2 浓度为400 ppm。我们应补充多少 CO_2 才能在空温室(无作物)中维持1000 ppm 浓度?

要维持1000 ppm,我们需要提供2×(1.83-0.73)=2.2 g m^{-2} h^{-1},等于22 kg ha^{-1} h^{-1}。

如果该温室中(有作物)所需的 CO_2 增施量为60 kg ha^{-1} h^{-1},那么作物(净)同化率将是多少?

CO_2 平衡(见第5章):$S=V+A$,单位 kg ha^{-1} h^{-1}。

$A=S-V=60-22=38$ kg ha^{-1} h^{-1} 或3.8 g m^{-2} h^{-1}

遗憾的是,正如我们所看到的,太阳辐射和通风需求是密切相关的(没有主动降温的情况下),因而当作物能够充分利用高浓度 CO_2(即高辐射水平下)时,只要温室内的 CO_2 浓度高于室外 CO_2 浓度,大部分 CO_2 会经通风流失到温室外(框注5.4)。

维持一定的 CO_2 浓度所需的 CO_2 施肥速率(图11.3)取决于几个因素,其中通风率和光合作用(作物种类、叶面积指数、光照强度)最为重要。这意味着提高通风率会大大降低 CO_2 施肥效率。换句话说,通风率越大,补充的 CO_2 中最终被作物吸收的量就越少。

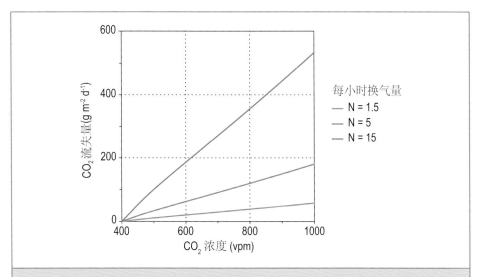

图 11.3 CO₂ 经通风窗流失的模拟值与温室内 CO₂ 目标浓度的关系。假设每天补充 CO₂ 的时间为 8 小时，3 个通风率如图例所示。假设室外 CO₂ 浓度为 380 vpm（Incrocci 等，2008）。

　　一个明显的安全策略是在通风口打开时尝试将室内 CO₂ 浓度保持在室外浓度（仅此而已），因为这样一来，室内外就不会发生 CO₂ 交换，并且进入温室的所有 CO₂ 都将最终被作物吸收。日本开发了这种"零平衡 CO₂ 补充"控制器（Kozai 等，2015），并进行了商业化应用。

　　然而，被作物吸收的 CO₂ 创造的价值（框注 2.6）通常是 CO₂ 本身价值的几倍，所以，CO₂ 施肥，即使施肥效率很低的情况，也就是开窗通风时，也具有经济性（Stanghellini 等，2009）。大多数环境控制器可以做到随着温室通风窗开度的增加而线性降低 CO₂ 浓度设定值。当 CO₂ 的价格可以"忽略不计"时，通常采用的策略是不变的高 CO₂ 浓度设定值。因而，温室能够达到的实际 CO₂ 浓度就取决于温室系统的施肥量。CO₂ 施肥量通常在 100~200 kg ha⁻¹ h⁻¹ 之间，即使在通风率高达 20 h⁻¹ 的情况下，这个补充量也足以略微提高其浓度。但大约有 70% 的 CO₂ 流失到温室外了（另见框注 5.4）。

　　更高级的策略（最近在商业应用中发布，Tarnavas 等，2020）是让环境控制计算机在线确定要维持的最经济的 CO₂ 施肥速率（详见第 12 章）。

11.5 CO_2 的分布

11.5.1 从热风炉直接释放

在没有加温系统的情况下，可以通过位于温室内的(悬挂式或独立式)小型燃烧炉提供热量，燃烧炉将烟气直接释放到温室中。这种简单的系统具有开/关控制功能，这会导致气体浓度波动很大和分布不均。其他问题包括：过高的采暖热负荷导致 CO_2 浓度过高；烟气中可能存在有害微量元素；CO_2 施肥和供暖不能相互独立，需要 CO_2 的大多数时段是不需要供暖的；通常情况下，烟气还含有水汽，而水汽并不是温室所需要的；最后，与中央燃烧炉相比，针对这样的多个小型燃烧炉不充分燃烧进行的维护和监测更加困难。

11.5.2 温室中烟气 CO_2 的分布

鉴于上述热风炉直接释放 CO_2 的缺点，尤其是采暖和 CO_2 施肥的需求往往是要分开的(框注11.2)，温室通常从中央燃烧炉或从高压液态 CO_2 罐获得 CO_2。这两种情况下，都必须合理设计 CO_2 运输系统并确定其尺寸，CO_2 分布管道一般设置在温室中较低的位置，利用 CO_2 比空气重的特性，这样的设计可以确保作物冠层内相对较高的 CO_2 浓度。

含有 CO_2 的烟气通过 PVC 管道输送到温室。输送的烟气量(框注11.1)取决于所需的 CO_2 施肥量和均匀分布 CO_2 所需的最小空气量(管路中的压力和流量)。如果供分布的烟气量低于系统中所需的最小空气流量，则将自动用室外空气来稀释烟气，为此，安装一个 T 形连接管在输送管中。温室中的输送主管道朝着输送的末端方向逐渐变细，以保持管道内相同的气压。从主管道每隔 1.6 m 或 3.2 m(70 Pa 正压)接出一根平放在地面的直径为 32~50 mm 的带孔聚乙烯(PE)薄膜输气管，输气管上每 20~120 cm 就有四个 0.8~1 mm 直径的小孔(释放 CO_2)，这样的设置被用作运行良好而又便宜的 CO_2 分布系统(图11.4)。实际生产中，通常每一行或两行作物配一个输气管。

图 11.4　温室中的 CO$_2$ 分布系统。左图：位于作物栽培槽下方的用于输送烟气的聚乙烯管（绿色）。图中还可以看到两条灌溉管线（黑色粗管），以及与滴箭相连的黑色细管。右图：纯 CO$_2$ 的质量流量控制器。照片来源：Frank Kempkes，瓦赫宁根大学及研究中心，温室园艺组。

11.5.3　液态 CO$_2$ 的分布

在约 25 ℃ 和 1~2 MPa 的压力下，CO$_2$ 呈液态，密度约等于水的密度（ ≈ 1100 kg m^{-3}）。换句话说，合理的压力（大约是大气压的 10~20 倍）会使 CO$_2$ 体积缩小 500 倍以上。因此，CO$_2$ 可以液态形式运输和存储。

通常可从 CO$_2$ 供应公司租用高压储液罐用作常规供应 CO$_2$。Incrocci 等（2008）根据当时的价格估算，在地中海地区，温室面积大于 1 ha 时，租赁和安装 CO$_2$ 高压储液罐是经济可行的。

液态 CO$_2$ 通过膨胀转变为气体形式，然后被加热至环境温度，以防止在分布管道中发生水汽冷凝（图 11.5）。控制系统根据 CO$_2$ 浓度的测量值和控制设定点来驱动阀门。可以通过风机或通过小管道的分布系统将 CO$_2$ 直接送进温室。

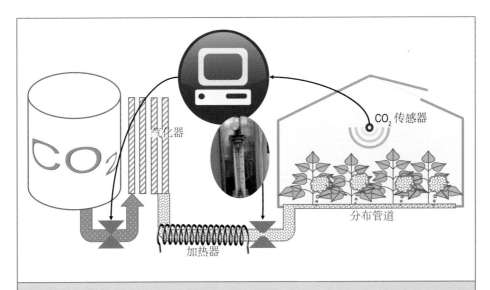

图 11.5 液态 CO_2 储存和输送系统示意图(另见本章开头的照片)。阀门的打开/关闭取决于 CO_2 浓度的测量值和控制设定点。流量计(小插图照片)用于阀门打开时设置允许通过计量器的流量(手动,蓝色旋钮)。

11.6 CO_2 传感器

用于监测温室中 CO_2 浓度的几种传感器都属于非色散红外(NDIR)探测器。工作原理是将(红外)光束穿过充满温室空气的气室,由于已知该波段的 CO_2 吸收特性,因而将所测量的吸收量用于计算并确定气室内的 CO_2 量。

也有基于化学反应的手动传感器,通过输送定量空气到一个样品管,反应器便会改变颜色并在样品管的刻度上显示 CO_2 浓度。但化学传感器显然不能用于自动化的 CO_2 施肥系统中。

11.7   小结

CO_2 施肥是高科技温室中高产的最重要原因之一。尽管它被视为(并且在很大程度上仍然是)通过化石燃料供暖而产生的副产物,但发展趋势是将 CO_2 施肥与采暖相互独立,并为不加温温室也开发经济可行的 CO_2 施肥系统。此外,一些温室不再使用化石燃料作为能源(如全电温室),所以这些温室将不再有机会使用燃烧后产生的 CO$_2$。在温室中使用从工业过程中回收的废弃 CO$_2$ 的潜力巨大。应该建立适当的监管框架和定价，以彰显其取得的明显环境效益。从空气中浓缩 CO$_2$（如，Marshall，2017）具有更大的潜力，这在零化石燃料的未来将是唯一可能的 CO$_2$碳源。但在它成为温室 CO$_2$施肥来源的经济可行方案之前，还需要做很多技术上的改进来降低投资成本和能源需求。在所有情况下，考虑到开窗通风的 CO$_2$损耗，CO$_2$分布和控制系统都应该确保分布的均匀性和应用的合理性。基于经济可行性的出发点，可以采用算法进行 CO$_2$ 施肥的优化（章节 12.4.2）。这些应用可以帮助减少温室生产过程中的 CO$_2$ 排放。

照片来源：Paolo Battistel Ceres s.r.l.

仅仅着眼于作物生产或温室本身的种植者不能称之为优秀的种植者。温室管理就是一个不断做出选择的过程，在这个过程中，无论是与环境相关或是与生产相关的情况，都有可能发生。但许多选择并不具经济可行性，只有具备足够的信息和工具从经济和种植角度来量化温室管理的结果，种植者才能做出正确的决策。

12.1 概述

对作物地上部环境的调控能力是设施农业与大田农业的最大区别。前面几章我们阐述了决定作物生产力的因子、如何通过技术手段来调控这些因子以及决定这些调控结果（包括预期之外的结果）的物理过程。本章的目的是介绍如何利用之前所学来辅助我们在温室环境调控方面做出明智的选择。首先，种植者如何最优地适应实际生产条件；其次，如何利用已有的知识和资源来获得最大收益；最后，我们从经济角度来讨论如何优化各种技术手段的应用（每次讨论一个方面）。

种植者所要做出决策的数量，会随着"执行器"（环控操作）数量的增加而增加。例如，在摩洛哥典型的"Canarian"温室中（图 12.1），种植者的决策，除了作物管理、栽培基质的选择、灌溉和肥料选择之外，还包括涂白开始使用及清洗涂白材料的时间、涂白的"厚度"、通风窗开度的大小（尽管不需要每天都考虑）。如今水肥一体控制系统已经是普通温室（相对于荷兰的高科技温室）的标准配置。例如，截至 2009 年，阿尔梅里亚的半数温室都装配有水肥一体控制系统（Cuadrado Gomez，2009：64 页），而且正朝着配备高科技技术设备和配置简单的控制程序这个方向发展。

图 12.1　左图：摩洛哥"Canarian"温室。屋顶为双层铁丝网中间夹塑料薄膜(通常是聚乙烯薄膜)，薄膜之间是配有防虫网的"通风口"。侧墙通风通过拉下侧墙的塑料薄膜得到保证，通风口也安装有防虫网。所有通风口的大小都可以手动调节。右图：温室种植甜瓜的内景。照片来源：Paolo Battistel Ceres s. r. l. 。

　　相对于普通温室而言，种植者在管理高科技温室的过程中，可利用的设备数量要多得多，几乎可以达到对温室环境的任意控制。确实，这类温室的(短期)控制都可由计算机程序进行管理(框注 12.1)，而程序管理是基于控制设置点以及影响设置点的因子。尽管如此，"理解运行原理"仍然是保证系统设置最优化的基础。但实际上，大多数种植者还不了解(甚至困惑于)这些先进的环境控制计算机提供的大量的控制选项，并且他们从来不会去检查环控默认输入参数是否最适用于解决他们的特定问题。

框注 12.1　标准环境控制程序的原理。

环境控制程序要求种植者输入许多目标变量的设定值，例如空气温度和(相对)湿度、CO_2 浓度或光照。

在程序中，许多因素可以"影响"这些目标值：例如，考虑不同的昼/夜温度设定点(甚至白天或夜晚的多时段设置)，但也要考虑太阳辐射高于特定强度时将温度设定点设置得高一些。可以定义的"影响因素"数量随环境控制程序的复杂性而变化。

应用比例控制(与目标偏差成正比的校正措施)以确保目标变量的值相对稳定，这意味着种植者必须输入每个设定点以及比例带 P-band 的大小。例如，考虑在将加温系统调至最大负荷之前，可以允许空气温度低于加温设定点多少度。

控制操作及其反向操作之间的设定点保持一定的范围可确保稳定的气候，例如，打开幕布的设定点高于关闭幕布的设定点，通风温度设定点高于加温温度设定点。这个差值称为"死区"(也称盲区，无需控制操作的范围)，也将被输入到程序中。

控制目标	影响因素	环控操作	强制操作条件
温度	白天/夜晚 太阳辐射 湿度	加温 开窗通风 遮阳幕布 保温幕布 弥雾或喷雾或湿帘风机 屋顶喷淋 空调	降雨 风速 风向 霜 害虫处理 光污染条例
湿度	白天/夜晚	开窗通风 加温 弥雾或喷雾或湿帘风机 空气循环 空调	
CO_2	白天/夜晚 太阳光/人工补光 开窗通风	CO_2 施肥	
光照	太阳辐射	遮阳幕布 人工补光	

到目前为止，对于种植者需要做的事，在没有任何输入的情况下，大多数环境控制程序都具有默认值，这使管理变得更轻松。然而，这样的方式使得大部分控制选择被放弃了。

实际上，这些控制目标都不能直接调节，例如，可以被控制的对象是：加温系统中阀门的开度；通风窗开度（最大开度的比例）；操作幕布或泵的电动机开关。环境控制程序在每个控制执行周期将相关目标值转换为对执行器的指令。

某些执行器在上表中多次出现（通风窗是温度和湿度的执行器；幕布是光照和温度的执行器等）。这种情况下，将在程序中设置主次（优先），例如，最常见的情况是，湿度控制只允许在温度控制的盲区内进行，或者将遮阳幕布仅作为光照的执行器，而不是温度的执行器。

最后，在某些情况下，会进行一些强制操作。例如，结冰时不允许开窗通风，或者任何温度下都不得打开遮光幕布。

12.2 限制因子

限制因子(木桶理论)的概念在我们做管理决策的过程中是一个很重要的概念。假设所有环境、养分和作物条件都是完美的,只有某一个因子不良时,这个因子就会成为减产的原因,就像链条上的最薄弱环节。例如,我们都很清楚灌溉不足是蔬菜生产的限制因子,而其他的限制因子就不那么直观,如图 12.2 中的示例。

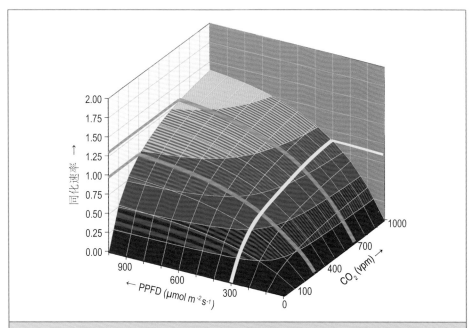

图 12.2 作物同化速率与 PPFD 和 CO_2 浓度之间的关系示意图。一定量的光强和/或 CO_2 浓度升高带来的同化速率的升高随着光强和/或 CO_2 浓度的增加会越来越小,最终达到稳定:饱和水平。然而,一个变量条件下的饱和水平还受另一个变量的影响,因而另一个变量也可能成为限制因子。因此,即使 PPFD 很高,同化速率也可能受到亚适 CO_2 浓度的限制(Stanghellini 等,2008)。

当然,我们知道还有其他(未列出)因子也可能成为限制因子,如温度(图 7.13 和图 7.14),低温和高温都可能影响作物发育。另一个众所周知的限制因子是养分,哪怕只有一个必需营养元素供应不足,作物就会表现出相应的缺素症状,并导致减产。良好的管理一定要改善限制因子,针对非限制因子的管理措施并没有太大意义。

显然，良好的管理还必须权衡限制因子的改善成本和增加的预期收益。例如，世界各地区的种植者选择"种植季"就是一个良好管理的体现。图12.3很好地解释了这一点，番茄至少需要15℃的平均温度，意味着在荷兰和北京两地的温室每年都需要几个月的供暖，事实也是如此，荷兰番茄种植者都配有加温设备。同样，经验告诉我们，番茄以及其他一些园艺作物在低于约 $6\sim 8\ MJ\ m^{-2}\ d^{-1}$ 的光照下几乎很难有净同化产物(呼吸消耗等于光合)，因而在荷兰的冬季必须有人工补光。在人工补光引入园艺生产之前，种植者只能适应没有补光的状况。热电联产系统生产了电，使得补光成本更低，所以现在很多种植者采用了补光来应对冬季弱光条件。再比如，西班牙南部的夏季高温是限制甚至阻碍温室生产的限制因子(加上当地代表性温室的通风能力很弱)，高温影响了坐果。

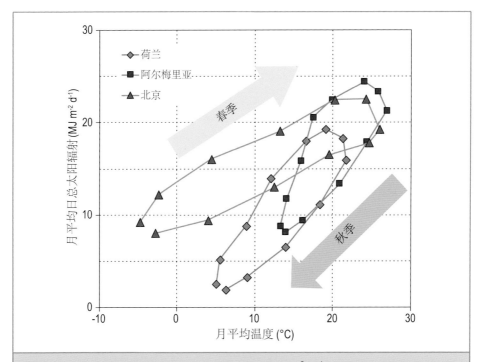

图12.3　三个不同地区的月平均日总太阳辐射($MJ\ m^{-2}\ d^{-1}$)与月平均温度的关系(De Bilt，荷兰，52.1°N；阿尔梅里亚，西班牙，36.9°N；北京，中国，39.9°N)。每个点代表一个月，从1月(最冷月)开始。这个图能够帮助我们准确找到在某地种植某特定作物的时期内的限制因子是光照还是温度(或两者都是)。

由于降温不具经济性，这就决定了阿尔梅里亚以及所有"暖冬"(且夏季酷热)地区的种植季节(图1.8)。这些地区的蔬菜种植者一般会在高温季节结束时进行定植，并从早秋开始采收直至次年春末。他们也会像荷兰种植者一样打掉生长点，但往往是在早春进行（框注 12.2）。阿尔梅里亚地区的大多数种植者没有加温设施，只有很少一些温室具备加温条件。实际上，Vanthoor 等（2012）研究表明，阿尔梅里亚通风良好的连栋拱棚，其番茄生产的预期净经济收益（NFB）并不会因为增加供暖而提高。该研究也指出，不加温温室的 NFB 对环境变化更为敏感，而加温温室的 NFB 对产品价格变化更为敏感。因此，阿尔梅里亚少数具备加温条件的种植者，也许会以相对的长期销售以及签订价格协议的模式进行运营。

框注 12.2　冬季弱光地区的典型茬口安排。

在冬季光照非常有限的地区，没有补光设备的种植者通常在初冬进行定植。干净的白色地布能够确保每一株幼苗都能得到尽可能多的光照。随着时间推移，太阳辐射迅速增加，种植者通常在冬末增加一部分侧枝（图 2.8），在早春会再增加一部分侧枝。初秋，种植者会摘去植株生长点（打顶），避免同化物浪费到茎、新叶和不会成熟的果实中。由于秋季光照水平不断下降，打顶后，源库平衡也能得到很好的维持：光合产物减少了，果穗也减少了（另见章节 7.1.1）。照片拍摄于在白天使用透明节能幕布的温室。

尽管与阿尔梅里亚的纬度相同，但北京的冬季却非常寒冷，甚至比荷兰还要冷。这种环境下的周年种植成本非常之高，因为无论冬季还是夏季，温度都会成为生产的限制因子。在这种环境下进行种植，传统且低成本的方法是最大限度地利用储热（框注 3.8）以及夜间保温来减缓气温的日变化或者（某种程度上的）年变化（如传统的日光温室）。

12.3　环境管理：源库平衡

温室环境管理就是维持温度、光照（和 CO_2）之间的平衡，也就是平衡作物的源和库（另见章节 7.1.1）。源是指作物的总光合产物，库是指作物生长的器官如幼叶、根和花果对光合产物的总需求。

对于很小的幼苗，源比库大，但对于成株而言，通常库要比源大得多（图7.3）。作物生长于高温弱光环境下，高温会刺激新器官的产生，但弱光条件下作物没有足够的同化物来供应这些器官，其源有限，结果导致植株细小、瘦弱、徒长。而在低温强光环境下，植株长出较厚、较短的叶片并且株高较矮，这样的植株是库不足，低温导致植株新生器官少，光合生产的同化产物没有地方可以转运，只能积累在现有器官中，使得现有器官越来越大。

具备自动控制系统的温室中，温度会被维持在加温温度设定点（最低温度）与通风温度设定点（最高温度）之间，这两个设定点是根据温室里种植的作物预先设定好的，分为白天和夜间的设定值，其中夜间的温度设定点要比白天低一些。当温度处于这两个设定值之间的盲区（通常是几度）时，有可能会启动加温或通风（或两者都启动）来控制湿度。对这两个设定值，还有一个控制参数是比例带 P-band，用来控制达到设定值时控制动作持续的程度（时间）。例如，温室通风窗 100% 打开状态是在温室实际温度高于通风温度 1 ℃还是高于 10 ℃时，两种控制大不相同（框注 12.3）。当 P-band 较大时，温室环境控制会相对平稳，但相对"理想值"会有所偏差。显然，在加温的设置上也可以应用 P-band，此时 P-band 决定了温室加温系统在全负荷运行之前，温室实际温度将会下降到什么程度。

框注 12.3 荷兰温室过去和现在的加温、通风管理策略。

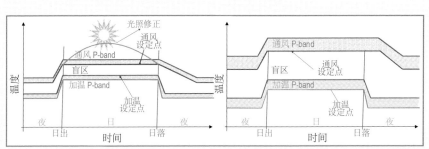

大多数荷兰温室通过燃烧天然气来实现加温，减少化石燃料使用的需求为温室环境控制方式带来了新的理念（Geelen 等，2019）。过去的环控策略目标是对温度进行严格的控制（左图），只允许与太阳辐射相关的升温，现在的环控策略则通过提高加温和通风设定值之间的盲区（以及加温和通风各自设定点的 P-band），充分发挥了温室自带的太阳能集热器功能。这样的策略下，晴天的温室温度理所当然会比阴天的温度高，在夜间设定相对低一些的加温设定值，以平衡白天较高的温度，从而维持长期内的平均温度。

好的温室管理意味着光照和温度的平衡。如果光照不足，就不能使作物在较高温度下生长。温室最适温度随着光照强度和 CO_2 浓度的提高而升高(图 7.13 和图 7.14)，当然这也是能够增加作物的源的一个因子。因此，好的温室管理不是尽可能维持预设的设定点一成不变，而是要灵活调整设定点：阴天降低温度，晴天则提高温度。夜间温度的设置要保证光合同化物能够从叶片转运出去，所以晴天后的夜间要设定相对高的温度设定值，以利于同化物转运。果实的成熟基本上只取决于温度，因而相对较高的温度可以加速果实成熟(但光合作用不是这样)，导致果实变小。

继 De Koning(1990)的开拓性研究之后，很多证据表明大多数温室作物的生长和发育取决于长期内的平均温度，而短期内(几天)偏离平均温度对作物生长发育的影响很小，甚至没有影响。所以，非常严格的温度控制所消耗的更多(能源)成本会高于增产收益。现代温室环境控制计算机已经采用了"积温"的策略来控制温度(Körner 和 Challa，2003)。

12.4 单一环境因子的优化

好的管理要均衡成本和收益。农业生产的现实是，经济收益往往难以量化(如某个单一管理对最终产量的影响)，并且还可能有额外的不确定因子影响着收益，即产品的市场价格。此外，决定作物产量的众多因子之间往往还存在相互影响(或协同作用)，因而人们通常只能借助尽可能考虑到了所有影响因子的理想的作物生长模型来模拟作物产量。尽管如此，我们还是尝试去分析一些能够影响单一生长因子的简单决策，针对这样的分析，我们所需要了解的就是作物对单一因子的反应。

让我们以图 12.2 的同化速率来举例说明。在一定的光强(或 CO_2 浓度)下，同化速率对 CO_2 浓度(或光强)的反应为图 12.4 所示的曲线，在初始 CO_2 (或补光)系统投资完成以后，补充 CO_2 的成本(或补光成本)随着补充量的增加而增大。

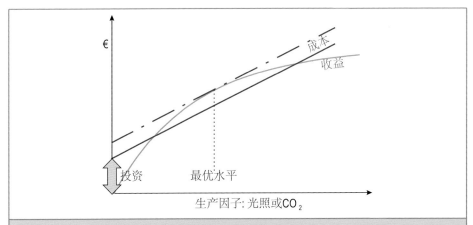

图 12.4 单一生产因子优化示意图（当因子对收益的影响已知）。最优管理是实现净收益（收益-成本）的最大化。也即收益曲线上其切线与成本曲线平行的点（此时，边际收益等于边际成本）。

因子 F 的最优补充水平应为净收益（NFB）最大化时对应的补充水平，即收益 Y 与成本 E 之差的最大值：

$$\text{NFB} \equiv Y-E = [\,\max\,] \rightarrow \frac{\partial(Y-E)}{\partial F} = 0 \rightarrow \frac{\partial Y}{\partial F} = \frac{\partial E}{\partial F} \qquad (12.1)$$

公式 12.1 中，我们利用了"当函数值为最大值时，函数在最大值的点的切线斜率为零"的数学原理，即函数在该点的导数为零。不过函数可能会在很多点上表现为切线零斜率（如在最小值时），因此我们还需要一些数学常识。当对结果有疑问时，应当检查其二阶导数是否为负数、或计算该函数在"最大值"点前后的值是否是小一些。

大多数情况下，成本与（CO_2 或光）补充量成比例关系（不含初始投资），因此，成本的导数即是图 12.4 中直线的斜率。公式 12.1 具有普适性：公式也适用于非线性支出（如水或电的价格会随使用量而增加或降低）。

12.4.1 最优补光管理

人工补光可以促进同化量进而提高产量，这可以通过提高光照强度或延长光照时间来实现，或更常见的是两者都有（见章节 7.1）。在荷兰冬季的数个月时间内，光照都是限制因子，很多种植者采用 150 μmol m^{-2} s^{-1} 的人工补光强度，补光 12 小时的光照总量相当于 2 月中旬或者 10 月中旬温室内的自然光照日总量。也有一些种植者会补到更高的光照强度，如 200 μmol m^{-2} s^{-1}。

补光强度的高低最主要取决于作物种类以及是否有热电联产系统。在下面的示例中，我们拓展了最初由 Challa 和 Heuvelink（1993）提出的方法，来解释温室管理的选择、并且确定做出如此选择的决定因素。

我们假定种植者想找出最优的补光强度。净收益可以计算为：

$$NFB = R_{mg}A(I_{tot}, [CO_2]) - C_{\mu mol}(\eta_{light}, P_{kWh})I_{sup} \qquad \text{€ m}^{-2}\text{ s}^{-1}(12.2)$$

其中：

R_{mg} 1 毫克同化的 CO_2 的价值，€ mg^{-1}

A 净同化量，光照与 CO_2 浓度的函数，mg m^{-2} s^{-1}

$[CO_2]$ CO_2 浓度，μmol mol^{-1}

I_{tot} （太阳光和人工补光）总光强，μmol m^{-2} s^{-1}

I_{sup} 人工补光光强，μmol m^{-2} s^{-1}

$C_{\mu mol}$ 每微摩尔人工补光的成本，电价与补光系统光效的比值，€ μmol^{-1}

η_{light} 补光系统的光效，μmol kWh^{-1}

P_{kWh} 电价，€ kWh^{-1}

假设同化量可以表示为两个相互独立函数的乘积，一个是光照的函数，另一个是 CO_2 浓度的函数，可得：

$$A(I, [CO_2]) \equiv A_{MAX}h(I)m([CO_2]) \qquad \text{mg m}^{-2}\text{ s}^{-1}(12.3)$$

其中，A_{MAX} 为最大光合速率（mg m^{-2} s^{-1}），h 和 m 分别为光照强度和 CO_2 浓度的无量纲函数，分别表示光照强度和 CO_2 浓度对光合速率的影响，其值小于 1。实际上图 12.2 就是根据这样的函数绘制出来的。

最优补光强度为净收益最大化时对应的补光强度，也即，函数对光强的导数为零：

$$R_{mg}A_{MAX}m([CO_2])\frac{dh(I_{tot})}{dI} = \frac{P_{kWh}}{\eta_{light}} \qquad \text{€ μmol}^{-1}(12.4)$$

进而得出：

$$\frac{dh(I_{tot})}{dI} = \frac{P_{kWh}}{\eta_{light}R_{mg}A_{MAX}m([CO_2])} \qquad \text{m}^2\text{ s μmol}^{-1}(12.5)$$

从以上公式可以看出，最优补光强度（根据光合速率光响应曲线的斜率来确定）由上述提到的两个因子决定：电价和产品价格，但同时也与补光系统的效率和 CO_2 浓度有关，后两者都能做到可控。我们从公式 12.5 还可以看出，电价越高，斜率（即导数的值）越大；产品价格越高、补光系统效率越高、CO_2 浓度越高，斜率越小。再看图 12.4，收益曲线的斜率随着补光强度的增加而减小。所以，低光强下斜率较大，高光强下斜率较小。

在第 2 章中(框注 2.6)，我们已经知道最终产量受收获产品的干物质量(取决于收获指数 HI)以及收获产品的干物质含量(dm)的影响，因此，1 mg 同化的 CO_2 的价值为：

$$R_{mg} \approx P_{mg}\left(0.5\frac{HI}{dm}\right) \tag{12.6}$$

P_{mg} 在这里表示 1mg 收获产品的售价。

一个可能不太直观的结果是，在给定的 P_{kWh}、R_{mg}、η_{light} 和 $[CO_2]$ 下，就必定有与之相对应的最优光照强度。当自然光可以达到这个最优光强时，人工补光就不具经济性。实际生产中，大多数环控计算机允许种植者输入太阳辐射强度参数(框注 12.1)，用以控制人工补光的开启和关闭。上述计算可以更精准地量化人工补光开启与关闭的临界条件。如果进行在线计算，还可以考虑电价的变化，体现更大的优势。

理论上，在太阳辐射强度还未达到关灯的"最优"光强时，人工补光收益的最大化取决于最优光强。但实际生产中却很难实现，因为大多数补光系统(如高压钠灯)做不到光强可调，种植者只能全部开启或关闭补光灯，最多只能做到开启一半关闭一半的开灯方式。而 LED 补光系统可以实现光强的调节，然而这需要更多的投资，并且功率调低时补光系统的效率也随之下降。

很显然，在太阳辐射越充足的地区，补光需求就越低。但这并不意味着在光照充裕的地区进行补光就没有经济性。只要太阳辐射低于最优光照强度的时间段占比足够合理，人工补光就有其经济性。实际上，对于一些高附加值作物，其最优光照强度可以很高(框注 12.5)。同样，对于价格合理的作物、高效率的补光系统、电价低廉等情况，其最优补光强度也可以很高。

即使已经确定了补光强度、同时也设定好补光灯关闭的太阳辐射参数，我们仍然面临一些问题，如补光时段和补光时长。原则上，夜间使用补光灯的经济效益最高，因为每微摩尔补光的利用率在夜间最高(图 12.2)。当然，也需要考虑一些作物的特性：许多作物需要一定的暗期(章节 7.1.1)。此外，源库平衡使得白天的补光效率有一定程度的下降，也就是，光照利用率随着白天的光照累积量的增加而降低。

框注 12.4 "不连续"生产系统中光照的优化。

(照片来源：Leo Ammerlaan)

有些作物不是按重量进行销售，而是按预定的尺寸(分级)出售，例如幼苗或盆栽作物。在这种情况下，产量的光照响应曲线"不连续"，就这个意义而言，将盆栽作物的干重提高几克并不会增加其价值，除非产品有更高一级的"品质"价值。因此，相对于增加植株干重，植株达到产品标准(出售标准)所节省的时间，能更好地衡量补光的价值。在太阳辐射季节性变化明显的地区，作物生长周期不恒定，弱光季节生长期较长，而夏季则生长期较短。这反映了一个事实，当满足了一定量的干物质(即同化产物，也即 PAR)累积后(假设在特定的 CO_2 浓度下)，作物就可以销售到市场了。结合太阳辐射的年变化趋势、温室透光率(见公式 3.2)和生长周期这些信息，可以计算作物每个生长周期内累积的 PAR，这个值应该是相对恒定的(框注 7.2)。假定光照利用率(LUE)不变，且作物的生长不受光谱影响，根据这个 PAR 累积值，可以计算人工补光的收益。种植者就可以根据光强和补光时长来量化每个生长周期所节省的时间，进而量化一年内所节省的时间(或可增加的作物生长周期数)(框注 7.4)。

Van't Ooster 等(2008)利用类似于上述描述的模型和方法，针对典型的荷兰番茄作物，计算了 180 $\mu mol\ m^{-2}s^{-1}$ 补光强度的 HPS 在达到盈亏平衡点时的补光时长与光照日累积量的关系。结果表明，最优补光时长随着太阳辐射总量的增加而线性降低，从 4 MJ $m^{-2}\ d^{-1}$ 时对应的 20 小时降至 6.5 MJ $m^{-2}\ d^{-1}$ 时对应的 6 小时。这意味着从 11 月到 1 月这段时间，只要作物能够接受，我们应该尽可能去补光(图 12.3)。

框注 12.5　最优光强。

一些示例有助于人们理解什么因子决定了最优光强以及如何确定最优光强。我们举一个典型的例子（高价值番茄 1 € kg^{-1}，高压钠灯补光，电价低廉：0.05 € kWh^{-1}），我们每次改变一个因子，并在所有情况下，我们都假设 CO_2 浓度为非限制性因子，A_{MAX} 为 2 mg m^{-2} s^{-1}，此值在果菜类作物的合理值范围之内。

	P_{kWh}	η_{light}	R_{mg}	dh/dI
	€ kWh^{-1}	mol kWh^{-1}	€ kg^{-1}	（m^2 s μmol^{-1}）
对照	0.05	6.5	5	76.9×10^{-5}
优质 LED	0.05	10	5	50×10^{-5}
高电价	0.1	6.5	5	154×10^{-5}
极高附加值作物（"大麻"）	0.05	6.5	40	9.62×10^{-5}

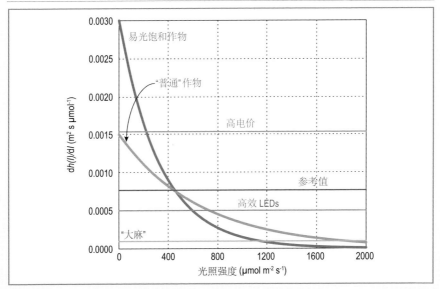

上图中两条粗的蓝色曲线是作物收益光照响应曲线的斜率（图 12.4），其中深蓝色曲线表示光饱和点较低的作物，浅蓝色曲线表示光饱和点较高的作物。各水平直线表示根据公式 12.5 计算的给定条件下的"最优"斜率，上表最右列列出了这些斜率的数值明细。最优光强为作物斜率曲线与特定条件下各水平直线交点对应的横坐标数值。不难看出，相对较高的电价使得补光很容易变得不经济，而对于经济价值（非常）高的作物而言，可以认为补光强度是没有上限的。

若要从横坐标读取太阳辐射值，请记住，对于太阳辐射，1 W m^{-2} ≈ 2 μmol m^{-2} s^{-1}（框注 3.1），温室透光率一般只有 2/3 左右。因此，如果说人工补光应该在作物获得 800 μmol m^{-2} s^{-1} 光照时关闭，就相当于在室外太阳辐射超过 600 W m^{-2} 时关闭。

12.4.2　最优 CO_2 施肥策略

加温温室对锅炉烟气中 CO_2 的利用是作物高产的原因之一。节能技术和可再生能源的应用技术使得烟气越来越少，管道 CO_2 和瓶装 CO_2 的应用逐渐弥补了烟气 CO_2 应用数量的减少。具有价格竞争力的瓶装 CO_2 在地中海地区的不加温温室也越来越受到青睐。

因为温室内作物实际上是 CO_2 的"库"，所以在没有 CO_2 施肥的温室中，光合同化所需要的 CO_2 只能从室外获得。这也意味着温室内 CO_2 浓度必须比室外浓度要低（框注 5.4），通风率就成为了限制因子。这在冬季温度较低的几个月（作物产品价格也高）尤为突出，因为由于保温的需求，冬季几乎很少有开窗通风的需求。另一方面，晴好天气条件下（高光强需要更高的 CO_2 浓度，图 12.2），通过补充 CO_2 来维持温室内相对较高的 CO_2 浓度很不经济，因为一部分 CO_2 会经通风窗流失。总而言之，我们需要优化 CO_2 施肥策略，以便于能在 CO_2 施肥成本与增产之间找到平衡，实现净收益的最大化（Stanghellini 等，2012b）。

我们可以采用与优化补光同样的方法来优化 CO_2 管理，但需要考虑通风损失的 CO_2，这部分 CO_2 对产量没有任何贡献。

净经济收益（NFB）$= R_{CO_2}A(I，[CO_2])-P_{CO_2}S$ $\qquad$ € $m^{-2}s^{-1}$（12.7）

其中，

R_{CO_2} $\quad$ 1 公斤同化的 CO_2 的价值，€ Kg^{-1}

A $\quad$ 净同化量，光照与 CO_2 浓度的函数，mg m^{-2} s^{-1}

I $\quad$ 光照强度，μmol $m^{-2}s^{-1}$

$[CO_2]$ $\quad$ CO_2 浓度，μmol mol^{-1}

P_{CO_2} $\quad$ 每公斤 CO_2 的成本，€ kg^{-1}

S $\quad$ CO_2 施肥速率，kg m^{-2} s^{-1}，必须与同化作用的 CO_2 消耗和通风作用的 CO_2 损耗保持平衡

$S=A+V=A_{MAX}h(I)m([CO_2]_{in})+g_V([CO_2]_{in}-[CO_2]_{out})$ $\quad$ kg m^{-2} s^{-1}（12.8）

g_V 为比通风率（单位温室地面面积的通风率），m^3 m^{-2} s^{-1} = m s^{-1}。

这里用到了公式 12.3 与公式 5.5，CO_2 浓度的下标 in 和 out 分别代表温

室内外的 CO_2 浓度。要想求净收益最大时对应的 $[CO_2]$，NFB 对 $[CO_2]$ 的导数应为零。

$$\frac{d}{d[CO_2]_{in}}\{(R-P)_{CO_2}A_{MAX}h(I)m([CO_2]_{in})-P_{CO_2}g_V([CO_2]_{in}-[CO_2]_{out})\}=0$$

$$(R-P)_{CO_2}A_{MAX}h(I)\frac{dm([CO_2]_{in})}{d[CO_2]_{in}}-P_{CO_2}g_V=0$$

$$\frac{dm([CO_2]_{in})}{d[CO_2]_{in}}=\frac{P_{CO_2}g_V}{(R-P)_{CO_2}A_{MAX}h(I)}=\frac{g_V}{\left[\left(\dfrac{R}{P}\right)_{CO_2}-1\right]A_{MAX}h(I)}\quad \mathrm{m^3mg^{-1}}\ (12.9)$$

请参照图 12.4 和我们之前的发现：收益曲线的斜率随浓度增加而降低，低浓度下斜率较大，高浓度下斜率较小。综合这个结论，我们可以从公式 12.9 看出，当管理措施使得同化的 CO_2 价值高于其成本时，最优 CO_2 浓度增加（毫不意外），同时，最优浓度随光照强度的提高而增加，随通风率的增加而降低。另一方面（也许会觉得意外），最优浓度并不取决于室外浓度。当通风率已知（或能够计算出，见框注 5.5）以及 CO_2 价格和产品价格已知时，我们可以结合公式 12.8 和 12.9 从经济角度来计算最优 CO_2 施肥速率。Tarnavas 等（2020）将基于这个概念的算法应用在了一个商业的环境控制计算机系统。

12.5 小结

在本章中，我们讨论了如何利用作物应对环境因子的基本知识从经济角度来优化温室管理技术。当然，首先需要考虑的问题是，特定的经济（和气候）条件下应当配备的技术设备数量和种类（框注 12.6）。但问题是，尽管投资成本相对透明（通常较高或至少感觉较高），收益却很难量化。实际生产中，某一技术在不同栽培时期和条件下，常常会从多方面影响生产，因而只有复杂的作物模型和温室小气候模型才可以帮助我们模拟作物对具体技术的长期响应。例如，借助这种方法，Stanghellini 和 De Zwart（2015）表明在图 12.1 所示的低端温室中使用高效的节能幕布也值得投资。

框注 12.6　管理选择。

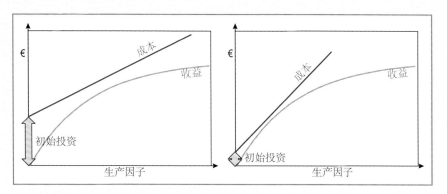

实际管理中，可能会出现成本曲线与收益曲线不相交的情况。也就是说，种植者所考虑的方案在经济上不具有可行性。我们来分析一下原因：左图示例中，原因是初始投资过高；右图示例中，原因是资源价格过高（CO_2、电价等）。对于第一个示例，降低初始投资将是明智的选择（如，多个种植者共享一套 CO_2 储存系统或热电联产系统）。而对于第二个示例，解决问题的方法是寻找更经济的替代资源（如其他 CO_2 供应商、采用热电联产自行发电等）。

图 12.5 表明，即使 CO_2 相对昂贵（如地中海地区的瓶装 CO_2），CO_2 施肥的应用也可能具有经济性。从图 12.5 左列（CO_2 最优施肥速率）可以看出，（从上到下）提高作物产品价格，就可以配以更大的最优 CO_2 施肥速率来应对通风的 CO_2 损失。然而，右列的图表明，生产最大收益在非常低的通风率下才能达到，只有配备主动降温系统才能在高光照地区实现这个收益。这实际就是封闭/半封闭温室背后的基本原理。

　　进行数据共享是一个非常明智的选择，在这方面，荷兰种植者常常比其他地区的种植者做得更好，并且达成了共识：大家共同受益。

　　的确，种植者面临的情况永远不会相同：不同温室、不同年份或不同作物，并且影响生产的因子远多于我们的考虑。正是基于这个原因，图 12.6 对生产很有帮助，该图将大量信息汇总为种植系统中一个容易掌握的特性（共性）：太阳辐射利用效率。

　　这就使得量化技术带来的收益变得更加容易，收益的量化归纳为两个因子：曲线的斜率和长度（种植季的光照累积量）。例如，在意大利西西里岛，改善的通风和加温管理带来了更高的生产效率（曲线的斜率）以及延长了栽培季长度（多得多的光照累积量）。如果有更多的数据，还可以对通风和加温的影响分别量化。我们很高兴可以看到，只要这些汇总的（有限）种植者的生产数据足够可靠，那么高科技温室就能独立于室外气候进行生产。

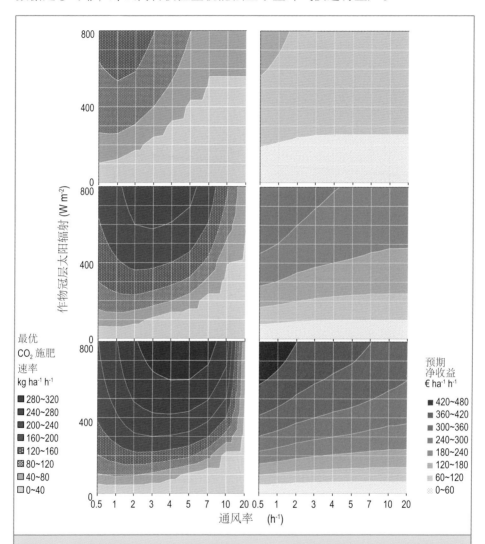

图 12.5　结合公式 12.8 和 12.9 计算出的最优 CO_2 施肥速率（kg ha^{-1} h^{-1}）和预期净收益（€ ha^{-1} h^{-1}）。其中纵坐标表示光照强度，横坐标表示通风率（温室平均高度为 4 m），瓶装 CO_2 价格假设为 0.20 € kg^{-1}（不考虑设备等投资成本），每列从上到下三张图表示收获的产品价格分别为 0.5、1.0 和 1.5 € kg^{-1}（Stanghellini 等，2019）。

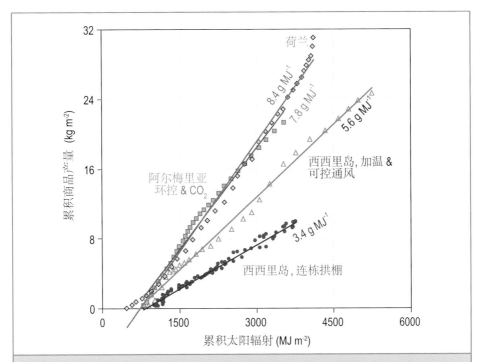

图 12.6　樱桃番茄（多于一个品种）在不同地区（荷兰、阿尔梅里亚、西西里岛）和不同设施条件下（高端、中端和低端）的太阳辐射利用效率。不同颜色的数据图例分别表示同一作物在该地区同一个温室一年内的数据（紫色图例除外，它表示同一个品种在三个同类型温室一年内的数据）。纵坐标表示累积商品产量，横坐标表示室外累积太阳辐射。每一个点表示一次采收。最佳拟合曲线的斜率表示该种植系统的太阳辐射利用效率。

照片来源：Paolo Battistel Ceres s.r.l.

大量的农业"环境足迹"与灌溉和肥料相关，即便在设施农业中也不例外。相对于大田种植，温室种植者有技能、手段和工具来管理根际环境，从而将水资源浪费和化肥排放降到最低限度。

本章主要围绕温室水肥供应系统相关工具展开，讨论如何管理这些工具以尽量降低对环境的影响。本章不会涉及土壤肥力或土壤结构的内容，也不讨论某种具体基质，我们讨论的前提是作物营养需求已知，并且作物的必需营养元素能够通过（水肥）灌溉获得。关于营养液配方和特定营养元素功能方面的知识，建议读者参照一些专业书籍，如《温室作物营养》（Sonneveld 和 Voogt，2009）。Heuvelink 和 Kierkels 所著的《温室植物生理》（2015）通俗易懂地总结了每种营养元素的功能。在一个 EU-H2020 项目中，Thompson 等（2018）发表了水肥一体化技术的综述，供大家在网站免费下载学习。

要将温室灌溉的化学排放做到最小化（进而提高资源利用效率），只有两条途径：一是精准灌溉，即根据作物需求量精确提供水分和养分；二是（无限）收集和循环使用灌溉排液。在后面的内容中我们将看到，当灌溉水质较差时，这两条途径都不能完全避免排放。由于精准灌溉和排液循环利用这两种方法在原理上差异很大，我们将会分开讨论，并在最后一部分讨论灌溉水质对种植的影响。

13.1 精准灌溉

即使缺乏干旱对作物影响的相关专业知识，大多数种植者也很清楚过量灌溉的代价不会太大，但都明白灌溉不足的减产风险。这不仅因为干旱，而且因为可能的根际环境盐分积累。过量灌溉，在农学文献里被称为淋溶（或淋洗、淋失），在大田种植中司空见惯，过量灌溉没有考虑到淋溶带来的资源浪费和环境污染。精准灌溉有三个先决条件：（1）作物对水分和养分需求的相关知识；（2）实现精准灌溉的技术和方法；（3）优质灌溉水，我们将在最后讨论。

13.1.1　作物的水分需求

前面阐述了很多这方面的内容，这里不再重复。在 FAO（联合国粮农组织）《温室蔬菜作物农业操作手册》中含有专门的章节（Gallardo 等，2013），主要针对暖冬地区不加温温室介绍了影响作物水分需求和当前灌溉实践的因素。

作物根系吸收的水分，大约有 90% 用于蒸腾，只有 10% 左右储存在作物鲜重中，因而作物蒸腾（见章节 6.3）可以很好地反映作物的水分需求。公式 6.9 表明，作物蒸腾取决于净辐射、饱和水汽压差、温度（影响程度较小），以及一些可变的作物特性（如气孔阻力、叶面积和光照截获）。当然，毫不意外，实践中通常会借助更为简单的蒸腾公式用于估算作物水分需求（Allen 等，1998）。

由于太阳辐射通常是蒸腾作用最大的能量来源，太阳辐射的线性经验公式在预测一个时间段内（至少 1 天）特定作物的蒸腾还是很有效的。公式 6.9 表明，这些经验公式将作物变量和 VPD 的影响（及其与太阳辐射的相关性）整合为线性系数。所以，不能将这样的经验公式应用于确定经验公式系数的品种和条件之外的其他品种和条件。Voogt 等（2000）考虑了荷兰玻璃温室加温系统的能量输入，拓展了这个模型，Voogt 等（2012）在温室透光率以及应用幕布和人工补光的情况下，详细解释了如何根据各种作物及其发育阶段来确定公式中的参数。

更常见的计算方式是考虑太阳辐射和 VPD 的多元线性方程。由于温室温度的变化很有限，因而回归系数更大程度上只取决于作物种类和发育阶段。这类经验公式已经应用于一些温室作物，Carmassi 等（2013）发表了一篇综述，汇总了这些经验公式里的回归系数。

应用于大田作物的其他方法（如 Doorenbos 和 Pruitt，1997）是基于将经验性"作物系数"应用于一个参考蒸发量来计算，该参考蒸发量或来自标准水分蒸发器或标准作物（Fernández 等，2010）。然而，该方法的应用仅在作物系数确定并且在相似的作物生长阶段时才可靠，例如针对西班牙阿尔梅里亚温室作物开发的灌溉程序 PrHo（Fernández 等，2009）。

13.1.2　作物的养分需求和吸收

作物生长需要矿质元素。由于矿质元素在干物质中的比例相对稳定，因而只要作物在生长（干物质生产），就一定需要（和吸收）矿质元素。

温室生产中，营养元素通常以水溶液的方式来提供。营养液的电导率（EC，单位 $dS\ m^{-1}$，框注 13.1）很容易测定、且测定成本很低，尽管 EC 值不能反映单个养分的浓度信息，但 EC 值常被用于反映营养液的养分浓度。对于不同栽培系统（如栽培基质）和作物不同生长期，都有一些适合的标准营养液（Sonneveld 和 Voogt，2009）。这些营养液配方可以根据其标准组分转化为肥料配比方案，如 Incrocci（2012）开发的肥料计算小程序。矿质元素供应比例（表 13.1）大致反映了作物的矿质元素组成（框注 13.2）。总体上，营养液的 EC 值一般在 $1.5 \sim 2.0\ dS\ m^{-1}$ 的范围。

框注 13.1　电导率和盐浓度。

导电性可以衡量水的导电能力，与水中的离子浓度直接相关。当盐溶解于水时，分离成带正电的阳离子和带负电的阴离子。正如在海里游泳的人都可以证明的那样，尽管水的导电性随着溶解盐量的增加而增加，水仍然是电中性的。虽然 EC 值不能表明盐的性质或成分，但电导率是衡量水中溶解的总盐量的良好指标。

每种（肥料）盐都由不同的离子组成，每种离子都有特定的分子量。当盐溶解时，会产生不同重量和电荷的离子。因此，每种肥料都有比 EC 值，通常定义为 1 克该肥料溶于 1 升水后增加的 EC 值（例如，KNO_3 的比 EC 值为 $1.35\ dS\ m^{-1}$）。混合溶液的最终 EC 值等于所有盐的比 EC 值之和。EC 值也可从溶液的阳离子或阴离子的摩尔浓度来估算。对于营养液中典型的肥料组合，Sonneveld 等（1999）提出了一个简化公式：

$EC \approx 0.1C^+ (dS\ m^{-1})$

其中 $C^+ = C_{NH_4} + 2C_{Ca} + 2C_{Mg}$，$C_i$ 为 i 离子的摩尔浓度（$mmol\ l^{-1}$），阳离子与阴离子的摩尔浓度必定相等，因此，$C^+ = C^- = C_{NO_3} + 2C_{SO_4} + C_{H_2PO_4}$。

显然，如果灌溉水中含有 NaCl，则 Na^+（或 Cl^-）浓度也应计算在内。还应注意的是，EC 值的简化公式和比 EC 值只有在浓度约为 $3.5\ dS\ m^{-1}$ 以下时才是线性的。在更高的溶液浓度下，EC 值与离子摩尔浓度变成对数关系，并且只能采用复杂的数学公式来进行计算（Mc Neal 等，1970）。

表 13.1 一些作物营养液中大量营养元素的建议浓度 (mmol l^{-1})								
灌溉系统	作物	NO$_3$	NH$_4$	H$_2$PO$_4$	K	SO$_4$	Ca	Mg
开放式	番茄	15.5	1.5	1.5	7.75	3.5	5.5	2.5
封闭式	番茄	12.5	1.1	1.2	7	2.5	4.5	1.5
	甜椒	13.5	1	1	6.75	1.5	3.5	1.25
	黄瓜	13	1	1.15	7.5	1.25	2.75	1
	玫瑰	7.5	0.5	0.75	3.5	1	3	1

为了获得相似的根际浓度，开放式灌溉系统和封闭式灌溉系统的建议浓度略有不同［引自 Sonneveld 和 Voogt(2009)，附录 C 含有更多作物的信息］。建议浓度会因作物生长阶段而有所不同。

框注 13.2 "平均"植物的矿质营养元素构成。

果实、叶片、茎和根的干物质含量在同一个品种内部通常有很大差异，更不用说不同作物之间的差异了。因此，以下数字只是粗略估计。

在 1 kg 鲜重中，约有 130 g 是干物质，其中 110 g 是碳水化合物，剩下约 20 g(2%的重量)为矿质成分。下面的饼图里表示了一些营养元素的相对含量(重量百分比)。微量元素总和只占极小的百分比(甚至不到矿质元素总含量的 0.3%)，如下图右侧所示。

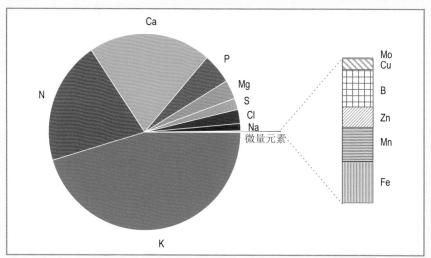

需要注意的是，图中的 Na 和 Cl 不是必需元素，但它们存在于水、基质或所使用的肥料当中。

养分吸收是通过作物吸水来完成的。因此，如果吸水量与光合作用成比例，那么"吸收浓度"将保持恒定。显而易见，蒸腾作用和光合作用的主要驱动因子都是太阳辐射，因而他们之间会存在关联。但这与实际情况却不相符合：灌溉良好的作物，蒸腾作用会随太阳辐射的增加而无限增加，但光合作用却不会随着太阳辐射的增加而无限增强。这意味着随着作物吸水量的增加，吸收浓度是降低的。也就是，蒸腾速率较高时，相对于营养元素，作物吸收了更多的水（图 13.1，左）。但有个明显的例外，钙元素的吸收与吸水量成比例（图 13.1，右）。

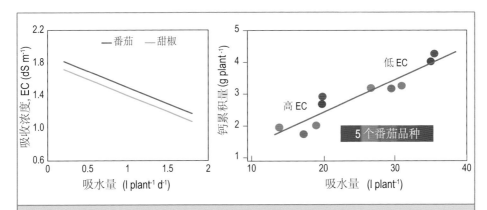

图 13.1　左图：营养液的吸收浓度。试验中控制水肥供应（甜椒）、控制蒸腾与同化的比例（番茄）。图中所示的曲线为很多变异较大的数据点的最佳拟合［根据 Stanghellini 等（2003a）以及其他未发表的数据重新绘制］。右图：钙元素的吸收与吸水量成比例，数据来自 5 个番茄品种幼苗、2 个营养液浓度处理的试验［根据 Ho 等（1995）的数据重新绘制］。

与之相应的水肥管理建议就是，营养液 EC 值应当随着作物吸水量的增加而降低。事实上，很多先进的水肥管理程序可以随着太阳辐射的升高而降低灌溉液 EC 值。但这些管理措施如何影响根际环境 EC 值，则显然取决于根际环境的含水量（框注 13.3）以及灌溉排液量（通常表示为"排液比例"）。

框注 13.3　根际含有多少水？

为了估算某种植系统的含水量，我们首先估算栽培系统中最多能够容纳的水的体积，需要考虑基质的容积（或土壤中根系的深度）以及基质或土壤本身所占体积，见下表第一列。将其乘以田间持水量的典型容积含水量（表中第二列），就可以估算出栽培系统中水的总体积。与第三列数据（温室储水罐和灌溉管道中的水体积估算值）相加，可得整个温室系统中的总水量（体积）。表格最下面两行指土壤，根际深度假定为 35 cm，数值为参考性数据。

	根际饱和含水量（l m^{-2}）	田间持水量的容积含水量（%）	灌溉系统中的水量（l m^{-2}）
营养液膜技术 NFT	2	100	3
深液流技术 DFT	100	100	100
潮汐灌溉	50	90	45
岩棉	12	80	10
珍珠岩	15	65	10
蛭石	15	40	6
椰糠	15	67	10
细泥炭	15	80	15
粗泥炭	15	55	10
砂土	165	18	54
粘土（黏土）	180	25	75

13.1.3　灌溉策略

即使很好地掌握了作物水分需求的相关知识，还有必要确定灌溉量和灌溉时间。Pardossi 等（2009）发表了关于传感器和灌溉策略在精准灌溉应用方面的综述。实际上，任何土壤或基质的持水能力都有限（框注 13.4），因此，过量的水会向土壤下层渗透或者直接排出，两种方式都会造成浪费。最容易控制的灌溉系统是滴灌系统，可以用少量灌溉的方式给每株植物输送灌溉液（图 13.2）。低端温室中也使用这种最为常见的灌溉系统（如阿尔梅里亚 99.9% 的设施栽培中的灌溉应用，Cuadrado-Gomez，2009：104 页），所以本章只围绕滴灌系统进行讨论。然而，滴灌系统有一个最低限度的灌溉水量，低于此灌溉水量就无法保证每个滴箭都能获得灌溉水供应。带有压力补偿功能的滴箭确实能提高灌溉液分布，即便这样，滴箭灌溉液供应还是存在不均一的现象，甚至全新的滴箭系统也有这样的问题。这就造成土壤或基质含水量的空间差异，最重要的是，由此导致蒸腾的空间差异。

框注 13.4　持水能力和自由水。

任何土壤或基质都不是纯固体，而是由不同大小的颗粒组成，颗粒之间有间隙（孔隙）。重力会将水从土壤水位线以上的大孔隙中"带走"，但由于水和孔隙壁之间的吸附力，毛细作用与小孔隙中的重力作用相反。孔隙的大小（直径）决定了毛细力的强弱：孔隙越小，越能保留水分。因此，土壤（或基质）所能保留的水量取决于孔隙大小的分布，而孔隙大小的分布又取决于土壤颗粒的尺寸、形态和分布。所以，相对于颗粒大小和形状都更均匀的砂土，具有各种大小和形状颗粒的粘土更容易保持水分。土壤（或基质）达到饱和状态（所有的孔隙都充满了水）并使得水分充分下渗（排水）后所能保持的水量，称为田间持水量。由于重力与毛细力相反，因而土壤地下水位线上的高度与土壤含水量存在一定的关系（见下左图），除非"打断"与水位线的连接。

很容易理解，从土壤中吸收水分所需的吸力（负压）随着土壤地下水位线上高度的增加而增加，而且吸力随高度增加的速度取决于土壤含水量和水位线上高度之间的关系，而这个关系又取决于孔隙大小的分布。土壤持水曲线（pF 曲线，下右图）量化了每种土壤或基质的容积含水量与从土壤或基质中吸收水分所需的吸力（实际是吸力的对数）之间的关系。三种颜色表示三种不同的土壤或基质。

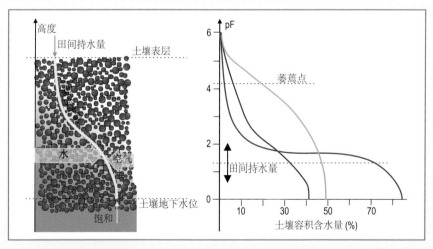

田间持水量的 pF 对不同基质可能不同。萎蔫点是植物无法再从根际基质中吸收水分时的吸力值，通常 pF 在 4.2 左右。因此，根系可以很容易地从单位容积的土壤中吸收的水分（"可利用"水分）就是田间持水量和萎蔫点的含水量之差。

图 13.2　左图：南非 Johannesburg 的商业种植网室；右图：沙特王国 Riyadh 附近温室的滴灌系统。照片来源：左图，Cecilia Stanghellini，右图，Jouke Campen，瓦赫宁根大学及研究中心，温室园艺组。

　　因此，就水量而言，明智的做法是在每次灌溉中，尽量少给水，做到与灌溉液分布系统中(预期)的不均一性和需水量相匹配就可以。

　　我们知道一天当中作物蒸腾(进而水分吸收)变化很大，灌溉的启动也必须随着作物吸水量的改变[实测值(框注 6.5)或估计值]而改变。因为太阳净辐射是作物蒸腾的主要驱动力，先进的灌溉程序一般会将累积太阳辐射作为衡量作物蒸腾量的指标。灌溉程序中，每当太阳辐射累积到某一预设值时，就启动一次灌溉。其中的关键在于实际蒸腾量与辐射量的关系，而如上所述，蒸腾量取决于许多因素(不仅仅是辐射)。实际应用中，会根据排液量适时进行灌溉校正。然而，这种方法仅适用于短期内排液速率可测的无土栽培系统。绝大多数土培作物的排液都无法测量，即使具备回液系统，测量结果也会受到地下水位波动的干扰。唯一可行的方法是利用土壤蒸渗仪来测定排液量，但由于土壤的巨大缓冲性，只能在长期时间段内进行校正。

　　还有个可选的方法是，用土壤含水量的测量值(框注 13.5)来反映作物的水分需求。这种情况下，当土壤含水量下降到某一预设值(阈值)时，就启动一次灌溉。同样，这种方法的问题在于土壤含水量阈值的校正。尽管如此，如果能做好(并且有优质灌溉水源)，这样的系统确实能够确保精准灌溉和施肥(表 13.2)。Incrocci 等(2014)表明这种灌溉方法可以在苗圃盆栽作物上进行应用，但其局限性是同一灌溉区只能种植同一种作物。

框注 13.5 水肥灌溉传感器。

各种用得起的新型根际传感器的开发使得"智能"
（精准）灌溉和施肥得到了广泛应用。这些传感器
基于水与盐对土壤电学特性的影响，并且正在取
代基于测量水势平衡时孔隙腔压力的传感器（张
力计，右图）。

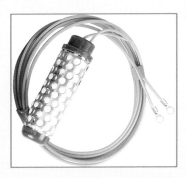

介电传感器应用交变磁场确定介质的介电特性，
而介电特性与含水量以及土壤或基质性质的关系
已经很清楚。因此，需要针对特定土壤或基质的
性质对传感器进行校准，参见 Incrocci 等（2009）。

下面这几种可用的传感器，取决于它们使用的信号及对信号的处理方式。时域反射
仪法是最先发展起来的测量方法。频域法（反射和电容）的优点是不需要昂贵的设备
（下左图）。读数受土壤孔隙水的温度和盐浓度的影响，因而通过连接额外数据线，
也可以确定孔隙水的 EC 值（下右图）。

表 13.2 用水量、氮肥施用量以及生菜产量和品质

处理	用水量 （mm）	氮肥施用量 （kg ha^{-1}）	平均单株重 （g）	1 级菜比例 （%）
A（对照）	186	100	516	98.6
B	70	100	528	98.8
C	70	83	592	97.2
D	70	58	595	98.4

处理 A 为常规灌溉，其他处理的灌溉由土壤传感器驱动，以在预设的肥料施用量下维持
土壤的目标含水量（Balendonck 等，2010 年）。

　　另一方面，Tuzel 等（2009）在土耳其温室黄瓜作物上证明了一种灌溉策
略，与对照相比，仅允许消耗 20% 的可用水（框注 13.4）。结果表明，灌溉频
率提高了 40%，但用水量只增加了 5%，黄瓜产量提高了 19%。

13.1.4 水肥灌溉策略

Stanghellini 等(2003a)研究表明，当有可靠的根际(孔隙)EC 传感器可用时(框注 13.5)，甚至可以对养分进行微调。研究者根据温室甜椒岩棉基质的 EC 测量值，采用正常营养液或者低浓度营养液灌溉，尽可能维持田间持水量的容积含水量，以减少排液。结果表明，作物的水肥吸收和产量没有受到影响，耗水量降低一半(表 13.3)。这种灌溉策略长期应用于多年土壤栽培作物时，需要周期性"重置"灌溉设置，以消除土壤中出现的 EC 值和土壤含水量的局部差异(Voogt，2014)。

表 13.3 岩棉培甜椒灌溉试验结果				
	单位	对照	无排液	(对照的)%
营养液平均 EC 值	dS m^{-1}	2.37	1.51	64
基质块和排液平均 EC 值	dS m^{-1}	2.9	2.9	100
容积含水量	%	63	49	78
灌溉量	l plant^{-1}	345	157	46
水分吸收量	l plant^{-1}	143	139	97
蒸腾量	l plant^{-1}	137	132	97
平均叶面积指数	—	4.9	4.7	96
生物量(不含根)	kg plant^{-1}	6.5	6.4	98
产量	kg plant^{-1}	4.2	4.2	100

灌溉基于根际容积含水量和孔隙水 EC 值的在线传感器进行控制。灌溉策略：荷兰标准灌溉策略(对照)VS 以基质容积含水量 50%(无排液)的控制目标进行灌溉。第二种策略下，当根际 EC 值高于 3 dS m^{-1}时，采用对照的营养液或 EC 值为 1 dS m^{-1}的营养液进行灌溉，并在 EC 值降至 2.8 dS m^{-1}以下时恢复原有灌溉策略(Stanghellini 等，2003a)。

13.2 封闭式灌溉系统

温室无土栽培，也即拥有封闭根际环境的栽培系统(框注 13.6)，其比例正在不断增加，同时，在低成本温室的区域，无土栽培也逐渐增多。这是因为无土栽培系统提高了栽培可控性，进而提高了产量以及产品均一性及其品质，收益也表明其高额投资是物有所值的。例如，Caballero 和 De Miguel (2002)对比了阿尔梅里亚地区无土栽培和传统土培甜椒的净收益之后得出了令人信服的结果。除此之外，当土壤杀菌剂溴甲烷在全球范围被禁用之后，无土栽培就成为了可能的解决方案之一。可以参考 Raviv 和 Leith（2008）出版的一本综合的无土栽培系统综述/指南。

框注 13.6 什么是无土栽培？

我们将无土栽培系统定义为根系与土壤分离并处于封闭空间内的栽培系统。如下表所示，无土栽培系统有很多种形式。除了价格、适用性和技术之外，还有如下因素可能会影响无土栽培系统的选择：保水性、（越来越注重的）生产过程和/或回收对环境的影响。

			适用于……
水培		营养液膜技术（NFT）	叶菜、香草、草莓
		深液流技术（DFT）	叶菜、香草
基质栽培	无机基质	岩棉	所有果菜类作物及部分切花
		珍珠岩	所有果菜类作物及部分切花
		蛭石	所有作物
		沙子	所有作物，常混配有机肥，也常在简易温室中替代土壤
	有机基质	潮汐式灌溉	摆放于水泥地面或栽培床的盆栽作物
		椰糠	所有果菜类作物、浆果类作物及部分切花
		泥炭	兰花和浆果类作物，通常与椰糠配合使用
		堆肥	主要用于基质改良

无土栽培系统能够对过量灌溉的营养液进行回收和再利用。不过需要强调的是，无土栽培系统并不等同于封闭式灌溉系统：事实上，在大多数配备无土栽培系统的低端温室中，都不会对排液进行回收。排液回收和（如有可能的）消毒系统需要额外的投资，其投资超出根际系统的投资成本。实际上正是因为排液回收利用能够节省肥料施用量，所以能够在合理时间内收回额外投资。Pardossi 等（2011）根据表 13.4 所示的结果估算出一般能够在两年内收回投资，如果增加回液消毒系统（栽培角度建议增加），则投资回收期要长一些。

表 13.4　岩棉培番茄的水肥使用量，包括开放式和封闭式灌溉系统(再利用/不利用回液)			
	用水量 (开放式系统)	用水量 (封闭式系统)	节省比例	排放量
水(m^3 ha^{-1})	8632	6831	21%	1682
氮(kg ha^{-1})	1591	1032	35%	266
磷 (kg ha^{-1})	306	244	20%	25
钾 (kg ha^{-1})	2422	2000	17%	343

开放式灌溉系统的排放量根据灌溉量和作物吸收量之差来估计。商品果产量和品质(糖度)在两个处理中是相同的(Pardossi 等，2011)。

这种"封闭"栽培系统可以说是未来应对环境问题(化肥排放)和水资源短缺的有效解决方案。

13.3　含盐灌溉水

当灌溉水源(或使用的化肥)中含有非植物所需营养元素时(以盐的形式存在，NaCl 最为常见，也可能有其他成分)，这些盐会在封闭式灌溉系统中逐渐积累。我们都知道高盐分浓度会导致减产(另见章节 7.5.1)，因而当盐分积累到一定程度时要通过排出封闭系统内的灌溉液(至少部分排出)来解决这个问题(图 13.3)。

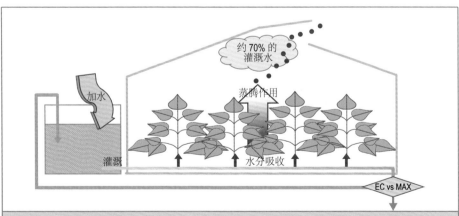

图 13.3　封闭式灌溉系统示意图。水源含非营养元素盐。经蒸腾和作物生物量离开灌溉系统的水不含盐分，而补充进来的灌溉液含盐分。盐分在灌溉系统积累，营养液浓度(EC 值)升高。当 EC 值超过"最大"浓度值(EC_{MAX})时，需要排出灌溉系统中的水。

NaCl 是最为常见的"干扰"盐分，所以我们就针对其进行讨论。除了 Mass–Hoffman 模型描述的减产之外，种植者还要防止其他元素（例如硼）的积累导致的（品质）问题（Beerling 等，2014）。尽管如此，我们接下来讨论和应用的方法是针对任何非营养元素的，这些元素被根系以有限的方式吸收，并且都有一个允许的上限浓度。

显然，"可接受的"上限浓度取决于作物品种、种植者偏好及其理念。图 13.4 表明了灌溉系统的盐分浓度趋势。表 13.5 列出了最常见作物所允许的最高 Na 浓度。

13.3.1 根际盐分浓度

图 13.4 中各曲线不同的斜率隐含地表明，尽管盐分浓度随时间增加，但决定结果的并不是时间，这可以通过下面的示例来解释。假定种植者使用的灌溉水源 Na 浓度为 2 mmol l^{-1}，在作物刚开始栽培时，基质条中 Na 浓度为 2 mmol l^{-1}。每灌溉 1 l 营养液就会带来额外 2 mmol 的 Na。如果作物吸收了与基质条体积等量的水（Na 会留在基质条内），基质条内的营养液被新灌溉的营养液更新了，此时基质条中 Na 浓度将加倍到 4 mmol l^{-1}，以此类推，与吸收一定体积的水所需的时间有关（而不是自然的时间天数）。

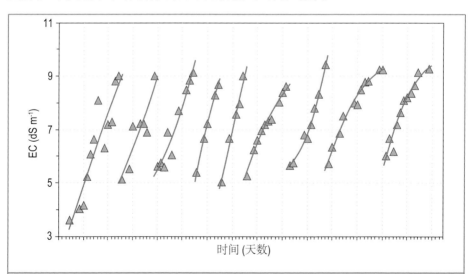

图 13.4 番茄作物试验中岩棉条每日 EC 值。试验中使用钠浓度为 12 mmol l^{-1} 的水补充 EC 值为 1.6 dS m^{-1} 的基础营养液。每当基质条 EC 值高于 9 dS m^{-1} 时，就清空营养液混合罐的营养液，让基质条自由排液几小时以降低 EC 值（Stanghellini 等，2003a）。

作物	最高 Na 浓度 (mmol l⁻¹)	SYD (% 每 dS m⁻¹)
番茄	8	2~7
甜椒、黄瓜、茄子、甜瓜、西葫芦、大豆	6	5~10
生菜	5	4~20
草莓	3	>10
玫瑰、非洲菊	4	5~10
红掌、百合、寒丁子、鸢尾	3	5~15
康乃馨、朱顶红	4	2~4
兰花	0	
其他	5	

**表 13.5　常见温室作物的盐分响应指标**

针对第一列的每种作物，第二列给出了在现在替代的荷兰法规所允许的排放之前，密封系统中能够容许的最高钠浓度，第三列给出了 Maas-Hoffman 响应斜率的范围（见章节 7.5.1），也即单位 EC 值的减产百分比（Salinity Yield Decrease，SYD，参照 Sonneveld，2000：39 页、53 页；草莓：Kaya 等，2007；生菜，Xu 和 Mou，2015）。

更笼统来讲，作物在某时刻 t 的累积吸水量为 $U_t(l)$，灌溉水源中某盐分的浓度为 C_{in}（kg 或 mmol l⁻¹）。因此，$U_t C_{in}$（kg 或 mmol）为带进封闭灌溉系统（以下简称系统）的盐分。如果 $V(l)$ 为系统中水的体积，那么系统中的盐分浓度增加为 $U_t C_{in}/V$（kg 或 mmol l⁻¹），在时刻 t，系统盐分浓度 C_t 为：

$$C_t = C_{in}\frac{U_t}{V} + C_{in} \Rightarrow \frac{C_t}{C_{in}} = 1 + \frac{U_t}{V} \qquad \text{kg 或 mmol l}^{-1}(13.1)$$

当系统盐分浓度达到最高值（排放浓度）C_{MAX} 时，累积吸收浓度可以通过变换公式 13.1 计算得到：

$$U_{C_{MAX}} = \left(\frac{C_{MAX}}{C_{in}} - 1\right)V \qquad\qquad l(13.2)$$

假定系统所有营养液都可以排掉（如采用营养液膜技术 NFT 或深液流技术 DFT 的系统），那么，排放营养液时，用水总量 W（作物吸水量 U 与排水量 L 之和）可计算为：

$$W = U + L = U_{C_{MAX}} + V = \frac{C_{MAX}}{C_{in}} V \qquad l(13.3)$$

此时，用水总量与作物吸水量之比、排水量与作物吸水量之比分别为：

$$\frac{W}{U} = \frac{C_{MAX}}{C_{MAX} - C_{in}}; \quad \frac{L}{U} = \frac{C_{in}}{C_{MAX} - C_{in}} \qquad (13.4)$$

因为浓度随作物吸水量的变化斜率保持不变，因而不难理解公式 13.4 也是成立的，即使系统营养液无法每次彻底排净，公式 13.4 也适用。这种情况下，在重新注入灌溉液后，系统中营养液浓度要比灌溉液浓度高（图 13.4）。并且，再次达到最高浓度 C_{MAX} 所需吸收的水分更少。公式 13.4 恰好无量纲，因而适用于任何浓度单位：表 13.5 中的 mmol l^{-1}，或 EC 值单位 dS m^{-1}。

当作物吸收了部分累积的盐分，公式 13.4 则会高估用水总量，因为营养液浓度随着作物吸水而增加的趋势会变缓（框注 13.7）。Voogt 和 Van Os（2012）研究了系统排液换水的需求，研究表明，系统排液速率（或者说水分利用率 WUE）很大程度上取决于作物所能忍受的最高 Na 浓度，因为 Na 是灌溉液中的瓶颈元素，Na 的吸收浓度几乎总是低于 Cl 的吸收浓度（框注 13.7）。

上面提到的所有理论都可以应用到土壤栽培的精准灌溉管理中去，因为精准灌溉就是为了精确补充作物吸收掉的水分。确实，相对于大多数无土栽培系统，土壤滴灌栽培系统中土层盐分分布的均匀性要相对差一些。但作物对根际盐分的不均一性有一定的适应性（框注 7.5），因而我们认为公式 13.4 可以用来估算任何低质量灌溉用水系统的最低用水量。

实际生产中，灌溉用水量（以及与之关联的排放量）要高得多。一项针对阿尔梅里亚 53 名种植者的调查显示（Thompson 等，2006），68% 的种植者灌溉用水量高于当地推荐值的 50% 以内，其余种植者灌溉用水量更多。无土栽培中开放式灌溉系统的过量灌溉与土壤栽培的过量灌溉程度相当。

框注 13.7 吸收非必需养分的作物。

尽管大多数作物的 NaCl 吸收可以忽略不计，但几乎没有任何一种作物能够完全避免从水中吸收 Na（或 Cl）。容易想象，每单位水中吸收的盐量（吸收浓度）会随着根际环境盐浓度的增加而增加。表中列出了多种温室作物对 Na 和 Cl 的吸收浓度 p，表示为各自根际浓度的百分比（Sonneveld，2000，41 和 52 页）。如果 pC 表示某盐分的浓度为 C 时的吸收浓度，则体积为 V 的系统中在时间间隔 dt 内盐分的质量 M 的变化为：

$$\frac{dM}{dt} = \left(C_{in} - p\,\frac{M}{V} \right) \frac{dU}{dt}$$

可以变换为：

$$\frac{dM}{dU} = C_{in} - p\,\frac{M}{V}$$

得到的解为：

$$M_U = C_U V = \frac{C_{in}V}{p} - \left(\frac{C_{in}V}{p} - C_{in}V \right) e^{-\frac{U}{pV}}$$

除以 $C_{in}V$（系统中盐分的初始质量）可得：

$$\frac{C_U}{C_{in}} = \frac{1}{p} - \left(\frac{1}{p} - 1 \right) e^{-\frac{U}{pV}}$$

平衡浓度为：

$$\frac{C_{U_\infty}}{C_{in}} = \frac{1}{p}$$

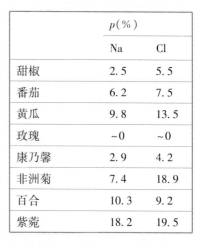

	p（%）	
	Na	Cl
甜椒	2.5	5.5
番茄	6.2	7.5
黄瓜	9.8	13.5
玫瑰	~0	~0
康乃馨	2.9	4.2
非洲菊	7.4	18.9
百合	10.3	9.2
紫菀	18.2	19.5

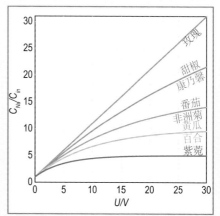

因此，可以计算出达到排放浓度所需的吸水量和相应的排放量：

$$\frac{U_{C_{MAX}}}{V} = \frac{1}{p} \ln \frac{(1-p)\,C_{in}}{C_{in} - pC_{MAX}} \;;\quad \frac{L}{U} = \frac{p}{\ln \dfrac{(1-p)\,C_{in}}{C_{in} - pC_{MAX}}}$$

13.3.2 排放

低质量灌溉水的使用会导致污染（框注 13.8）。可以看到，鼓励采用低质量水源进行灌溉有利于减轻优质水资源的压力，但同时也会严重加剧由于排放而带来的环境污染。

框注 13.8 如何计算排放量。

以荷兰番茄种植者为例，该种植者的灌溉用水中 Na 浓度为 1 mmol l^{-1}，每当达到 8 mmol l^{-1} 的浓度时就排出营养液。典型荷兰种植周期的吸水量（见框注 12.2）约为 850 l m^{-2} y^{-1}（KWIN，2017，表 38），岩棉栽培系统中的水量约为 10 l m^{-2}（框注 13.3）。根据公式 13.4，排出量是吸水量的 1/7，即 120 l m^{-2} y^{-1}。假设排水的溶液成分如表 13.1 所示，很容易计算出沉积在环境中的盐量。以氮 N（原子量 14）为例：12.5 mmol l^{-1} = 175 mg l^{-1}×120 l m^{-2} y^{-1} = 21 g m^{-2} y^{-1} = 210 kg N ha^{-1} y^{-1}。

考虑番茄对 Na 的吸收，然后使用正确的公式（框注 13.7），即使达到排放浓度所需的吸水量约为排出量的 10 倍，而不是上述计算中的 7 倍。排水量仍约为 85 l m^{-2} y^{-1}，氮排放为 149 kg N ha^{-1} y^{-1}。请注意优质灌溉水源的标准，例如，在几乎整个地中海盆地地区，1 mmol Na l^{-1} 的水被视为优质灌溉水源。

Massa 等（2010）成功应用了一个减少排放的策略。每当达到 Na 的排放浓度时，就停止营养元素供应（但仍补充水），并让番茄作物在排水前耗尽溶液中的营养（氮浓度低至 1 mmol l^{-1}）。这样，在不降低产量的前提下，氮排放量可以减少约 90%。

的确，以表 13.5 为基础的荷兰灌溉液管理法规不久后就被强制种植者通过各种尽可能的途径采用优质灌溉水源的规则所替代。随之的结果就是几乎所有的荷兰种植者都建有雨水收集池。在这方面，荷兰有着明显的优势，荷兰的降雨量和潜在蒸散量相对平衡，并且全年降雨分布也很平均（图 13.5）。所以，每公顷温室修建 1000 m^3 的雨水收集池，就能够满足作物 65%～80% 的需水量（KWIN，2017，表 44），其余的需水由井水、自来水或淡化的（地表）水来提供。然而，荷兰很浅的地下水位使得雨水收集池不可能挖得太深，意味着水池会占用昂贵的（也是潜在的）生产用地。有计算表明，某些情况下，每立方米雨水的储存成本会高于水的淡化成本（KWIN，2017，表 47）。

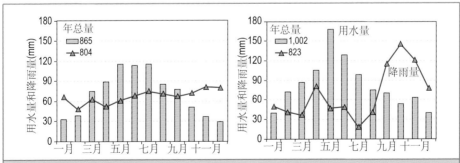

图 13.5 荷兰（左图）和意大利 Versilia 地区（右图）月降雨量（曲线图）以及温室玫瑰用水量（柱状图）。图例右侧的数字表示年总量（毫米）。Versilia 的玫瑰温室从 6 月至 8 月采用了温室涂白降温，这就是其夏季相对四五月反而有更低用水量的原因（Stanghellini 等，2005）。

Incrocci 等(2010，2019)针对(露天)盆栽育苗作物，应用了基于传感器的多水源灌溉策略(如表 13.3 所描述)，灌溉水源分别采用了优质水、稀缺地下水、10 mmol l^{-1} 钠浓度的废液回收水。研究者利用模型或者根际传感器来设置不同的灌溉策略，并适时切换水源，以 100% 地下水和 100% 废液回收水的灌溉策略为参照，分别比较了用水量、排放量和产量。结果表明，智能灌溉策略可以降低 24% ~ 46% 的用水量，降低 17% ~ 84% 的排放量，对作物干物质产量没有影响，而 100% 废液回收水灌溉对照组的产量则要低很多。基于传感器进行水源选择的灌溉策略，在耐盐作物栽培中可以节约 51% ~ 73% 的淡水用量，而对于盐分敏感的作物，则可以把盐胁迫伤害降到最低(但不能避免)。

13.4　灌溉优化管理

适度提高营养液 EC 值(超过营养液正常浓度)会降低作物鲜重，但不一定会降低作物干物质生产，例如番茄作物(Li 等，2001，2004)。因此，对于一些果菜类作物，如果产品品质(如口感)的提升能够在终端市场获得更多收益，那么适度提高营养液 EC 值具有经济可行性。这也是荷兰大多数温室番茄种植者采用的栽培策略。其他地区的高盐分灌溉水就没有给种植者太多选择，但实际上，他们可以利用这个竞争优势(高盐分灌溉水)来生产高品质(樱桃)番茄，正如意大利西西里岛最南端种植者所做的那样。

在具备更好的灌溉水源时仍然选择低质灌溉水源(即使免费)，从经济角度看，也很难说是明智的选择。Stanghellini 等(2007)对直觉的观察结果进行了量化：当由盐分引起的收益潜在损失高于使用优质灌溉水源的潜在成本时，应当使用优质灌溉水源。潜在灌溉成本很少会高于 1 € m^{-2}y^{-1}，因为水源的淡化成本约为 1 € m^{-3}，而温室作物的典型吸水量通常不到 1 m^3 m^{-2} y^{-1}(表 13.5；KWIN，2017，表 38)。另一方面，温室作物的价格一般在 10 ~ 100 € m^{-2}y^{-1}，随盐分升高而降低的作物产量至少也占了一些百分点(表 13.5)。因此，只有在一些价值非常低且非常耐盐的作物上(并且使用了价格非常低廉的相对较好的半咸水)节省灌溉成本的策略才具有合理性。

事实上，世界上有很多地区没有优质水源，或者很多地区(如欧盟)的政策法规是限制排放的。无论哪种情况，种植者都需要面对这些约束条件做出最好的策略。

假定某作物在最适条件下的总收益 $Y(€ \ m^{-2}y^{-1})$ 随着根际环境 EC 值每增加 1 dS m^{-1} 而降低分数 SYD(表 13.5)，并且作物产量的降低取决于根际平均 EC 值(EC 值波动幅度对产量无影响)，由此可得：

$$总收益 = Y(1-SYD \cdot EC_{root}) \qquad\qquad € \ m^{-2}y^{-1} (13.5)$$

其中，潜在产量 $Y(€ \ m^{-2}y^{-1})$ 因作物种类而异，SYD(表 13.5，m dS^{-1})用以衡量作物对盐分的敏感度，在这里以分数形式替代百分数形式(SYD 越高，产量随着盐分的升高而下降的速率越快)。假定灌溉水源 EC 值为 EC_{in}，价格为 $P(€ \ m^{-3})$，作物潜在需水量为 $U(m^3 \ m^{-2} \ y^{-1})$。拥有封闭式灌溉系统的种植者，可以根据 EC_{MAX} 来排放系统的废液(关系到用水量，公式 13.4)，从而最大化净收益。同样，拥有开放式灌溉系统的种植者，则可以通过选择排放比例，达到同样的效果。

假定其他所有生产成本都与灌溉水源质量无关，那么净经济收益 NFB，也就是总收益和灌溉成本的平衡，可计算为：

$$NFB = Y\left(1-SYD \frac{EC_{in}+EC_{MAX}}{2}\right) - \frac{EC_{MAX}}{EC_{MAX}-EC_{in}}U \cdot P \qquad € \ m^{-2}y^{-1} (13.6)$$

低质量水源还有一个隐性成本，也即排放损失的肥料成本(公式 13.4)。考虑到这一点，灌溉水价格就会增高，所以 P 可以看作是水源与肥料成本之和。此时最大经济收益为：

$$\frac{\partial NFB}{\partial EC_{MAX}} = -\frac{Y \cdot SYD}{2} + \frac{U \cdot P \cdot EC_{in}}{(EC_{MAX}-EC_{in})^2} = 0 \qquad € \ m^{-2}y^{-1}m \ dS^{-1} (13.7)$$

可得其唯一解：

$$EC_{MAX} = EC_{in} + \sqrt{\frac{2U \cdot P \cdot EC_{in}}{Y \cdot SYD}} \qquad\qquad dS \ m^{-1} (13.8)$$

按照我们之前估算的约 1 $€ \ m^{-2}y^{-1}$ 的灌溉水最高成本($U \cdot P$)，现在可以估算出地中海地区樱桃番茄种植者($Y \approx 20 \ € \ m^{-2}y^{-1}$；SYD $\approx 1.5\%$)和荷兰玫瑰种植者($Y \approx 100 \ € \ m^{-2}y^{-1}$；SYD $\approx 5\%$)最高可以将营养液分别提高 2.6 $\sqrt{EC_{in}}$ 和 0.6 $\sqrt{EC_{in}}$ 的浓度。

进而，排放量可根据公式 13.4 计算为：

$$\frac{L}{U} = EC_{in}\sqrt{\frac{Y \cdot SYD}{2U \cdot P \cdot EC_{in}}} = \sqrt{\frac{Y \cdot SYD \cdot EC_{in}}{2U \cdot P}} \qquad\qquad (13.9)$$

排放量可达作物吸收的160%（荷兰玫瑰种植者，灌溉水 $EC_{in} \approx 1 \text{ dS m}^{-1}$），灌溉水 EC_{in} 更高时会排放更多，显然不符合排放法规。事实上，在限制排放的法规面前，对 EC_{MAX} 的选择受限于排液的成分。针对这个问题，可以应用尽量消耗掉排液成分的策略来解决。当排液成分明确之后，政府对排放的限制会促使种植者根据公式 13.4 选择品质足够好的灌溉水源。

我们来看一则示例，荷兰玫瑰种植者必须遵守最高 80 kg ha^{-1} y^{-1} 的 N 排放量规定，但封闭灌溉系统中的 Na 浓度不能高于 4 mmol l^{-1}（表 13.5），请计算灌溉水源中允许的最高 Na 浓度。

假定排液与营养液中的 N 浓度一致，均为 8 mmol l^{-1}（表 13.1），即 112 mg l^{-1}，那么废液最大排放量则为 71.5 l m^{-2} y^{-1}，荷兰玫瑰需水量大约为 1000 l m^{-2} y^{-1}（图 13.5，KWIN，2017，表 38）。将以上数值代入公式 13.4：

$$\frac{71.5}{1000} = \frac{C_{Na}}{4 - C_{Na}} \Rightarrow 286 = 1071.5 C_{Na} \Rightarrow C_{Na} \approx 0.27 \qquad \text{mmol}_{Na} \ l^{-1} \quad (13.10)$$

可见，只有雨水才能满足这样的要求，这也就解释了在不缺水的荷兰，却有大量雨水收集池的原因。

13.5　栽培系统的水分利用率

通过比较不同的番茄栽培系统（从大田到高科技温室）的水分利用率 WUE（每立方米灌溉水生产的作物产品公斤数），Stanghellini 等（2003b）发现，最高 WUE 与最低 WUE 之间有着 10 倍的差距。主要原因在于，单位面积产量随着生产过程可控性的提高而显著增加，而作物蒸腾却与之无关，因为蒸腾的主要驱动因子是太阳辐射（Fernandez 等，2010；Bacci 等，2013；Gallardo 等，2013）。

尽管如此，还有一些其他的贡献因素。Stanghellini（2014）研究表明，温室里的湿度比大田更高，这提高了作物的蒸腾效率（单位蒸腾水量的碳同化量）。Katsoulas 等（2015）证明了 WUE 与空气交换率成反比，显然，温室的空气交换率无论如何都要比大田栽培低。表 13.6 表明，西班牙温室栽培 WUE 是大田栽培 WUE 的 4 倍之多。表中还表明，无论在温室还是在大田，"好的栽培管理"（本章的主题）还可以将 WUE 再提高 2.5 倍。

表 13.6 西班牙不同种栽培系统的番茄生产力 (每立方米灌溉水产生的番茄公斤数)

管理水平	环境	
	露天	温室
平均水平	1.4	8.2
优秀水平	4.8	18.9

评估农场管理的效果的方法参考 Hsiao 等 (2007) (E. Fereres，个人交流，2014)。

然而，如图 13.3 所示，绝大部分灌溉水都用于作物蒸腾，并经通风排出温室。降温正越来越多地应用于半封闭温室、封闭温室和植物工厂来解决或减少通风需求 (章节 5.5；框柱 9.4)，这种发展甚至为回收和再利用作物蒸腾的水分提供了应用前景。降温也是除湿，降温单元里的冷凝水是作物蒸腾的水分，可以再次用于灌溉，灌溉和蒸腾就形成了闭环系统。

确实，Van Kooten 等 (2008) 研究表明，荷兰封闭温室可以用 4 升水生产 1 公斤番茄，这是荷兰最好的采用封闭式灌溉系统的温室的 4 倍之多。在绝对封闭温室内 (灌溉系统也绝对封闭)，WUE 应为蒸腾系数的倒数，大约是每公斤番茄消耗 1.5 l 水。毕竟，"封闭"温室并非绝对封闭，这从经济角度来看是可以理解的。

但事实证明，在一些特殊市场需求和一些极端缺水的情况下，采取高端温室或植物工厂以难以想象的低耗水量进行种植是完全可行的 (Campen，2012)。

13.6 小结

我们已经看到，将生产过程的知识与水肥精准控制的手段相结合，可以有助于极大减少水资源浪费和化肥排放。限制排放的法规同样促使种植者使用优质灌溉水源。实际上，甚至在绝大多数采用封闭式灌溉系统的温室作物生产上的经济最优管理也需要优质灌溉水源。而淡化水源只有在作物价值能够抵消水源淡化成本时，才具备可行性。

相对于大田栽培，温室栽培环境本身就会有更高的水分利用率；相对于大田种植者，温室种植者通常还有更好的工具和技术来管理灌溉；最后，同样重要的是，水源的高生产力保障了必需基础设施 (如精准灌溉、水源淡化设备) 投资的进行。

种植高附加值作物也是节水和限制排放的可靠手段，因为在日益严格的环境政策下，利用低质量水源来种植低附加值作物是无法盈利的。

照片来源：Luuk Graamans，瓦赫宁根大学及研究中心和代尔夫特理工大学

大功率 LED 技术的不断成熟，推动了植物工厂（垂直农业、城市农业）的发展和规模增长。植物工厂是指在封闭空间内的人工光条件下，通过精准控制室内小气候因子和根际环境，持续生产出高产、营养丰富并且无农药残留的作物产品的一种种植模式。本章我们将讨论植物工厂如何运行，以及植物工厂与（高科技玻璃）温室生产的区别。

14.1　概述

一般来说，某地区的资源欠缺往往决定了适合该地区的种植系统类型。而温室可以提供的环境控制水平则取决于可支配的设施设备。正如我们看到的那样，在高科技温室内，温度可以通过加温和降温设备来控制，湿度可以通过加湿和除湿设备来管理，CO_2 能够人工增施，光照强度也可以通过补光设备和遮阳幕布来调节。但是，太阳辐射和外界温度的季节性变化在某种程度上对温室生产的影响依然存在，并且温室环境因子相互牵制，并不能完全进行独立控制，除非温室配备有极大控制能力的设备。例如，对于有 CO_2 施肥的温室，在开窗通风降温的同时，也会导致温室内 CO_2 浓度降低。唯一的解决途径就是设计负荷足够大、能与室外太阳辐射峰值相匹配的主动降温系统，或者提高 CO_2 施肥速率，以此平衡因通风而损耗的 CO_2。

近年来，植物工厂或人工光型植物工厂（PFAL；Kozai 等，2015）备受瞩目，该设施能够完全控制室内小气候并且周年生产不受季节影响。植物工厂的结构外观类似仓库，具备很好的保温性和密闭性，内部垂直设置多层栽培架，每层栽培架均配备人工照明。相对于传统高科技温室，植物工厂有以下明显的优点：

> 具备周年稳定供应高产优质产品的能力；

> （密闭生产系统）完全杜绝杀虫剂使用，极高的土地面积、水、肥利用率；

▷ 可建于任何地方，因其既不需要太阳光，也不需要特别的农业耕地；

▷ 缩短与市场的距离，产品更加新鲜，并且可选品种更多（因为货架期和储运性已经不再是问题）；

▷ 产品品质均一、洁净、收获指数高，距离消费者更近，因此产品损耗更低。

如果与大田生产进行比较，植物工厂具备的优势会更多（如降低干旱或洪涝风险，Cicekli 和 Barlas，2014）。不过，在这些优势当中，有一些优势也同样是高科技温室所具备的特点，因此，针对特定案例讨论哪种生产系统是最适宜生产系统时，这些优势不能算是植物工厂独有的特点。植物工厂所需投资成本是装备精良的高科技温室投资成本的 4~10 倍之多（Rabobank，2018b），并且需要大量电力资源以保证光照，而温室则可以完全或部分利用日光进行生产。

原则上，任何植物都可以在植物工厂进行种植。但实际上只有很少几种作物适合在这种高成本环境中进行商业化种植。这些作物具备这些特征：

▷ 产品本身具备高附加值，这种附加值通常是作物本身固有的，如种苗或药用植物。或者由于栽培过程带来的高市场价值，如无杀虫剂污染、新鲜、洁净、口感好；

▷ 体积小：植株高度小（30 cm 或更低），高密度栽培；

▷ 无需昆虫授粉；

▷ 收获指数高；

▷ 对光强需求相对较低。

上述这些特征与未来航天任务中适合太空舱种植的作物特点非常相似（Meinen 等，2018），可以想象，太空舱的空间和电力资源更为稀缺。

毫无疑虑，目前植物工厂内商业化种植的品种无外乎药用植物、叶菜和芽苗菜。生菜和番茄育苗、观赏植物以及草莓（Wollaeger 和 Runkle，2014）种植也在植物工厂中成功实现。目前，世界上所有植物工厂项目的数量估计在 200~300 个，栽培总面积不到 30 ha（Rabobank，2018b）。

14.2　光照与能量

光照，无论是人工光还是自然光，都是一种能量（框注 3.1）。我们之前提到的（框注 10.6）一种代表性红蓝组合 LED 所含能量为 0.186 J μmol^{-1}（5.4 $\mu mol\ J^{-1}$），也就是，当 LED 照明系统效率为 1 时，每产生 1 μmol 光照，需要

0.186 J 电耗。当前 LED 照明系统的光效平均为 2.7 μmol J^{-1}，市场上最好的 LED 其光效可达 3.7 μmol J^{-1}（昕诺飞，2021）。这表明 LED 系统本身消耗的能量要远高于 LED 发出的光照能量，这个过程中损耗的能量几乎全部是以热的方式释放出来。所以，LED 并非是那么"冷"的光源，尽管 LED 温度已经比其他任何形式的照明系统要低。

这意味着，LED 照明系统运行时，对于保温性很好的植物工厂来说，就需要降温。除此之外，只要在光照条件下（植物工厂运行时），叶片就会有蒸腾作用，所以植物工厂必须具备除湿功能来控制环境中的相对湿度。Kozai 等（2015）估算了植物工厂能耗及构成情况，其中 70% ~ 80% 的能耗用于照明，其余能耗则用于内部环境控制（如降温和除湿），Graamans 等（2017）用模型计算验证了这一能耗构成情况。

14.3 资源需求

事实上，植物工厂放弃了作物生产中一个重要且免费的资源，即阳光。因此只有当植物工厂的优势所创造的价值高于照明成本时，其商业化运作才有经济可行性。

玻璃温室的高透光覆盖材料往往具有相对较高的热传导系数，这带来了一些弊端：在高纬度地区的冬季，温室几乎没有获得多少太阳辐射，却有大量热量散失到外界低温环境中去；而在低纬度地区，情况恰恰相反，没有（自然）方式可以将温室收集的多余热量排出温室。

基于此，Graamans 等（2018）开展了一项桌面研究。他们通过模型计算，比较了植物工厂与三个不同纬度和气候区（24~68°N）的玻璃温室生菜生产的资源利用率。为了获取这三个气候区（瑞典北部、荷兰、阿联酋）的周年生菜生产数据，他们给高纬度地区的温室"配备"了补光设备，给低纬度地区的温室"配备"了降温设备（热泵）。结果表明，植物工厂的全年能耗利用率为 0.71 g DW MJ^{-1}，甚至超过了最高效的温室，也即瑞典地区的补光温室（0.59 g DW MJ^{-1}）。但是，植物工厂生产过程中所需能耗全部需要投资成本，而温室所需能耗却不是全部需要成本，即便那些配备了加温、补光或降温的温室。对于一些应用了热泵（降温、除湿）的温室，还需要考虑相关设备电能转化的能效比（COP，见章节 9.2.3）。上述案例中，对于加温、降温和除湿，COP 在 3.4 ~10 之间（取决于过程和区域）。通过这种方式，将上述结果中的能耗都转化为用电能表示。经计算，每生产 1 kg 干重生菜，位于荷兰、阿联酋、瑞典的补光温室和瑞典的不补光温室分别需要 70、111、182 和 211 kWh 电耗（图 14.1），而植物工厂则需要投入 247 kWh 电耗。但从另一方面来看，植物工厂在其他资源上有更高的利用效率，如水、CO_2（图 14.1），当然还有土地。

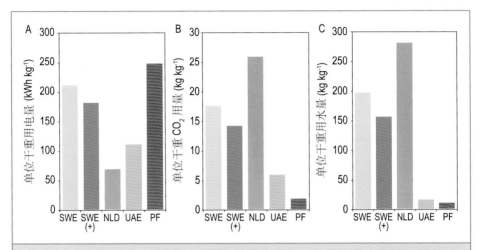

图 14.1 各生产系统的资源消耗量：电能（A）、CO_2（B）、水（C）。各系统分别为：植物工厂（PF）、瑞典不补光温室（SWE）、瑞典补光温室（SWE+）、荷兰温室（NLD）、阿联酋温室（UAE）。以单位干物质量的资源消耗量表示（Graamans 等，2018）。

据 Rabobank（2018b）估算，植物工厂单位种植面积的运营成本是荷兰高科技温室的 2.5~5 倍。考虑到植物工厂的高产性，他们还估算得出了植物工厂单位产品的成本（包含投资费用）是高科技温室的 2 倍。因此，如果植物工厂想要盈利，必须有非常好的市场收益，或者其他制约温室生产的资源（如土地或水资源）能够平衡植物工厂照明的能耗投入。

实际上，发达国家的高消费群体愿意为无农药残留的优质产品支付额外费用，而这一点可能也是植物工厂产品的最大市场优势。当然，植物工厂产品也有其他市场优势，例如，在城市中心的植物工厂由于极大地缩短了物流距离，产品非常新鲜。而在沙漠地带由于极度缺水，植物工厂也是明智的选择。同样，在城市中心，土地资源的紧缺和物流系统的庞杂也使得植物工厂成为可能的选择。

14.4 环境足迹

"可持续"或"零足迹"是植物工厂最常见的标志。的确，如果管理得当，植物工厂生产过程中可以不需要植保产品，水资源使用量也处在最低水平，并且养分利用率接近 100%，可以说已经达到零排放。然而也有质疑的声音，例如，Eigenbrod 和 Gruda（2015）质疑了"不惜一切代价本地化"的概念，并主张可持续性应考虑到方方面面（译者注：原引文中主张也需要考虑比如政府、市政、城市发展计划等方面）。

相对于高科技温室，植物工厂生产过程中投入的除电能以外的所有其他资源都更低，这一点已经鲜有质疑。因此，有必要详细研究如何更加可持续地使用电能。一般来说，可持续生产可以定义为：在生产过程中当 CO_2 同化量等于或高于 CO_2 排放量时，这种生产便属于可持续生产。但这种观点忽略了一个事实：对于很容易快速腐烂的蔬菜，它们固定 CO_2 的持续时间很短。因而真正意义上的可持续生产应该是：整个过程均没有额外 CO_2 排放。这个定义对于任何形式的蔬菜生产都一样，因为我们这里坚持的是"同化量等于或高于排放量"。

假设植物工厂能够为生菜创造如下适宜生长环境，该条件下生菜光能利用率（LUE）为 5 g mol^{-1} PAR（4 倍于框注 2.7 中计算的生菜 LUE），使用的 LED 光源发光效率为 10 mol kWh^{-1}（大约等同于 2.78 μmol J^{-1}）。除了照明用电，至少还需要 25% 的能耗用于降温和除湿，也就是说，作物每利用 1 mol PAR 固定 5 g CO_2，就需要 0.125 kWh 的总能耗。这意味着，如果植物工厂所需的电能在其发电过程中 CO_2 排放强度低于 40 g kWh^{-1}，那么植物工厂就可以做到零排放。

2014 年，28 个欧盟成员国（欧洲环境署，2017）中只有瑞典和法国发电的 CO_2 排放强度低于 40 g kWh^{-1}，分别为 10.5 和 34.8 g kWh^{-1}。首先，这是因为瑞典和法国核电站比例相对较高，分别为 43% 和 78%。其次，瑞典和法国的可再生能源发电比例也相对较高，分别为 56% 和 17%。实际上，只要大部分电力是通过火电而来（其他欧盟国家的情况皆如此），其发电碳排放强度至少是 40 g kWh^{-1} 的 5 倍以上。2014 年欧盟 28 个成员国（含瑞典和法国）的平均发电碳排放强度为 276 g kWh^{-1}，欧盟成员国正在努力改变这一现状。总之，只有当可再生能源发电（或核电）的比例超过 95% 时，才足以支撑植物工厂为可持续生产（包含供电的可持续性）这一观点。

是否可以利用可再生方式让系统产生自给自足的电力，这个观点引起了人们很大的兴趣。在植物工厂的屋顶放置光伏太阳能板（简称光伏板）常常就是个选择。我们可以通过计算来进行量化：假定植物工厂光照强度为 200 μmol m^{-2} s^{-1}，照明时长为每天 18 小时，全年光照需求累积量为 4730 mol m^{-2}，每 mol 光照需要

0.125 kWh 电耗（如前计算），则植物工厂全年需要 591.5 kWh 电耗。光伏板的需求数量显然取决于所处的地区。例如，在荷兰，光伏板预计全年发电量介于 $120\sim150$ kWh m^{-2}（Schoenmakers，2018），因此，植物工厂每平方米作物生产需要 $4\sim5$ m^2 光伏板来提供电能。而在西班牙南部，由于全年光照量是荷兰的两倍，只需要较少的光伏板来满足生产供电。由于植物工厂是多层栽培，实际种植面积要远远大于占地面积，仅仅依靠植物工厂的屋顶和山墙面积大小来进行光伏发电，根本无法满足植物工厂对电能的需求。当然，光伏板可以放置于任何地方，但这就需要额外的资源如土地、屋顶等。由此足以说明"天下没有免费的午餐"。

框注 14.1　0 公里总是更好吗？

生产与消费之间的距离缩短，使得人们不再考虑"选择蔬菜品种必须要有长保质期"这一想法，并且这也增加了到达餐盘中的新鲜食材的概率。此外，不使用交通工具运输被理所当然地认为是"对环境更好"。

这些都可以做到量化。卡车运输 1 t 农产品，每公里会排放 62 g CO_2（NEN-EN 16258：2012）。假定冷链运输增加 20% 排放，这就使得碳排放量增加到每公里 74 mg CO_2 kg^{-1}，再考虑包装和托盘占了货运 15% 的重量，每公斤新鲜农产品每运输 1000 km，会产生 87.5 g CO_2 排放量。

将其与荷兰天然气加温的温室生菜所产生的碳足迹（每公斤生菜约排放 1 kg CO_2）进行比较（KWIN，表 V8），可以看出，用卡车运输生菜 10000 km，其碳足迹仍要比在天然气加温的温室中生产生菜的碳足迹要低，当然，运输后生菜品质会变差。

14.5 展望未来

植物工厂常常被认为是世界人口持续城市化所带来的一系列问题的最佳解决方案。例如，Despommier（2010a；2010b）认为植物工厂是 21 世纪粮食问题的解决途径，并且可以保障城市发展，以一种可持续的生产方式来提供安全和多样的食物，他认为植物工厂这种生产方式能够真正修复传统农业对生态系统带来的伤害。业界对 Despommier 的观点也存在争议，Bugbee（2015）就深入地阐述了他的观点："为什么植物工厂不能够拯救地球"。确实，直至目前，只有叶菜一种作物具备植物工厂商业化生产的可能。叶菜属于低卡路里、低蛋白食物，对于未来大都市中营养不良的人群来说并不是一个健康的和受欢迎的食物。而小麦、水稻和马铃薯这些粮食作物在未来数十年还只能依靠太阳光进行大田种植。

不过，从另一个角度来看，尽管植物工厂的初始投资和运营成本都非常高，但多样化的商业模式使得植物工厂具备一定的可行性，这样的模式也许在不久的将来就可以实现（Rabobank，2018b），而最有可能的情况就是药用植物、育苗以及育种的工厂化生产。同时，为偏远社区提供高品质、新鲜产品的商业模式看起来也是很有希望的。

在一些潜在市场，其消费者愿意为优质产品买单，这种情况下，植物工厂如果想盈利，其产品必须比高科技温室的同类产品价格高出一倍以上。只要有消费者愿意为植物工厂产品买单或者其他资源（如新加坡农业用地）异常短缺，植物工厂就可能成为设施园艺领域里重要的商业生产模式。事实上，在日本这样的土地资源短缺的国家，建在城市中心为当地消费者提供绿叶菜和芽苗菜的商业化植物工厂已经越来越重要（Kozai，2013）。但据估计只有25%的植物工厂可以实现盈利（Kozai 等，2015），其余农场仍然依靠私有投资来运营。希望本章的讨论能够让大家明白，一个具备可行性的良好的植物工厂商业项目，必须要基于对作物生长知识的深刻理解和对市场前景的实际分析。

温室已经(并且还将继续)为数十亿人群带来价格低廉且前所未有的食物种类和品质。我们完全可以认为,在不久的将来,所有鲜食蔬菜都可以在温室设施中种植。毕竟,这种设想在西欧已经基本实现。在世界人口、经济和社会等因素的压力之下,保护地栽培模式必然要大规模发展。同时,这些因素也会给温室生产带来新的约束,这就需要温室产业进行不断地创新和调整。

15.1 温室的未来

最近一项研究表明(Krisna Bahadur 等,2018),全球蔬菜和水果产量已经不能满足人类对健康饮食的需求。这项研究将当前全球农业产量与哈佛大学公共卫生学院推荐的健康饮食清单进行了对比,量化了这两者之间的差距,从而得出以上结论。事实上,该研究指出,全球果蔬产量提高 3 倍才能够满足当下人类对健康饮食的需求,更何况全球人口数量还在不断增加。果蔬产量的巨大缺口中,即使仅有一小部分以温室栽培的形式来提供,也会促进全球保护地栽培面积持续增长。2009 年~2017 年,保护地栽培面积大约增长了500%(Hickman,2018),这也印证了以上观点。

尽管有越来越多的室外作物采用保护地栽培,但设施园艺却并不是解决世界粮食安全问题的关键。粮食安全问题需要通过增加粮食作物如玉米、小麦、水稻和大豆的产量来解决,而这些粮食作物显然无法在温室里实现盈利。但温室对于我们所说的"营养安全"却非常重要,换句话说,设施栽培的蔬菜和水果能够保障人类足够的维生素和矿物质。同时,消费偏好和经济价值也将促进温室栽培品种的多样性,如引种外来蔬菜或药用作物(Bakker,2015)。

还有一些其他因素也会促进越来越多的鲜食蔬菜采用保护地种植,例如,不断提升的社会福利促进了人们对高品质果蔬的需求。除此之外,高端市场也非常青睐具备周年稳定供应能力并且品质高、价格相对合理的果蔬产品。

而对于果蔬品质的认知，除了外观品质如日灼、冰雹和雨水伤害之外，消费者越来越关注食品安全，人们意识到，在保护地中，由于减少了植保产品的使用，果蔬食品安全性得到了更好的保障。

然而，消费者同时也逐渐意识到当前农业活动包括部分设施农业活动的不可持续性以及对环境造成的影响。这些来自社会和管理机构的压力正在促使减少植保产品使用、阻止化学肥料淋溶并限制化石燃料用于加温和发电。当今水资源短缺以及其他经济领域对水资源的竞争，已经极大地限制了农业可利用水资源的规模。因此，水资源利用率高得多的设施农业，成为了干旱地区设施农业规模增大的另一个原因。不过，在干旱地区，水资源的缺乏却限制了蒸发降温的有效使用。总之，只要能够在较短时间内实现可持续发展，设施农业的前景是非常值得期待的。

15.2　未来的温室

全球气候环境的多样性以及不同地区经济水平的差异，会进一步促进温室类型的多样化(见第 1 章)。一般来说，大多数新兴设施农业主体总是以成本最低为目标。但还有一些设施农业主体，在利用现有优势的同时，去逐步挑战更高的技术，从而增强其对生产过程的可控性。这就像建造一座金字塔，每一层的增加，都建立在更加宽厚的底层之上，设施农业的进步，实际上也是在原有温室技术的基础上逐步进行科技创新而成。

尽管未来总是那么无法预测，但目前设施农业发展的趋势还是让我们可以畅想一下未来温室的高尖端技术要点。随着化石燃料加温技术的淘汰，温室生产所需能源将更多地从可再生资源而来，例如生物质能源、地热以及可再生能源产生的电能(风电、光电等)。这些新能源，配以 LED 补光技术的不断进步，能够提供充足的光照，确保温室周年生产。而热泵技术，既可以加温也可以降温，将会优先于锅炉用于温室供暖，并且将会应用于目前还没有加温温室的区域来进行供暖。

未来温室与植物工厂的界限会逐渐模糊：温室会拥有越来越多的植物工厂特征(人工光、降温)，而植物工厂也会根据它们运行地区的室外环境而融合温室的一些特征(如建筑外壳特性)使其运营更加经济(Graamans 等，近期未发表数据)。温室覆盖材料将根据室内作物和外界环境进行定制，以充分利用太阳辐射（Fleischer 和 Dinar，2014）。"动态窗户"材料是一种用于高端建筑窗户的材料，其透光、保温等性能可随外界环境变化而动态调整（Casini，2018），也将从目前的高端应用逐步普及到温室覆盖材料的主流应用中去（Baeza 等，近期未发表数据）。

LED 技术使得研究者可能将作物对光谱反应的现有知识体系进一步拓展，并根据特殊需求进行 LED 定制化开发，如调整食/药作物里特殊代谢物含量，或调整观赏作物外观品质（Dieleman 等，2016）。通过探索作物适应性的极限，温室技术可以帮助消除可再生电力供需之间的不匹配，而这种不匹配往往阻止了其大规模应用。常规天敌或有益微生物的使用将确保不再需要使用有害化学物质来进行植保工作（De Boo，2018；Messelink，2013），智能灌溉（见第13 章）也将确保不再有养分排放污染。

先进且成本可控的多样化传感器和信息通信技术的逐步普及，以及熟练劳动力的短缺，这些因素的叠加将促使未来温室内出现更多自动化控制设备。温室自动化控制仅仅是人工智能在温室管理中的初步尝试（Hemming，2018）。由于植物工厂可以避免外界气候变化带来的干扰，因此人工智能最有可能首先商业化应用于植物工厂，然后逐渐扩展到智能温室。随着人工智能、机器视觉以及机器人技术的发展和应用，温室作物管理和产品品控会进一步提高。

未来的温室园艺技术将以最高效的方式利用各种资源，以可持续的生产方式产出高品质园艺产品，最终形成集约化和可持续的作物生产模式。这样，温室园艺将会保持行业主导地位，并引领全球农业生产，从而为大田农业应用提供创新技术。

[1] Abdel-Ghany, A. M. and T. Kozai, 2006. Cooling efficiency of fogging systems for greenhouses. Biosystems Engineering 94(1): 97-109.

[2] Ahn, S. J., Y. J. Im, G. C. Chung, B. H. Cho and S. R. Suh, 1999. Physiological responses of grafted-cucumber leaves and rootstock roots affected by low root temperature. Scientia Horticulturae 81(4): 397-408. https://doi.org/10. 1016/S0304-4238(99)00042-4.

[3] Albright, L. D., 1990. Environment control for animals and plants. American Society of Agricultural Engineers. USDA, Washington, DC, USA.

[4] Alduchov, O. A. and R. E. Eskridge, 1996. Improved Magnus form approximation of saturation vapor pressure. Journal of Applied Meteorology 35 (4): 601-609.

[5] Allen, R. G., L. S. Pereira, D. Raes and M. Smith, 1998. Crop evapotranspiration-guidelines for computing crop water requirements. FAO irrigation and drainage paper No. 56. FAO, Rome, Italy. Available at: http://www.fao.org/docrep/X0490E/X0490E00. htm.

[6] American Society of Heating Refrigeration and Air - Conditioning Engineers (ASHRAE), 1989. Psychrometrics. ASHRAE handbook fundamentals. ASHRAE, Atlanta, GA, USA.

[7] American Society of Heating Refrigeration and Air - Conditioning Engineers (ASHRAE), 2017. ASHRAE handbook fundamentals. ASHRAE, Atlanta, GA, USA.

[8] Assaf, G., 1986. LHC-the latent heat converter. Journal of Heat Recovery Systems 6(5): 369-379.

[9] Assaf, G. and N. Zieslin, 2003. Novel means of humidity control and greenhouse heating. Acta Horticulturae 614: 433-437.

［10］Bacci, L. , G. Carmassi, L. Incrocci, P. Battista, B. Rapi, P. Marzialetti and A. Pardossi, 2013. Modelling evapotranspiration of greenhouse and nursery crops. Italus Hortus 20(3): 69-78. Available at: https://www. soihs. it/ItalusHortus/Review/Review%2021/06%20Pardossi. pdf.

［11］Baeza, E. J. , 2007. Optimización del diseño de los sistemas de ventilación en invernadero tipo parral. Tesis doctoral en Ingeniería Agronómica por la Universidad de Almería, Almería, Spain, 204 pp.

［12］Baeza, E. J. , J. I. Montero, J. Pérez-Parra, B. J. Bailey, J. C. López and J. C. Gázquez, 2014. Avances en el estudio de la ventilación natural. Documentos Técnicos n. 7, Cajamar Caja Rural, Almeria, Spain, 60 pp. Available at: https://www. publicacionescajamar. es/pdf/series - tematicas/centros - experimentales-las-palmerillas/avances-en-el-estudio-de-la-ventilacion. pdf.

［13］Baeza, E. J. J. , Pérez-Parra, J. C. López, J. C. Gázquez and J. I. Montero, 2008. Numerical analysis of buoyancy driven natural ventilation in multispan type greenhouses. Acta Horticulturae 797: 111-116.

［14］Baeza, E. J. , J. J. Pérez-Parra, J. I. Montero, B. J. Bailey, J. C. López and J. C. Gázquez, 2009. Analysis of the role of sidewall vents on buoyancy - driven natural ventilation in parral-type greenhouses with and without insect screens using computational fluid dynamics. Biosystems Engineering 104(1): 86-96.

［15］Bailey, B. and A. Raoueche, 1998. Design and performance aspects of a water producing greenhouse cooled by seawater. Acta Horticulturae 6: 109-121.

［16］Baille, A. , 2001. Trends in greenhouse technology for improved climate control in mild winter climates. Acta Horticulturae 559: 161 - 168. https://doi. org/10. 17660/ActaHortic. 2001. 559. 23.

［17］Baille, M. , A. Baille and D. Delmon, 1994. Microclimate and transpiration of greenhouse rose crops. Agricultural and Forest Meteorology 71: 83-97. https://doi. org/10. 1016/0168-1923(94)90101-5.

［18］Bakker, J. C. , 1991. Analysis of humidity effects on growth and production of glasshouse fruit vegetables. PhD - thesis, Wageningen University, 155 pp. Available at: https://edepot. wur. nl/206443.

［19］Bakker, J. C. , 2015. De toekomst van de glastuinbouw. Kas techniek 3：43. Available at：https：//tinyurl. com/y929p4hp.

［20］Bakker, J. C. and J. A. M. Van Uffelen, 1988. Effects of diurnal temperature regimes on growth and yield of glasshouse sweet pepper. Netherlands Journal of Agricultural Science：Issued by the Royal Netherlands Society for Agricultural Science 36（3）：201 – 208. Available at：https：//wur. on. worldcat. org/ oclc/1054744083.

［21］Bakker, J. C. , H. F. De Zwart and J. B. Campen, 2006. Greenhouse cooling and heat recovery using fine wire heat exchangers in a closed pot plant greenhouse：design of an energy producing greenhouse. Acta Horticulturae 719：263–270.

［22］Balendonck, J. , A. A. Sapounas, F. Kempkes, E. A. van Os, R. van der Schoor, B. A. J. van Tuijl, L. C. P. Keizer, 2014. Using a Wireless Sensor Network to determine climate heterogeneity of a greenhouse environment. Acta Horticulturae. 1037：539–546. https：//doi. org/10. 17660/ActaHortic. 2014. 1037. 67.

［23］Balendonck, J. , A. Pardossi, H. Tuzel, Y. Tuzel, M. Rusan and F. Karam, 2010. FLOW–AID–a deficit irrigation management system using soil sensor activated control：case studies. Transactions of the 3rd International Symposium on Soil Water Measurement using capacitance, impedance and TDT. April 7–9, 2010. Murcia, Spain. Available at：https：//edepot. wur. nl/139559.

［24］Bantis, F. , S. Smirnakou, T. Ouzounis, A. Koukounaras, N. Ntagkas and K. Radoglou, 2018. Current status and recent achievements in the field of horticulture with the use of Light–Emitting Diodes（LEDs）. Scientia Horticulturae 235：437–451. https：//doi. org/10. 1016/J. SCIENTA. 2018. 02. 058.

［25］Baptista, F. J. , B. J. Bailey, J. M. Randall and J. F. Meneses, 1999. Greenhouse ventilation rate：theory and measurement with tracer gas techniques. Journal of Agricultural Engineering Research 72：363–374.

［26］Beerling, E. A. M. , C. Blok, A. A. Van der Maas and E. A. Van Os, 2014. Closing the water and nutrient cycles in soilless cultivation systems. Acta Horticulturae 1034：49–55. https：//doi. org/10. 17660/ActaHortic. 2014. 1034. 4.

[27] Bertin, N. and E. Heuvelink, 1993. Dry-matter production in a tomato crop: comparison of two simulation models. Journal of Horticultural Science 68(6): 995-1011. https://doi.org/10.1080/00221589.1993.11516441.

[28] Bielza, P., V. Quinto, C. Gravalos, E. Fernandez and J. J. Abellan, 2008. Impact of production system on development of insecticide resistance in Frankliniella occidentalis (Thysanoptera: Thripidae). Journal of Economic Entomology 101: 1685-1690.

[29] Bontsema, J., J. Hemming, C. Stanghellini, P. H. B. De Visser, E. Van Henten, J. Budding, T. Rieswijk and S. Nieboer, 2008. On-line estimation of the transpiration in greenhouse horticulture. Proceedings IFAC, Agricontrol 2007, pp. 29-34.

[30] Bottcher, R. W., G. R. Baughman, R. S. Gates and M. B. Timmons, 1991. Characterizing efficiency of misting systems for poultry. Transactions of the American Society of Agricultural Engineers 34(2): 586-590.

[31] Bruggink, G. T., 1992. A comparative analysis of the influence of light on growth of young tomato and carnation plants. Scientia Horticulturae 51(1-2): 71-81. https://doi.org/10.1016/0304-4238(92)90105-L.

[32] Brunt, D., 2011. Physical and dynamical meteorology. Cambridge University Press, Cambridge, UK.

[33] Buck, A. L., 1981. New equations for computing vapor pressure and enhancement factor. Journal of Applied Meteorology 20(12): 1527-1532.

[34] Bugbee, B., 2015. Why vertical farming won't save the planet. Utah State University Extension. Available at: https://www.youtube.com/watch?v=ISAKc9gpGjw.

[35] Buwalda, F., A. A. Rijsdijk, J. V. M. Vogelezang, A. Hattendorf and L. G. G. Batta, 1999. An energy efficient heating strategy for cut rose production based on crop tolerance to temperature fluctuations. Acta Horticulturae 507: 117-126. https://doi.org/10.17660/ActaHortic.1999.507.13.

[36] Caballero, P. and M. D. De Miguel, 2002. Costes e intensificación en la hortofruti-cúltura Mediterránea. In: Garcá, J. M. (ed.) La Agricultura Mediterránea en el Siglo XXI. Instituto Cajamar, Almería, Spain, pp. 222-244. Available at:

https://www. publicacionescajamar. es/publicaciones-periodicas/mediterraneo-economico/mediterraneo-economico-2-la-agricultura-mediterranea-en-el-siglo-xxi/.

[37] Caja Rural Intermediterránea, 2005. La economía de la provincia de Almería. Cajamar. Available at: https://www. juntadeandalucia. es/educacion/vscripts/wbi/w/rec/4625. pdf.

[38] Cajamar, 2017. Análisis de la campaña hortofrutícola de Almería. Campaña 2016-2017. Available at: https://tinyurl. com/ycddyp3o.

[39] Campen, J. B. , 2005. Greenhouse design applying CFD for Indenesian conditions. Acta Horticulturae 691: 414-424.

[40] Campen, J. B. , 2009. Dehumidification of greenhouses. Thesis, Wageningen University, Wageningen, the Netherlands, 117 pp. Available at: https://edepot. wur. nl/12805.

[41] Campen, J. B. , 2011. Dehumidification using outside air. Wageningen UR Greenhouse Horticulture: Oral presentation. Available at: https://edepot. wur. nl/178729.

[42] Campen, J. B. , 2012. Towards a more sustainable, water efficient protected cultivation in arid regions. Acta Horticulturae 952: 81-85. https://doi. org/10. 17660/ActaHortic. 2012. 952. 7.

[43] Carmassi, G. , L. Bacci, M. Bronzini, L. Incrocci, R. Maggini, G. Bellocchi, D. Massa and A. Pardossi, 2013. Modelling transpiration of greenhouse gerbera (Gerbera jamesonii H. Bolus) grown in substrate with saline water in a Mediterranean climate. Scientia Horticulturae 156: 9-18. https://doi. org/10. 1016/j. scienta. 2013. 03. 023.

[44] Carvalho, S. M. P. , E. Heuvelink, R. Cascais and O. Van Kooten, 2002. Effect of day and night temperature on internode and stem length in chrysanthemum: is everything explained by DIF? Annals of Botany 90(1): 111-118. https://doi. org/10. 1093/AOB/MCF154.

[45] Carvalho, S. M. P. , F. R. Van Noort, R. Postma and E. Heuvelink, 2008. Possibilities for producing compact floricultural crops. Wageningen UR Greenhouse Horticulture / Productschap Tuinbouw, Report 173. Available at:

https://edepot. wur. nl/11685.

[46] Carvalho, S. M. P. , S. E. Wuillai and E. Heuvelink, 2006. Combined effects of light and temperature on product quality of Kalanchoe Blossfeldiana. Acta Horticulturae 711: 121-126. https://doi. org/10. 17660/ActaHortic. 2006. 711. 12.

[47] Casini, M. , 2018. Active dynamic windows for buildings: a review. Renewable Energy 119: 923-934.

[48] Cavcar, M. , 2000. The international standard atmosphere (ISA). Anadolu University, Turkey.

[49] Centraal Bureau voor de Statistiek (CBS), 2018. Landbouw; economische omvang naar omvangsklasse, bedrijfstype. Available at: https://tinyurl. com/y8ymuuhf.

[50] Challa, H. and E. Heuvelink, 1993. Economic evaluation of crop photosynthesis. Acta Horticulturae 328: 219-228. https://doi. org/10. 17660/ActaHortic. 1993. 328. 21.

[51] Cheng, C. -H. and F. Nnadi, 2014. Predicting downward longwave radiation for various land use in all-sky condition: Northeast Florida. Advances in Meteorology, Article ID: 525148. https://doi. org/10. 1155/2014/525148.

[52] Christiaens, A. , M. C. Van Labeke, B. Gobin and J. Van Huylenbroeck, 2015. Rooting of ornamental cuttings affected by spectral light quality. Acta Horticulturae 1104: 219-224. https://doi. org/10. 17660/ActaHortic. 2015. 1104. 33.

[53] Cicekli, M. and N. T. Barlas, 2014. Transformation of today greenhouses into high technology vertical framing systems for metropolitan regions. Journal of Environmental Protection and Ecology 15: 1779-1785.

[54] Cockshull, K. E, D. Gray, G. B. Seymour and B. Thomas, 1998. Genetic and environmental manipulation of horticultural crops. Cab International, Wallingford, UK.

[55] Cooper, AJ. , 1973. Influence of rooting-medium temperature on growth of Lycopersicon Esculentum. Annals of Applied Biology 74(3): 379-385. https://doi. org/10. 1111/j. 1744-7348. 1973. tb07758. x.

[56] Cuadrado Gómez, I. M. (ed.), 2009. Caracterización de la explotación hortícola

protegida de Almería. Fundación para la Investigación Agraria en la Provincia de Almería, 178 pp. Available at: https://www. publicacionescajamar. es/pdf/series-tematicas/centros-experimentales-las-palmerillas/caracterizacion-de-la-explotacion. pdf.

[57] Cuartero, J. , M. C. Bolarín, M. J. Asíns and V. Moreno, 2006. Increasing salt tolerance in the tomato. Journal of Experimental Botany 57(5): 1045–1058. https://doi. org/10. 1093/jxb/erj102.

[58] Davies, P. , 2005. A solar cooling system for greenhouse food production in hot climates. Solar Energy 79(6): 661–668.

[59] De Boo, M. , 2018. Back-up troops for a healthy harvest. Wageningen World 2: 16–23. Available at: https://tinyurl. com/ycy2r5ok.

[60] De Gelder, A. , E. H. Poot, J. A. Dieleman and H. F. De Zwart, 2012. A concept for reduced energy demand of greenhouses: the next generation greenhouse cultivation in the Netherlands. Acta Horticulturae 952: 539–544. https://doi. org/10. 17660/ActaHortic. 2012. 952. 68.

[61] De Koning, A. N. M. , 1990. Long-term temperature integration of tomato. Growth and development under alternating temperature regimes. Scientia Horticulturae 45(1-2): 117-127. https://doi. org/10. 1016/0304-4238(90)90074-O.

[62] De Koning, A. N. M. , 1993. Growth of a tomato crop. Measurements for model validation. Acta Horticulturae 328: 141-146.

[63] De Koning, A. N. M. , 1994. Development and dry matter distribution in glasshouse tomato: a quantitative approach. Available at: https://edepot. wur. nl/205947.

[64] De Koning, A. N. M. , 2000. The effect of temperature, fruit load and salinity on development rate of tomato fruit. Acta Horticulturae 519: 85-94. https://doi. org/10. 17660/ActaHortic. 2000. 519. 7.

[65] De Koning, A. N. M. and I. Tsafaras, 2017. Real-time comparison of measured and simulated crop transpiration in greenhouse process control. Acta Horticulturae 1170: 301-308. https://doi. org/10. 17660/ActaHortic. 2017. 1170. 36.

［66］De Ruijter, J. A. F., 2002. Kansen voor lage - temperatuurwarmte in combinatie met warmtepompen en ondergrondse energieopslag bij (bijna) gesloten kassen: deel 1 en 2: haalbaarheid warmtepompgebaseerd koel -/ ontvochtigings- en verwarmingssysteem met warmteopslag in aquifers. KEMA, Arnhem, the Netherlands.

［67］De Visser, P. H. B., G. H. Buck-Sorlin and G. W. A. M. Van der Heijden, 2014. Optimizing illumination in the greenhouse using a 3D model of tomato and a ray tracer. Frontiers in Plant Science 5: 48. https://doi. org/10. 3389/ fpls. 2014. 00048.

［68］De Zwart, H. F., 1996. Analyzing energy-saving options in greenhouse cultivation using a simulation model. Wageningen University, Farm Technology Group, 236 pp.

［69］De Zwart, H. F., 2004. Praktijkexperiment duurzame energieverzameling door middel van daksproeiers. Wageningen University, Wageningen, the Netherlands. (in Dutch)

［70］De Zwart, H. F., 2007. Overall energy analysis of (semi) closed greenhouses. Acta Horticulturae 801: 811-818.

［71］De Zwart, H. F., 2012. Lesson learned from experiments with semi-closed greenhouses. Acta Horticulturae 952: 583-588.

［72］De Zwart, H. F., 2016. Radiation monitor. GreenTech 2016. Available at: https://www. glastuinbouwmodellen. wur. nl/radiationmonitor/? user = Mard_ ENC and https://edepot. wur. nl/388294.

［73］De Zwart, H. F. and G. L. A. M. Swinkels, 2002. De kas als zonne-energie oogster. Wageningen University, Wageningen, the Netherlands.

［74］Demirbas, A., 2009. Hydrogen from mosses and algae via pyrolysis and steam gasification. Energy sources, Part A: Recovery, Utilization, and Environmental Effects 32(2): 172-179.

［75］Despommier, D., 2010a. The vertical farm: feeding the world in the 21st century. St. Martin's Press, New York, NY, USA.

［76］Despommier, D., 2010b. The vertical farm. TEDxWindyCity. Available at: https://www. youtube. com/watch? v=XIdP00u2KRA.

[77] Dieleman, J. A., F. W. A. Verstappen and D. Kuiper, 1998. Root temperature effects on growth and bud break of rosa hybrida in relation to cytokinin concentrations in xylem sap. Scientia Horticulturae 76(3-4): 183-192. https://doi. org/10. 1016/S0304-4238(98)00131-9.

[78] Dieleman, J. A., P. H. B. De Visser and P. C. M. Vermeulen, 2016. Reducing the carbon footprint of greenhouse grown crops: re-designing LED-based production systems. Acta Horticulturae 1134: 395-402.

[79] Doorenbos, J. and W. O. Pruitt, 1997. Crop water requirements. FAO irrigation and drainage, Paper 24. Food and Agriculture Organisation, Rome, Italy. Available at: https://www. fao. org/docrep/018/s8376e/s8376e. pdf.

[80] Dueck, T. and S. Pot, 2010. Lichtmeetprotocol: lichtmetingen in onderzoekskassen meet LED en SON-T belichting. Wageningen UR Greenhouse Horticulture/Plant Dynamics and Wageningen University, Wageningen, the Netherlands.

[81] Dueck, T. A. and C. Van Dijk, 2007. Veilig CO_2 blijven doseren uit WKK. Groenten & Fruit, week 31: 16-17.

[82] Dueck, T. A., J. Janse, B. A. Eveleens, F. L. K. Kempkes and L. F. M. Marcelis, 2012. Growth of tomatoes under hybrid LED and HPS lighting. Acta Horticulturae 952: 335-342. https://doi. org/10. 17660/ActaHortic. 2012. 952. 42.

[83] Ehret, D. L. and L. C. Ho, 1986. The effects of salinity on dry matter partitioning and fruit growth in tomatoes grown in nutrient film culture. Journal of Horticultural Science 61(3): 361-367. https://doi. org/10. 1080/14620316. 1986. 11515714.

[84] Eigenbrod, C. and N. Gruda, 2015. Urban vegetable for food security in cities: a review. Agronomy and Sustainable Development 35: 483-498. https://doi. org/10. 1007/s13593-014-0273-y.

[85] Elings, A, H. F. De Zwart, J. Janse, L. F. M. Marcelis and F. Buwalda, 2006. Multiple-day temperature settings on the basis of the assimilate balance: a simulation study. Acta Horticulturae 718: 227-232. https://doi. org/10. 17660/ActaHortic. 2006. 718. 24.

[86] Elings, A., F. L. K. Kempkes, R. C. Kaarsemaker, M. N. A. Ruijs, N. J.

Van de Braak and T. A. Dueck, 2005. The energy balance and energy-saving measures in greenhouse tomato cultivation. Acta Horticulturae 691: 67-74.

[87]European Environmental Agency, 2017. Overview of electricity production and use in Europe. Indicator assessment. Prod-ID: IND-353-en, also known as: ENER 038. Available at: https://tinyurl. com/yd249ev6.

[88]European Food Safety Authority (EFSA) Panel on Plant Protection Products and their Residues (PPR), 2010. Scientific Opinion on emissions of plant protection products from greenhouses and crops grown under cover: outline of a new guidance. EFSA Journal 8 (4): 1567. https://doi. org/10. 2903/ j. efsa. 2010. 1567.

[89]Fanasca, S. , A. Martino, E. Heuvelink and C. Stanghellini, 2007. Effect of electrical conductivity, fruit pruning, and truss position on quality in greenhouse tomato fruit. Journal of Horticultural Science and Biotechnology 82 (3): 488-494. https://doi. org/10. 1080/14620316. 2007. 11512263.

[90]Fanourakis, D. , D. Bouranis, H. Giday, D. R. A. Carvalho, A. R. Nejad and C. -O. Ottosen, 2016. Improving stomatal functioning at elevated growth air humidity: a review. Journal of Plant Physiology 207: 51 - 60. https:// doi. org/10. 1016/J. JPLPH. 2016. 10. 003.

[91]Farquhar, G. D. , S. Von Caemmerer and J. A. Berry, 2001. Models of photosynthesis. Plant Physiology 125(1): 42-45. https://doi. org/10. 1104/PP. 125. 1. 42.

[92]Fernández, M. D. , E. Baeza, A. Céspedes, J. Pérez - Parra and J. C. Gázquez, 2009. Validation of On - Farm Crop Water Requirements (PrHo) model for horticultural crops in an unheated plastic greenhouse. Acta Horticulturae 807: 295-300. Available at: https://www. actahort. org/books/807/807 _ 40. htm.

[93]Fernández, M. D. , S. Bonachela, F. R. Orgaz, J. C. Thompson, M. R. López, M. Granados, M. Gallardo and E. Fereres, 2010. Measurement and estimation of plastic greenhouse reference evapotranspiration in a Mediterranean climate. Irrigation Science 28: 497. https://doi. org/10. 1007/s00271-010-0210-z.

[94]Fleischer, M. and M. Dinar, 2014. How to tailor-make a greenhouse cover. Acta Horticulturae 1015: 259-261.

[95] Food and Agriculture Organization of the United Nations (FAO), 2016. FAOSTAT: food supply－crops primary equivalent. Available at: https://www. fao. org/faostat/en/#data/CC.

[96] Foyer, C. H. , J. Neukermans, G. Queval, G. Noctor and J. Harbinson, 2012. Photosynthetic control of electron transport and the regulation of gene expression. Journal of Experimental Botany 63 (4): 1637－1661. https://doi. org/10. 1093/jxb/ers013.

[97] Fuchs, M. and C. Stanghellini, 2018. The functional dependence of canopy conductance on water vapor pressure deficit revisited. International Journal of Biometeorology 62(7): 1211－1220.

[98] Gallardo, M. , R. B. Thompson and M. D. Fernández, 2013. Water requirements and irrigation management in Mediterranean greenhouses: the case of the southeast coast of Spain. FAO Plant Production and Protection Paper 217. FAO, Rome, Italy, pp. 109－136. Available at: https://www. fao. org/3/a-i3284e. pdf.

[99] Garcia Victoria, N. , F. L. K. Kempkes, J. C. Löpez Hernández, E. J. Baezo Romero, L. Incrocci and A. Pardossi, 2012. Evaluation trials of potential input reducing developments in 3 test locations. Almeria/Bleiswijk/Pisa. European Commission, Brussels, Belgium. Available at: https://edepot. wur. nl/222835.

[100] García Victoria, N. , F. L. K. Kempkes, P. Van Weel, C. Stanghellini, T. A. Dueck and M. Bruins, 2012. Effect of a diffuse glass greenhouse cover on rose production and quality. Acta Horticulturae 952: 241－248. https://doi. org/10. 17660/ActaHortic. 2012. 952. 29.

[101] Gatley, D. P. , 2004. Psychrometric chart celebrates 100th anniversary. Ashrae Journal 46(11): 16.

[102] Geelen, P. A. M. , J. O. Voogt and P. A. Van Weel, 2019. Plant empowerment. LetsGrow. com. Available at: www. plantempowerment. com.

[103] Ghannoum, O. , 2018. C3 photosynthesis. In: Atwell, B. J. , P. E. Kriedemann and C. G. N. Turnbull (eds.) Plants in action: adaptation in nature, performance in cultivation. Macmillan Education AU, South Yarra, Australia.

Available at：https://plantsinaction. science. uq. edu. au/content/21-c3-photosynthesis.

[104]Ghosal, M. K. , G. N. Tiwari and N. S. L. Srivastava, 2003. Modeling and experimental validation of a greenhouse with evaporative cooling by moving water film over external shade cloth. Energy and Buildings 35(8)：843-850.

[105]Gieling, T. H. , 1998. Sensors and measurement, a review. Acta Horticulturae 421：19-36. https://doi. org/10. 17660/ActaHortic. 1998. 421. 1.

[106]Golovatskaya, I. F. and R. A. Karnachuk, 2015. Role of green light in physiological activity of plants. Russian Journal of Plant Physiology 62(6)：727-740. https://doi. org/10. 1134/S1021443715060084.

[107]Gómez, C. and C. A. Mitchell, 2014. Supplemental lighting for greenhouse-grown tomatoes：intracanopy LED towers vs overhead HPS lamps. Acta Horticulturae：855-862.

[108]Goudriaan, J. , 1977. Crop micrometeorology：a simulation study. Wageningen Centre for Agricultural Publishing and Documentation, 249 pp. Available at：https://edepot. wur. nl/166537.

[109]Graamans, L. , A. Van den Dobbelsteen, E. Meinen and C. Stanghellini, 2017. Plant factories；crop transpiration and energy balance. Agricultural Systems 153：138-147.

[110]Graamans, L. , E. Baeza, A. Van den Dobbelsteen, I. Tsafaras and C. Stanghellini, 2018. Plant factories versus greenhouses：comparison of resource use efficiency. Agricultural Systems 160：31-43. https://doi. org/10. 1016/j. agsy. 2017. 11. 003.

[111]Grashoff, C. , M. G. M. Raaphorst, J. W. M. Kempen, J. Janse, J. A. Dieleman and L. F. M. Marcelis, 2004. Temperatuurintegratie kleine gewassen. Plant Research International, Nota 307. Available at：https://www. kasalsenergiebron. nl/content/research/Eindrapport_ 11293. pdf.

[112]Grieve, C. M. , S. R. Grattan and E. Van Maas, 2012. Plant salt tolerance. Agricultural Salinity Assessment and Management, 2nd edition. American Society of Civil Engineers Reston, Virginia, USA, pp. 405-459

[113]Hanan, J. J. , 1998. Greenhouses：advanced technology for protected horti-

culture. CRC press, Boca Raton, FL, USA, 708 pp.

[114]Hao, X. , J. Zheng, and C. Little, 2015. Dynamic temperature integration with temperature drop to improve early fruit yield and energy efficiency in greenhouse cucumber production. Acta Horticulturae 1107: 127 – 132. https://doi. org/10. 17660/ActaHortic. 2015. 1107. 17.

[115]Harvard School of Public Health (Harvard University), 2011. Healthy eating plate & healthy eating pyramid. Available at: https://tinyurl. com/zn5849w.

[116]Haynes, W. M. , 2014. CRC handbook of chemistry and physics. CRC press, Boca Raton, FL, USA.

[117]Hemming, S. , 2015. Diffuse light–benefits for crops and growers. Agricultural film conference, Barcelona. Available at: https://edepot. wur. nl/385695.

[118]Hemming, S. , 2018. International challenge of self–cultivating greenhouses. Greenhouse Horticulture, Wageningen UR, Wageningen, the Netherlands. Available at: https://tinyurl. com/ycpwm9e9.

[119]Hemming, S. , G. L. A. M. Swinkels, A. J. Van Breugel and V. Mohammad-khani, 2016. Evaluation of diffusing properties of greenhouse covering materials. Acta Horticulturae 1134: 309 – 316. https://doi. org/10. 17660/Acta-Hortic. 2016. 1134. 41.

[120]Hemming, S. , J. Balendonck, J. A. Dieleman, A. De Gelder, F. L. K. Kempkes, G. L. A. M. Swinkels, P. H. B. De Visser and H. F. De Zwart, 2017. Innovations in greenhouse systems–energy conservation by system design, sensors and decision support systems. Acta Horticulturae 1170: 1–16. https://doi. org/10. 17660/ActaHortic. 2017. 1170. 1.

[121]Hemming, S. , T. A. Dueck, N. Marissen, R. E. E. Jongschaap, F. L. K. Kempkes and N. J. Van de Braak, 2005. Diffuus licht: het effect van lichtver-strooiende kasdekmaterialen op kasklimaat, lichtdoordringing en gewasgroei. Rapport 557, Wageningen UR Agrotechnology & Food Innovations, Wageningen, the Netherlands, 97 pp. Available at: https://edepot. wur. nl/295718.

[122]Hemming, S. , V. Mohammadkhani and J. Van Ruijven, 2014. Material technology of diffuse greenhouse covering materials–influence on light trans-mission, light scattering and light spectrum. Acta Horticulturae 1037: 883–

895. https://doi. org/10. 17660/ActaHortic. 2014. 1037.

[123]Hernández, R. and C. Kubota, 2016. Physiological responses of cucumber seedlings under different blue and red photon flux ratios using LEDs. Environmental and Experimental Botany 121: 66－74. https://doi. org/10. 1016/ J. ENVEXPBOT. 2015. 04. 001.

[124]Heuvelink, E. , 1989. Influence of day and night temperature on the growth of young tomato plants. Scientia Horticulturae 38(1－2): 11－22. https:// doi. org/10. 1016/0304－4238(89)90015－0.

[125]Heuvelink, E. , 1996. Tomato growth and yield: quantitative analysis and synthesis. PhD－thesis, Wageningen University, Wageningen, the Netherlands, 326 pp. Available at: https://edepot. wur. nl/206832.

[126]Heuvelink, E. 1997. Effect of fruit load on dry matter partitioning in tomato. Scientia Horticulturae 69: 51－59. https://doi. org/10. 1016/S0304－4238 (96)00993－4.

[127]Heuvelink, E. (ed.), 2018. Tomatoes. CABI, Wallingford, UK, 256 pp.

[128]Heuvelink, E. and T. Kierkels, 2015. Plant physiology in greenhouses. Horti－Text BV, Woerden, the Netherlands, 128 pp. Available at: https:// www. ingreenhouses. com/books.

[129]Heuvelink, E. , J. H. Lee, R. P. M. Buiskool and L. Ortega, 2002. Light on cut Chrysanthemum: measurement and simulation of crop growth and yield. Acta Horticulturae 580: 197－202. https://doi. org/10. 17660/ActaHortic. 2002. 580. 25.

[130]Heuvelink, E. , M. Bakker and C. Stanghellini, 2003. Salinity effects on fruit yield in vegetable crops: a simulation study. Acta Horticulturae 609 133－140. https://doi. org/10. 17660/ActaHortic. 2003. 609. 17.

[131]Heuvelink, E. , M. J. Bakker, A. Elings, R. C. Kaarsemaker and L. F. M. Marcelis, 2005. Effect of leaf area on tomato yield. Acta Horticulturae 691: 43－50.

[132]Heuvelink, E. , M. J. Bakker, L. Hogendonk, J. Janse and R. Kaarsemaker, 2006. Horticultural lighting in the Netherlands: new developments. Acta Horticulturae 711: 25－34. https://doi. org/10. 17660/ActaHortic. 2006. 711. 1.

［133］Hickman, G. W. , 2018. International greenhouse vegetable production-sta-tistics. Cuesta Roble Greenhouse Consultants, Mariposa, CA, USA, 170 pp. Available at：https://www. cuestaroble. com/statistics. htm.

［134］Higashide, T. and E. Heuvelink, 2009. Physiological and morphological changes over the past 50 years in yield components in tomato. Journal of the American Society for Horticultural Science 134(4)：460-465.

［135］Ho, L. C. and P. J. White, 2005. A cellular hypothesis for the induction of blossom-end rot in tomato fruit. Annals of Botany 95 (4)：571 - 581. https://doi. org/10. 1093/aob/mci065.

［136］Ho, L. C. , P. Adams, X. Z. Li, H. Shen, J. Andrews, and Z. H. Xu, 1995. Responses of Ca-efficient and Ca-inefficient tomato cultivars to salinity in plant growth, calcium accumulation and blossom-end rot. Journal of Horti-cultural Science 70：909-918. https://doi. org/10. 1080/14620316. 1995. 11515366.

［137］Hogewoning, S. W. , E. Wientjes, P. Douwstra, G. Trouwborst, W. Van Ieperen, R. Croce and J. Harbinson, 2012. Photosynthetic quantum yield dynamics：from photosystems to leaves. Plant Cell 24 (5)：1921 - 1935. https://doi. org/10. 1105/tpc. 112. 097972.

［138］Hogewoning, S. W. , G. Trouwborst, H. Maljaars, H. Poorter, W. Van Ie-peren and J. Harbinson, 2010b. Blue light dose-responses of leaf photosyn-thesis, morphology, and chemical composition of cucumis sativus grown under different combinations of red and blue light. Journal of Experimental Botany 61(11)：3107-3117. https://doi. org/10. 1093/jxb/erq132.

［139］Hogewoning, S. W. , H. Maljaars and J. Harbinson, 2007. The acclimation of photosynthesis in cucumber leaves to different ratios of red and blue light. Photosynthesis Research 91：287-288. 32.

［140］Hogewoning, S. W. , P. Douwstra, G. Trouwborst, W. Van Ieperen and J. Harbinson, 2010a. An artificial solar spectrum substantially alters plant de-velopment compared with usual climate room irradiance spectra. Journal of Experimental Botany 61 (5)：1267 - 1276. https://doi. org/10. 1093/ jxb/erq005.

［141］Holder, R. and K. E. Cockshull, 1988. The effect of humidity and nutrition on the development of calcium deficiency symptoms in tomato leaves. The effects of high humidity on plant growth in energy saving greenhouses. Office for Official Publications of the European Communities, Luxembourg, pp. 53-60.

［142］Hovi-Pekkanen, T. and R. Tahvonen, 2008. Effects of interlighting on yield and external fruit quality in year-round cultivated cucumber. Scientia Horticulturae 116(2): 152-161. https://doi. org/10. 1016/ J. SCIENTA. 2007. 11. 010.

［143］Hsiao, T. C., P. Steduto and E. Fereres, 2007. A systematic and quantitative approach to improve water use efficiency in agriculture. Irrigation Science 25(3): 209-231.

［144］Hunt, R., D. R. Causton, B. Shipley and A. P. Askew, 2002. A modern tool for classical plant growth analysis. Annals of Botany 90(4): 485-488. https://doi. org/10. 1093/aob/mcf214.

［145］Incrocci, L., 2012. Nutrient solution calculator. EU-EUPHOROS project, calculation tools. Available at: https://tinyurl. com/yambd4gf.

［146］Incrocci, L., C. Stanghellini, B. Dimauro and A. Pardossi, 2008. Rese maggiori a costi contenuti con la concimazione carbonica: risultati di studi in serre nel sud Italia e in Spagna. L'Informatore Agrario 21: 57-59.

［147］Incrocci, L., G. Incrocci, A. Pardossi, G. Lock, C. Nicholl and J. Balendonck, 2009. The calibration of wet-sensor for volumetric water content and pore water electrical conductivity in different horticultural substrates. Acta Horticulturae 807: 289-294. https://doi. org/10. 17660/Acta-Hortic. 2009. 807. 39.

［148］Incrocci, L., P. Marzialetti, G. Incrocci, A. Di Vita, J. Balendonck, C. Bibbiani, S. Spagnol and A. Pardossi, 2014. Substrate water status and evapotranspiration irrigation scheduling in heterogenous container nursery crops. Agricultural Water Management 131: 30-40. https://doi. org/ 10. 1016/j. agwat. 2013. 09. 004.

［149］Incrocci, L., P. Marzialetti, G. Incrocci, A. Di Vita, J. Balendonck, C.

Bibbiani, S. Spagnol and A. Pardossi, 2019. Sensor－based management of container nursery crops irrigated with fresh or saline water. Agricultural Water Management 213: 49-61. https://doi. org/10. 1016/j. agwat. 2018. 09. 054.

[150] Incrocci, L. , P. Marzialetti, G. Incrocci, J. Balendonck, S. Spagnol and A. Pardossi, 2010. Application of WET sensor for management of reclaimed wastewater irrigation in container－grown ornamentals (Prunus laurocerasus L.). The 3rd International Symposium on Soil Water Measurement Using Capacitance, Impedance and TDT. April 7-9, 2010. Murcia, Spain. Available at: https://edepot. wur. nl/139556.

[151] Janssen, E. G. O. N. , J. Ruigrok, A. van't Ooster and J. de Wit, 2006. Buffering of geothermal heat and other renewable energy sources. TNO－report 2006-D-R0644, 56pp [In Dutch]. Available at: https://edepot. wur. nl/22107.

[152] Jarvis, P. G. , 1976. The interpretation of the variations in leaf water potential and stomatal conductance found in canopies in the field. Philosophical Transactions of the Royal Society of London B 273: 593-610. https://doi. org/ 10. 1098/rstb. 1976. 0035.

[153] Jones, H. G. , N. Archer, E. Rotenberg and R. Casa, 2003. Radiation measurement for plant ecophysiology. Journal of Experimental Botany 54 (384): 879-889. https://doi. org/10. 1093/jxb/erg116.

[154] Jongschaap, R. E. E. , A. De Gelder, E. Heuvelink, F. L. K. Kempkes and C. Stanghellini, 2009. Nieuwe vormen van verwarming van gewas(delen). Wageningen UR Glastuinbouw, Wageningen, the Netherlands.

[155] Kacira, M. , S. Sase and L. Okushima, 2004. Effects of side Vents and span numbers on wind － induced natural ventilation of a gothic multi － span greenhouse. JARQ 38(4): 227-233.

[156] Karlsson, M. G. , R. D. Heins, J. O. Gerberick and M. E. Hackmann, 1991. Temperature driven leaf unfolding rate in hibiscus rosa-sinensis. Scientia Horticulturae 45(3-4): 323-331. https://doi. org/10. 1016/0304-4238(91)90078-D.

[157] Katsoulas, N. , A. Sapounas, H. F. De Zwart, J. A. Dieleman and C. Stanghellini, 2015. Reducing ventilation requirements in semi-closed greenhouses

increases water use efficiency. Agricultural Water Management 156: 90-99.

[158] Katsoulas, N., E. Kitta, C. Kittas, I. L. Tsirogiannis, E. Stamati and D. Sayvas, 2006. Greenhouse cooling by a fog system: effects on microclimate and on production and quality of a soilless pepper crop. Acta Horticulturae 719: 455-462.

[159] Kaya, C., D. Higgs, K. Saltali and O. Gezerel, 2007. Response of strawberry grown at high salinity and alkalinity to supplementary potassium. Journal of Plant Nutrition 25(7): 1415-1427. https://doi.org/10.1081/PLN-120005399.

[160] Kempkes, F., H. F. De Zwart, P. Munoz, J. I. Montero, F. J. Baptista, F. Giuffrida, C. Gilli, A. Stepowska and C. Stanghellini, 2017b. Heating and dehumidification in production greenhouses at northern latitudes: energy use. Acta Horticulturae 1164: 445 - 452. https://doi.org/10.17660/ActaHortic.2017.1164.58.

[161] Kempkes, F. L. K., J. Janse and S. Hemming, 2017a. Greenhouse concept with high insulating cover by combination of glass and film: design and first experimental results. Acta Horticulturae 1170: 469-486. https://doi.org/10.17660/ActaHortic.2017.1170.58.

[162] Kim, H. J., M. Y. Lin, C. A. Mitchell, 2019. Light spectral and thermal properties govern biomass allocation in tomato through morphological and physiological changes. Environmental en Experimental Botany 157: 228 - 240. https://doi.org/10.1016/j.envexpbot.2018.10.019.

[163] Kiyriacou, P. A., 2010. Biomedical sensors: temperature sensor technology. In: Biomedical sensors, Momentum Press, New York, NY, USA, pp. 1-38.

[164] Kool, M. T. N., 1996. System development of glasshouse roses. PhD-thesis, Wageningen University, Wageningen, the Netherlands, 143 pp. Available at: https://edepot.wur.nl/210516.

[165] Körner, O. and H. Challa, 2003. Design for an improved temperature integration concept in greenhouse cultivation. Computers and Electronics in Agriculture 39: 39-59. https://doi.org/10.1016/S0168-1699(03)00006-1.

[166] Körner, Ch., J. A. Scheel and H. Bauer, 1979. Maximum leaf diffusive conductance in vascular plants. Photosynthetica 13(1): 45-82.

［167］Körner，O.，E. Heuvelink and Q. Niu，2009. Quantification of temperature，CO 2，and light effects on crop photosynthesis as a basis for model-based greenhouse climate control. Journal of Horticultural Science and Biotechnology 84(2)：233-239. https：//doi. org/10. 1080/14620316. 2009. 11512510.

［168］Kozai，T.，2013. Plant factory in Japan-current situation and perspectives. Chronica Horticulturae 53：8-11.

［169］Kozai，T.，C. Kubota，M. Takagaki and T. Maruo，2015. Greenhouse environment control technologies for improving the sustainability of food production. Acta Horticulturae 1107：1-13.

［170］Kozai，T.，G. Niu and M. Takagaki，2015. Plant factory：an indoor vertical farming system for efficient quality food production. Academic Press，Cambridge，MA，USA，432 pp.

［171］Krishna Bahadur，K. C.，G. M. Dias，A. Veeramani，C. J. Swanton，D. Fraser，D. Steinke，E. Lee，H. Wittman，J. M. Farber，K. Dunfield，K. McCann，M. Anand，M. Campbell，N. Rooney，N. E. Raine，R. Van Acker，R. Hanner，S. Pascoal，S. Sharif，T. G. Benton and E. D. G. Fraser，2018. When too much isn't enough：does current food production meet global nutritional needs? PLoS ONE 13(10)：e0205683.

［172］Kromdijk，J.，F. Van Noort，S. Driever and T. Dueck，2012. An enlightened view on protected cultivation of shade-tolerant pot-plants：benefits of higher light levels. Acta Horticulturae 956：381 - 388. https：//doi. org/10. 17660/ActaHortic. 2012. 956. 44.

［173］KWIN，2017. Quantitative Information on Dutch greenhouse horticulture 2016-2017. Report 5154，Wageningen University and Research Unit Greenhouse Horticulture，Wageningen，the Netherlands，334 pp. Available at：https：//www. wur. nl/en/newsarticle/Quantitative-Information-for-Greenhouse-Horticulture-KWIN-2016-2017. htm.

［174］Langhans，R. W. and T. W. Tibbitts，1997. Plant growth chamber handbook. Iowa Agricultural and Home Economics Experiment Station，Ames，IA，USA.

［175］Larsen，R. U. and L. Persson，1999. Modelling flower development in greenhouse chrysanthemum cultivars in relation to temperature and response group.

Scientia Horticulturae 80(1-2): 73-89. https://doi. org/10. 1016/S0304-4238(98)00219-2.

[176]Lee, J. H. , 2002. Analysis and simulation of growth and yield of cut chrysan-themum. PhD-thesis, Wageningen University, Wageningen, the Netherlands, 120 pp. Available at: https://wur. on. worldcat. org/oclc/907106667.

[177]Lee, J. H. , E. Heuvelink and H. Challa, 2002. A simulation study on the interactive effects of radiation and plant density on growth of cut chrysanthe-mum. Acta Horticulturae 593: 151-157. https://doi. org/10. 17660/Act-aHortic. 2002. 593. 19.

[178]Lee, J. H. , J. Goudriaan and H. Challa, 2003. Using the expolinear growth equation for modelling crop growth in year-round cut chrysanthemum. Annals of Botany 92(5): 697-708. https://doi. org/10. 1093/aob/mcg195.

[179]Leonardi, C. , S. Guichard and N. Bertin, 2000. High vapour pressure deficit influences growth, transpiration and quality of tomato fruits. Scientia Horticul-turae 84 (3 - 4): 285 - 296. https://doi. org/10. 1016/S0304 - 4238 (99) 00127-2.

[180]Li, Q. and C. Kubota, 2009. Effects of supplemental light quality on growth and phytochemicals of baby leaf lettuce. Environmental and Experimental Botany 67 (1): 59-64. https://doi. org/10. 1016/J. ENVEXPBOT. 2009. 06. 011.

[181]Li, S. and Willits, D. , 2008. Comparing low-pressure and high-pressure fogging systems in naturally ventilated greenhouses. Biosystems Engineering 101(1): 69-77.

[182]Li, T. , E. Heuvelink and L. F. M. Marcelis, 2015. Quantifying the source-sink balance and carbohydrate content in three tomato cultivars. Frontiers in Plant Science 6: 416. https://doi. org/10. 3389/fpls. 2015. 00416.

[183]Li, T. , E. Heuvelink, T. A. Dueck, J. Janse, G. Gort and L. F. M. Mar-celis, 2014. Enhancement of crop photosynthesis by diffuse light: quantifying the contributing factors. Annals of Botany 114 (1): 145 - 156. https://doi. org/10. 1093/aob/mcu071.

[184]Li, Y. L. , C. Stanghellini and H. Challa, 2001. Effect of electrical conduc-tivity and transpiration on production of greenhouse tomato. Scientia Horticul-

turae 88: 11−29. https://doi. org/10. 1016/S0304−4238(00)00190−4.

[185] Li, Y. L. , L. F. M. Marcelis and C. Stanghellini, 2004. Plant water re-lations as affected by osmotic potential of the nutrient solution and potential transpiration in tomato (Lycopersicon esculentum L.). Journal of Horti-cultural Science & Biotechnology 79(2): 211 − 218. https://doi. org/10. 1080/14620316. 2004. 11511750.

[186] Limberger, J. , T. Boxem, M. Pluymaekers, D. Bruhn, A. Manzella, P. Cal-cagno, F. Beekman, S. Cloetingh, and J. −D. Van Wees, 2018. Geothermal energy in deep aquifers: a global assessment of the resource base for direct heat utilization. Renewable and Sustainable Energy Reviews 82: 961−975.

[187] López, J. C. , C. Pérez, E. Baeza, J. J. Pérez−Parra, J. C. Garrido, G. Acien and S. Bonachela, 2008. Evaluation of the use of combustion gases originating from industry (SO2) as a contribution of CO_2 for greenhouse. Acta Horticulturae 797: 361−365. https://doi. org/10. 17660/ActaHortic. 2008. 797. 51.

[188] Lu, N. , T. Nukaya, T. Kamimura, D. Zhang, I. Kurimoto, M. Takaga-ki, T. Maruo, T. Kozai and W. Yamori, 2015. Control of vapor pressure deficit (VPD) in greenhouse enhanced tomato growth and productivity during the winter season. Scientia Horticulturae 197: 17 − 23. https://doi. org/10. 1016/J. SCIENTA. 2015. 11. 001.

[189] Lund, J. B. , T. J. Blom and J. M. Aaslyng, 2007. End−of−day lighting with different red/far−red ratios using light−emitting diodes affects plant growth of chrysanthemum. HortScience 42(7): 1609 − 1611. Available at: https://hortsci. ashspublications. org/content/42/7/1609. full. pdf.

[190] Maas, E. V. and G. J. Hoffman, 1977. Crop salt tolerance−current assess-ment. Journal of the Irrigation and Drainage Division 103(2): 115−134.

[191] MacNeal, B. L. , J. D. Oster, R. J. Hatcher, 1970. Calculation of the elec-trical conductivity from solution composition data as an aid to in situ estimation of soil salinity. Soil Science 110: 405−414.

[192] Marcelis, L. F. M. , 1993. Effect of assimilate supply on the growth of indi-vidual cucumber fruits. Physiologia Plantarum 87(3): 313−320. https://

doi. org/10. 1111/j. 1399–3054. 1993. tb01736. x.

[193] Marcelis, L. F. M. , 1994. Fruit growth and dry matter partitioning in cucumber. PhD–thesis, Wageningen University, Wageningen, the Netherlands, 173 pp. Available at: https://wur. on. worldcat. org/oclc/906727182.

[194] Marcelis, L. F. M. , 1996. Sink strength as a determinant of dry matter partitioning in the whole plant. Journal of Experimental Botany 47: 1281–1291. https://doi. org/10. 1093/jxb/47. Special_ Issue. 1281.

[195] Marcelis, L. F. M. and J. Van Hooijdonk, 1999. Effect of salinity on growth, water use and nutrient use in radish (Raphanus Sativus L.). Plant and Soil 215(1): 57–64. https://doi. org/10. 1023/A: 1004742713538.

[196] Marcelis, L. F. M. , A. G. M. Broekhuijsen, E. M. F. M. Nijs, M. G. M. Raaphorst, 2006. Quantification of the growth response of light quantity of greenhouse–grown crops. Acta Horticulturae 711: 97–103. https://doi. org/ 10. 17660/ActaHortic. 2006. 711. 9.

[197] Marcelis, L. F. M. , A. G. M. Broekhuijsen, E. M. F. M. Nijs, M. G. M. Raaphorst and E. Meinen, 2006. Quantification of the growth response to light quantity of greenhouse grown crops. Acta Horticulturae 711: 97–104.

[198] Marcelis, L. F. M. , E. Heuvelink and J. Goudriaan, 1998. Modelling biomass production and yield of horticultural crops: a review. Scientia Horticulturae 74 (1–2): 83–111. https://doi. org/10. 1016/S0304–4238 (98) 00083–1.

[199] Marshall, C. , 2017. In Switzerland, a giant new machine is sucking carbon directly from the air. Available at: https://tinyurl. com/y6wzpb7o.

[200] Martin, G. C. and G. E. Wilcox, 1963. Critical soil temperature for tomato plant growth. Soil Science Society of America Journal 27(5): 565. https:// doi. org/10. 2136/sssaj1963. 03615995002700050028x.

[201] Massa, D. , L. Incrocci, R. Maggini, G. Carmassi, C. A. Campiotti and A. Pardossi, 2010. Strategies to decrease water drainage and nitrate emission from soilless cultures of greenhouse tomato. Agricultural Water Management 97: 971–980. https://doi. org/10. 1016/j. agwat. 2010. 01. 029.

[202] Medrano, E. , P. Lorenzo, M. C. Sanchez–Guerrero and J. I. Montero,

2005. Evaluation and modelling of greenhouse cucumber－crop transpiration under high and low radiation conditions. Scientia Horticulturae 105：163－175. https：//doi. org/10. 1016/j. scienta. 2005. 01. 024.

[203] Meinen, E. , T. Dueck, F. Kempkes and C. Stanghellini, 2018. Growing fresh food on future space missions：environmental conditions and crop management. Scientia Horticulturae 235：270－278. https：//doi. org/10. 1016/j. scienta. 2018. 03. 002.

[204] Messelink, G. , 2013. How to create a standing army of natural enemies in ornamental crops. Nursery/Floriculture Insect symposium. December 12, 2013. Watson Ville, FL, USA. Available at：https：//ucanr. edu/sites/UC-NFA/files/181226. pdf.

[205] Milani, D. , A. Qadir, A. Vassallo, M. Chiesa and A. Abbas, 2014. Experimentally validated model for atmospheric water generation using a solar assisted desiccant dehumidification system. Energy and Buildings 77：236－246.

[206] Misra, D. and S. Ghosh, 2018. Evaporative cooling technologies for greenhouses：a comprehensive review. Agricultural Engineering International：CIGR Journal 20(1)：1－15.

[207] Mitchell, C. A. , M. P. Dzakovich, C. Gomez, R. Lopez, J. F. Burr, R. Hernández, C. Kubota, C. J. Currey, Q. Meng and E. S. Runkle, 2015. Light－emitting diodes in horticulture. Horticultural Reviews 43：1－87.

[208] Moerkens, R. , W. Van Lommel, R. Vanderbruggen and T. Van Delm, 2016. The added value of LED assimilation light in combination with high pressure sodium lamps in protected tomato crops in Belgium. Acta Horticulturae 1134：119－124. https：//doi. org/10. 17660/ActaHortic. 2016. 1134. 16.

[209] Monteith, J. L. , 1965. Evaporation and the environment. State and movement of water in living organisms. 19th Symposium of the Society for Experimental Biology, pp. 205－234. Available at：https：//www. unc. edu/courses/2007fall/geog/801/001/www/ET/Monteith65. pdf.

[210] Monteith, J. L. and M. H. Unsworth, 2014. Principles of environmental physics, 4th edition. Academic Press, Cambridge, MA, USA, 401 pp. https：//doi. org/10. 1016/C2010－0－66393－0.

［211］Montero，J. I. ，A. A. Anton，P. Muñoz and P. Lorenzo，2001. Transpiration from geraniums grown under high temperatures and low humidities in greenhouses. Agricultural and Forest Meteorology 107：323 – 332. https：//doi. org/ 10. 1016/S0168-1923（01）00215-5.

［212］Montero，J. I. ，P. Muñoz，E. Baeza and C. Stanghellini，2017. Ongoing developments in greenhouse climate control. Acta Horticulturae 1182：1-14. https：//doi. org/10. 17660/ActaHortic. 2017. 1182. 1.

［213］Morrow，R. C. ，2008. LED in horticulture. HortScience 43：1947-1950.

［214］Mortensen，L. M. and H. R. Gislerød，1999. Influence of air humidity and lighting period on growth，vase life and water relations of 14 rose cultivars. Scientia Horticulturae 82（3-4）：289-298. https：//doi. org/10. 1016/S0304 -4238（99）00062-X.

［215］Mortensen，L. M. ，R. I. Pettersen and H. R. Gislerød，2007. Air humidity variation and control of vase life and powdery mil-dew in cut roses under continuous lighting. European Journal of Horticultural Science 6：1611 – 4426. Available at：https：//www. pubhort. org/ejhs/2007/file_ 491532. pdf.

［216］Mulholland，B. J. ，M. Fussell，R. N. Edmondson，A. J. Taylor，J. Basham，J. M. T. Mckee and N. Parsons，2002. The effect of split-root salinity stress on tomato leaf expansion，fruit yield and quality. Journal of Horticultural Science and Biotechnology 77（5）：509-519. https：//doi. org/10. 1080/14620316. 2002. 11511531.

［217］Munns，R. ，2002. Comparative physiology of salt and water stress. Plant，Cell and Environment 25（2）：239-250. https：//doi. org/10. 1046/j. 0016 -8025. 2001. 00808. x.

［218］Muñoz，P. ，J. I. Montero，D. Piscia and A. Antón，2011. Air exchange monitor. Euphoros calculation tools. Available at：https：//www. wur. nl/en/ Research – Results/Projects – and – programmes/Euphoros/Calculation – tools/ Air-exchange-monitor. htm.

［219］Munters，2018. Evaporative cooling solutions，the Desicool. Available at：https：//www. munters. com/en/solutions/cooling/.

［220］Murage，E. N. and M. Masuda，1997. Response of pepper and eggplant to continuous light in relation to leaf chlorosis and activities of antioxidative enzymes. Scientia Horticulturae 70(4): 269–279. https://doi. org/10. 1016/S0304–4238(97)00078–2.

[221] Nederhoff, E. M. , 1994. Effects of CO_2 concentration on photosynthesis, transpiration and production of greenhouse fruit vegetable crops. PhD–thesis, Wageningen University, Wageningen, the Netherlands, 227 pp. Available at: https://edepot. wur. nl/206000.

[222] Nederhoff, E. M. , 2004. Carbon dioxide enrichment. Practical Hydroponics and Greenhouses Magazine. May/June edition. Casper Publications Pty Ltd, Narrabee, Australia, pp. 50–59.

[223] Nederhoff, E. M. , M. Warmenhoven and T. Dueck. 2009. Lichtmeetprotocol–afspraken voor lichtmetingen in proef met LED en SON–T belichting in kassen bij WUR in Bleiswijk in 2009/2010. Wageningen UR Greenhouse Horticulture, Wageningen, the Netherlands.

[224] Nelson, J. A. and B. Bugbee, 2014. Economic analysis of greenhouse lighting: light emitting diodes vs high intensity discharge fixtures. PLoS ONE 9 (6): e99010. https://doi. org/10. 1371/journal. pone. 0099010.

[225] Ouzounis, T. , E. Rosenqvist and C. –O. Ottosen, 2015. Spectral effects of artificial light on plant physiology and secondary metabolism: a review. HortScience 50(8): 1128–1135. Available at: https://www. photobiology. info/.

[226] Öztürk, H. H. , 2003. Evaporative cooling efficiency of a fogging system for greenhouses. Turkish Journal of Agriculture and Forestry 27(1): 49–57.

[227] Papadakis, G. , A. Frangoudakis and S. Krytsis, 1992. Mixed, forced and free convection heat transfer at the greenhouse cover. Journal of Agricultural Engineering Research 51: 191–205. https://doi. org/10. 1016/0021–8634(92)80037–S.

[228] Paradiso, R. , E. Meinen, J. F. H. Snel, P. De Visser, W. Van Ieperen, S. W. Hogewoning and L. F. M. Marcelis, 2011. Spectral dependence of photosynthesis and light absorptance in single leaves and canopy in rose. Scientia Horticulturae 127(4): 548–554. https://doi. org/10. 1016/J. SCIENTA. 2010. 11. 017.

[229] Pardossi, A. , G. Carmassi, C. Diara, L. Incrocci, R. Maggini and D.

Massa, 2011. Fertigation and substrate management in closed soilless culture. EU-FP7 EUPHOROS, Grant 211457, deliverable 15. Available at: www. euphoros. wur. nl/Reports.

[230] Pardossi, A. , L. Incrocci, G. Incrocci, F. Malorgio, P. Battista, L. Bacci, B. Rapi, P. Marzialetti, J. Hemming and J. Balendonck, 2009. Root zone sensors for irrigation management in intensive agriculture. Sensors 9 (4): 2809-2835. https://doi. org/10. 3390/s90402809.

[231] Park, Y. and E. S. Runkle, 2017. Far-red radiation promotes growth of seedlings by increasing leaf expansion and whole-plant net assimilation. Environmental and Experimental Botany 136: 41-49. https://doi. org/10. 1016/J. ENVEXPBOT. 2016. 12. 013.

[232] Paton, C. and P. Davies, 1996. The seawater greenhouse for arid lands. In: Mediterranean Conference on Renewable Energy Sources for water Production. Santorini, Greece.

[233] Paul, O. U. , I. H. John, I. Ndubuisi, A. Peter and O. Godspower, 2015. Calorific value of palm oil residues for energy utilisation. International Journal of Engineering Innovation and Research 4(4): 664-667.

[234] Penman, H. L. , 1948. Natural evaporation from open water, bare soil and grass. Proceedings of the Royal Society A: 193(1032): 120-145. https://doi. org/10. 1098/rspa. 1948. 0037 and available at: https://rspa. royalsocietypublishing. org/content/193/1032/120.

[235] Pérez Parra, J. , E. Baeza, J. I. Montero and B. J. Bailey, 2004. Natural ventilation of parral greenhouses. Biosystems Engineering 87(3): 355-366. https://doi. org/10. 1016/j. biosystemseng. 2003. 12. 004.

[236] Persoon, S. and S. W. Hogewoning, 2014. Onderzoek naar de fundamenten van energiebesparing in de belichte teelt. Projectnummer 14764. 04. Productschap Tuinbouw. Available at: https://tinyurl. com/yas7y553.

[237] Petersen, K. K. , J. Willumsen and K. Kaack, 1998. Composition and taste of tomatoes as affected by increased salinity and different salinity sources. Journal of Horticultural Science and Biotechnology 73 (2): 205 - 215. https://doi. org/10. 1080/14620316. 1998. 11510966.

［238］Pierik, R. and M. De Wit, 2014. Shade avoidance: phytochrome signalling and other aboveground neighbour detection cues. Journal of Experimental Botany 65(11): 2815-2824. https://doi.org/10.1093/jxb/ert389.

［239］Pierik, R., M. L. C. Cuppens, L. A. C. J. Voesenek and E. J. W. Visser, 2004. Interactions between ethylene and gibberellins in phytochrome-mediated shade avoidance responses in tobacco. Plant Physiology 136(2): 2928-2936. https://doi.org/10.1104/pp.104.045120.

［240］Piscia, D., J. I. Montero, B. Bailey, P. Muñoz and A. Oliva, 2013. A new optimisation methodology used to study the effect of cover properties on night-time greenhouse climate. Biosystems Engineering 116(2): 130-143. https://doi.org/10.1016/j.biosystemseng.2013.07.005.

［241］Poorter, H. and M. Pérez-Soba, 2001. The growth response of plants to elevated CO_2 under non-optimal environmental conditions. Oecologia 129(1): 1-20. https://doi.org/10.1007/s004420100736.

［242］Portree, J., 1996. Greenhouse vegetable production guide. British Columbia Ministry of Agriculture, Fisheries and Food, Abbotsford, British Columbia, Canada, 117 pp.

［243］Qian, T., 2017. Crop growth and development in closed and semi-closed greenhouses. Wageningen University, Wageningen, the Netherlands.

［244］Qian, T., J. A. Dieleman, A. Elings and L. F. M. Marcelis, 2012. Leaf photosynthetic and morphological responses to elevated CO_2 concentration and altered fruit number in the semi-closed greenhouse. Scientia Horticulturae 145: 1-9. https://doi.org/10.1016/J.SCIENTA.2012.07.015.

［245］Qian, T., J. A. Dieleman, A. Elings, A. De Gelder, L. F. M. Marcelis and O. Van Kooten, 2011. Comparison of climate and production in closed, semi-closed and open greenhouses. Acta Horticulturae 893: 807-814. https://doi.org/10.17660/ActaHortic.2011.893.88.

［246］Raaphorst, M., 2013. Praktijkexperiment ontvochtigen met zouten: gebruik en regeneratie van hygroscopisch zout in een kasproef bij Lans Zeeland. Wageningen UR Glastuinbouw, Wageningen, the Netherlands.

［247］Rabobank International, 2000. The Mexican cut flower market. Ministry of

Agriculture, Environment and Fisheries, The Hague, the Netherlands, 74 pp. Available at: https://edepot. wur. nl/118595.

[248] Rabobank, 2018a. World vegetable map 2018. RaboResearch Food & Agribusiness. Available at: https://research. rabobank. com/far/en/sectors/ regional-food-agri/world_ vegetable_ map_ 2018. html.

[249] Rabobank, 2018b. Vertical farming in the Netherlands. Lambert van Horen, lecture 27 Jun 2018, Venlo, the Netherlands.

[250] Raupach, M. R. and J. J. Finnigan, 1988. Single-layer models of evaporation from plant canopies are incorrect but useful, whereas multilayer models are correct but useless. Functional Plant Biology 15: 705 – 716. https://doi. org/ 10. 1071/PP9880705.

[251] Raviv, M. and J. Heinrich Lieth, 2008. Soilless culture: theory and practice. Elsevier, Amsterdam, the Netherlands.

[252] Rijsdijk, A. A. and J. V. M. Vogelezang, 2000. Temperature integration on a 24-hour base: a more efficient climate control strategy. Acta Horticulturae 519: 163-170. https://doi. org/10. 17660/ActaHortic. 2000. 519. 16.

[253] Roderick, M. L. , 1999. Estimating the diffuse component from daily and monthly measurements of global radiation. Agricultural and Forest Meteorology 95: 169-185. https://doi. org/10. 1016/S0168-1923(99)00028-3.

[254] Ross, J. , 1975. Radiative transfer in plant communities. In: Monteith, J. L. (ed.) Vegetation and the atmosphere. Academic Press, London, UK, pp. 13-55.

[255] Roveti, D. K. , 2001. Choosing a humidity sensor: a review of three technologies. Sensors Magazine: SensorsOnline. Available at: https://www. sensorsmag. com/ components/choosing-a-humidity-sensor-a-review-three-technologies.

[256] Sablani, S. , M. Goosen, C. Paton, W. Shayya and H. Al-Hinai, 2003. Simulation of fresh water production using a humidification-dehumidification seawater greenhouse. Desalination 159(3): 283-288.

[257] Sánchez-Guerrero, M. C. , J. F. Alonso, P. Lorenzo and E. Medrano, 2010. Manejo Del Clima En El Invernadero Mediterráneo. Instituto de Investigación y Formación Agraria y Pesquera (IFAPA), Consejería de Agri-

cultura y Pesca. Andalucía, Spain, 130 pp.

[258] Sato, S., M. M. Peet and J. F. Thomas, 2002. Determining critical pre- and post-anthesis periods and physiological processes in Lycopersicon Esculentum mill. Exposed to moderately elevated temperatures. Journal of Experimental Botany 53(371): 1187-1195. https://doi. org/10. 1093/jexbot/53. 371. 1187.

[259] Savvides, A., W. Van Ieperen, J. A. Dieleman and L. F. M. Marcelis, 2013. Meristem temperature substantially deviates from air temperature even in moderate environments: is the magnitude of this deviation species-specific? Plant, Cell & Environment 36(11): 1950-1960. https://doi. org/10. 1111/pce. 12101.

[260] Schapendonk, A. H. C. M., H. Challa, P. W. Broekharst and A. J. Udink Ten Cate, 1984. Dynamic climate control; an optimization study for earliness of cucumber production. Scientia Horticulturae 23(2): 137-150. https://doi. org/10. 1016/0304-4238(84)90017-7.

[261] Schoenmakers, H., 2018. Opbrengst berekenen. Kenniscentrum zonnepanelen. Available at: https://www. bespaarbazaar. nl/kenniscentrum/zonne-panelen/financieel/zonnepanelen-opbrengst/.

[262] Seginer, I., R. Linker, F. Buwalda, G. Van Straten and P. Bleyaert, 2004. The NICOLET lettuce model: a theme with variations. Acta Horticulturae 654: 71-78. https://doi. org/10. 17660/ActaHortic. 2004. 654. 7.

[263] Shannon, M. C. and C. M. Grieve, 1998. Tolerance of vegetable crops to salinity. Scientia Horticulturae 78(1-4): 5-38. https://doi. org/10. 1016/S0304-4238(98)00189-7.

[264] Shibuya, T., R. Endo, Y. Kitaya and S. Hayashi, 2016. Growth analysis and photosynthesis measurements of cucumber seedlings grown under light with different red to far-red ratios. HortScience 51(&): 843-846.

[265] Simha, R., 2012. Willis H carrier. Resonance 17(2): 117-138.

[266] Singh, D., C. Basu, M. Meinhardt-Wollweber and B. Roth, 2015. LEDs for energy efficient greenhouse lighting. Renewable and Sustainable Energy Reviews 49: 139-147.

[267] Singh, R. P. and D. R. Heldman, 2014. Psychrometrics. In: Singh, R. P.

and Heldman D. R. （eds.） Introduction to food engineering, 5th edition. Academic Press, San Diego, CA, USA, pp. 593−616.

[268]Sonneveld, C. , 2000. Effects of salinity on substrate grown vegetables and ornamentals in greenhouse horticulture. PhD−thesis, Wageningen University, Wageningen, the Netherlands, 151 pp. Available at：https://wur. on. world-cat. org/oclc/906880136.

[269]Sonneveld, C. and Voogt, W. , 2009. Plant nutrition of greenhouse crops. Springer, Dordrecht, the Netherlands. https://doi. org/10. 1007/978−90−481−2532−6.

[270]Sonneveld, C. , W. Voogt and L. Spaans, 1999. A universal algorithm for cal-culation of nutrient solutions. Acta Horticulturae 481：331−340. https://doi. org/10. 17660/ActaHortic. 1999. 481. 38.

[271]Sonneveld, P. J. , G. L. A. M. Swinkels, F. Kempkes, J. B. Campen and G. P. A. Bot, 2006. Greenhouse with an integrated nir filter and a solar cool-ing system. Acta Horticulturae 719：123−130.

[272]Stanghellini, C. , 1987. Transpiration of greenhouse crops：an aid to climate management. PhD−thesis, Wageningen University, Wageningen, the Nether-lands, 150 pp. Available at：https://edepot. wur. nl/202121,

[273]Stanghellini, C. , 2014. Horticultural production in greenhouses：efficient use of water. Acta Horticulturae 1034：25−32. https://doi. org/10. 17660/Acta-Hortic. 2014. 1034. 1.

[274]Stanghellini, C. and F. L. K. Kempkes, 2004. Energiebesparing door ver-dampingsbeperking via klimaatregeling. Rapport 309, Wageningen UR Agro-technology & Food Innovations, Wageningen, the Netherland, 31 pp. Availa-ble at：https://edepot. wur. nl/43211.

[275]Stanghellini, C. and F. L. K. Kempkes, 2008. Steering of fogging：control of humidity, temperature or transpiration? Acta Horticulturae 797：61−67. ht-tps://doi. org/10. 17660/ActaHortic. 2008. 797. 6.

[276]Stanghellini, C. and H. F. De Zwart, 2015. Adaptive greenhouse design：what is best for growing tomatoes in northern Africa? International Symposium on New Technologies and Management for Greenhouses−Greensys 2015. July 19−

23, 2015. Evora, Portugal. Available at: https://edepot. wur. nl/386128.

[277] Stanghellini, C. and J. A. Bunce, 1993. Response of photosynthesis and conductance to light, CO_2, temperature and humidity in tomato plants acclimated to ambient and elevated CO_2. Photosynthetica 29(4): 487-497.

[278] Stanghellini, C. and T. De Jong, 1995. A model of humidity and its application in a greenhouse. Agricultural and Forest Meteorology 76(2): 129-148. https://doi. org/10. 1016/0168-1923(95)02220-R.

[279] Stanghellini, C. , A. Pardossi and N. Sigrimis, 2007. What limits the application of wastewater and/or closed cycle in horticulture? Acta Horticulturae 747: 323-330. https://doi. org/10. 17660/ActaHortic. 2007. 747. 39.

[280] Stanghellini, C. , A. Pardossi, F. L. K. Kempkes and L. Incrocci, 2005. Closed water loops in greenhouses: effect of water quality and value of produce. Acta Horticulturae 691: 233-241. https://doi. org/10. 17660/Acta-Hortic. 2005. 691. 27.

[281] Stanghellini, C. , D. Jianfeng and F. L. K. Kempkes, 2011. Effect of near-infra-red-radiation reflective screen materials on ventilation requirement, crop transpiration and water use efficiency of a greenhouse rose crop. Biosystems Engineering 110(3): 261-271. https://doi. org/10. 1016/j. biosystemseng. 2011. 08. 002.

[282] Stanghellini, C. , F. L. K. Kempkes and L. Incrocci, 2009. Carbon dioxide fertilization in Mediterranean greenhouses: when and how is it economical? Acta Horticulturae 807: 135-142. https://doi. org/10. 17660/ActaHortic. 2009. 807. 16.

[283] Stanghellini, C. , F. L. K. Kempkes, E. Heuvelink, A. Bonasia and A. Karas, 2003a. Water and nutrient uptake of sweet pepper and tomato as (un)affected by watering regime and salinity. Acta Horticulturae 614: 591-598. https://doi. org/10. 17660/ActaHortic. 2003. 614. 88.

[284] Stanghellini, C. , F. L. K. Kempkes and P. Knies, 2003b. Enhancing environmental quality in agricultural systems. Acta Horticulturae 609: 277-283.

[285] Stanghellini, C. , J. Bontsema, A. De Koning and E. J. Baeza, 2012b. An algorithm for optimal fertilization with pure carbon dioxide in greenhouses. Acta Horticulturae 952: 119-124. https://doi. org/10. 17660/Act-

aHortic. 2012. 952. 13.

[286]Stanghellini, C. , L. Incrocci, J. C. Gazquez and B. Dimauro, 2008. Carbon dioxide concentration in Mediterranean greenhouses: how much lost production? Acta Horticulturae 801: 1541 – 1549. https://doi. org/10. 17660/ActaHortic. 2008. 801. 190.

[287]Stanghellini, C. , M. A. Bruins, V. Mohammadkhani, G. L. A. M. Swinkels, P. J. Sonneveld, 2012a. Effect of condensation on light transmission and energy budget of seven greenhouse cover materials. Acta Horticulturae 952: 249-254. https://doi. org/10. 17660/ActaHortic. 2012. 952. 30.

[288]Sullivan, J. L. , C. E. Clark, J. Han and M. Wang, 2010. Life-cycle analysis results of geothermal systems in comparison to other power systems. Center for Transportation Research, Energy Systems Division, Argonnen National Laboratory, Lemont, IL, USA.

[289]Sutar, R. F. and G. N. Tiwari, 1995. Analytical and numerical study of a controlled – environment agricultural system for hot and dry climatic conditions. Energy and Buildings 23(1): 9-18.

[290]Taiz, L. and E. Zeiger, 2010. Plant physiology, 5th edition. Sinauer Associates, Sunderland, MA, USA.

[291]Takagi, M. , H. A. El-Shemy, S. Sasaki, S. Toyama, S. Kanai, H. Saneoka and K. Fujita, 2009. Elevated CO_2 concentration alleviates salinity stress in tomato plant. Acta Agriculturae Scandinavica, Section B-Plant Soil Science 59(1): 87-96. https://doi. org/10. 1080/09064710801932425.

[292]Tarnavas, D. , de Koning, A. N. M. , Tsafaras, I. , Stanghellini, C. & Gonzalez, J. A. , 2020. Practical implementation and evaluation of optimal carbon dioxide supply control. Acta Horticulturae. 1271: 193-197.

[293]Thimijan, R. W. and R. D. Heins, 1983. Photometric, radiometric, and quantum light units of measure: a review of procedures for interconversion. HortScience 18: 818-822.

[294]Thompson, R. B. , C. Martínez, M. Gallardo, J. R. Lopez-Toral, M. D. Fernandez and C. Gimenez, 2006. Management factors contributing to nitrate

leaching loss from a greenhouse-based intensive vegetable production system. Acta Horticulturae 700: 179-184. https://doi.org/10.17660/ActaHortic.2006.700.29.

[295] Thompson, R. B., I. Delcour, E. Berkmoes and E. Stavridou, 2018. The fertigation bible. Available at: https://www.fertinnowa.com/the-fertigation-bible/.

[296] Thornley, J. H. M., 1976. Mathematical models in plant physiology: a quantitative approach to problems in plant and crop physiology. Academic Press (Inc.), London, UK, 318 pp. Available at: https://wur.on.worldcat.org/oclc/2129632.

[297] Tiwari, A., H. Dassen and E. Heuvelink, 2007. Selection of sweet pepper (Capsicum Annuum L.) genotypes for parthenocarpic fruit growth. Acta Horticulturae 761: 135-140. https://doi.org/10.17660/ActaHortic.2007.761.16.

[298] Trouwborst, G., S. W. Hogewoning, J. Harbinson and W. Van Ieperen, 2011. The influence of light intensity and leaf age on the photosynthetic capacity of leaves within a tomato canopy the influence of light intensity and leaf age on the photosynthetic capacity of leaves within a tomato canopy. Journal of Horticultural Science and Biotechnology 86(4): 403-407. https://doi.org/10.1080/14620316.2011.11512781.

[299] Tsafaras, I. and De Koning, A. N. M., 2017. Real-time application of crop transpiration and photosynthesis models in greenhouse process control. Acta Horticulturae 1154: 65-72.

[300] Tüzel, I. H., Y. Tüzel, M. K. Meric, R. Whalley and G. Lock, 2009. Response of cucumber to deficit irrigation. Acta Horticulturae 807: 259-264. https://doi.org/10.17660/ActaHortic.2009.807.34.

[301] US Standard Atmosphere, 1976. US standard atmosphere 1976. US Government Printing Office, Washington, DC, USA.

[302] Van Beveren, P. J. M., J. Bontsema, G. Van Straten and E. J. Van Henten, 2015. Minimal heating and cooling in a modern rose greenhouse. Applied Energy 137: 97-109. https://doi.org/10.1016/j.apenergy.2014.09.083.

［303］Van Ieperen，W.，1996. Consequences of diurnal variation in salinity on water relations and yield of tomato. PhD-thesis，Wageningen University，Wageningen，the Netherlands，176 pp.

［304］Van Ieperen，W.，2016. Plant growth control by light spectrum：fact or fiction? Acta Horticulturae 1134：19-24. https：//doi. org/10. 17660/ActaHortic. 2016. 1134. 3.

［305］Van Kooten，O.，E. Heuvelink C. Stanghellini，2008. New development in greenhouse technology can mitigate the water shortage problem of the 21st century. Acta Horticulturae 767：45-52.

［306］Van Noort，F.，W. Kromwijk，J. Snel，M. Warmenhoven，E. Meinen，T. Li，F. Kempkes and L. Marcelis，2013. 'Grip op licht' bij potanthurium en bromelia：meer energie besparing bij het nieuwe telen potplanten met diffuus licht en verbeterde monitoring meer natuurlijk. Wageningen UR Glastuinbouw，Rapport 1287. Wageningen UR Glastuinbouw，Wageningen，the Netherlands. Available at：https：//edepot. wur. nl/295313.

［307］Van Os，E. A. and C. Blok，2016. Disinfection in hydroponic systems and hygiene. Technical Information sheet No. 6. Available at：https：//edepot. wur. nl/403803.

［308］Van't Ooster，A.，E. J. Van Henten，E. G. O. N. Janssen and H. R. M. Bongaerts，2008. Use of supplementary lighting top screens and effects on greenhouse climate and return on investment. Acta Horticulturae 801：645-652. https：//doi. org/10. 17660/ActaHortic. 2008. 801. 74.

［309］Vanthoor，B. H. E.，2011. A model-based greenhouse design method. PhD-thesis，Wageningen University，Wageningen，the Netherlands，307 pp. Available at：https：//edepot. wur. nl/170301.

［310］Vanthoor，B. H. E.，J. C. Gázquez，J. J. Magán，M. N. A. Ruijs，E. Baeza，C. Stanghellini，E. J. Van Henten and P. H. B. De Visser，2012. A methodology for model-based greenhouse design：part 4，economic evaluation of different greenhouse designs：a Spanish case. Biosystems Engineering 111：336-349. https：//doi. org/10. 1016/j. biosystemseng. 2011. 12. 008.

[311]Velez-Ramirez, A. I. , W. Van Ieperen, D. Vreugdenhil, P. M. J. A. Van Poppel, E. Heuvelink and F. F. Millenaar, 2014. A single locus confers tolerance to continuous light and allows substantial yield increase in tomato. Nature Communications 5(1)：4549. https：//doi. org/10. 1038/ncomms5549.

[312]Verkerke, W. , C. De Kreij, J. Janse, 1993. Keukenzout maakt zacht, maar lekker. Groenten en Fruit/Glasgroenten 51：14-15.

[313]Vermeulen, P. and F. Van Wijmeren, 2013. Innovation network energy saving systems East Brabant (INES OB)：collaborative exploration of the energy landscape. Wageningen UR Glastuinbouw, Bleiswijk the Netherlands. [in Dutch]

[314]Von Zabeltitz, C. , 1986. Gewächshäuser, planung und bau. Verlag Eugen-Ulmer, Germany, 284 pp.

[315]Voogt, W. , 2014. Soil fertility management in organic greenhouse crops；a case study on fruit vegetables. Acta Horticulturae 1041：21-35. https：//doi. org/10. 17660/ActaHortic. 2014. 1041. 1.

[316]Voogt, W. and E. A. Van Os, 2012. Strategies to manage chemical water quality related problems in closed hydroponic systems. Acta Horticulturae 927：949-955. https：//doi. org/10. 17660/ActaHortic. 2012. 927. 117.

[317]Voogt, W. , G. -J. Swinkels and E. Van Os, 2012. ‘Waterstreams’：a model for estimation of crop water demand, water supply, salt accumulation and discharge for soilless crops. Acta Horticulturae 957：123-130. https：//doi. org/10. 17660/ActaHortic. 2012. 957. 13.

[318]Voogt, W. , J. A. Kipp, R. De Graaf and L. Spaans, 2000. A fertigation model for glasshouse crops grown in soil. Acta Horticulturae 537：495-502.

[319]Wollaeger, A. M. and E. S. Runkle, 2014. Growing seedlings under LEDs. Greenhouse Grower：80-85. Available at：https：//tinyurl. com/yawuylsy.

[320]Wubs, A. M. , 2010. Towards stochastic simulation of crop yield：a case study of fruit set in sweet pepper. PhD-thesis, Wageningen University, Wageningen, the Netherlands. Available at：https：//edepot. wur. nl/150654.

[321]Xu, C. and B. Mou, 2015. Evaluation of lettuce genotypes for salinity

tolerance. HortScience 50 (10): 1441 – 1446. Available at: https://hortsci. ashspublications. org/content/50/10/1441. full.

[322]Yang, C. , L. Jia, C. Chen, G. Liu and W. Fang, 2011. Bio-oil from hydro-liquefaction of Dunaliella salina over Ni/REHY catalyst. Bioresource Technology 102(6): 4580-4584.

Cecilia Stanghellini

瓦赫宁根大学及研究中心高级科学家

Cecilia Stanghellini 是一位拥有荷兰农业和环境科学博士学位的意大利物理学家，在瓦赫宁根大学从事温室技术研究 30 余年，主要研究领域为温室气候模拟与管理、作物产量和资源利用效率、温室作物对经济和环境的影响。目前于瓦赫宁根大学执教"温室技术"课程，并且是瓦赫宁根大学温室园艺暑期班课程的科学协调员。曾主持多个有关高效温室蔬菜生产和效能提升的大型国际项目，发表学术论文 200 多篇，精通 5 种语言，常应邀至世界各地授课。

邮箱：　cecilia. stanghellini@ wur. nl

Bert van't Ooster

瓦赫宁根大学及研究中心讲师

Bert van't Ooster 在瓦赫宁根大学从事生物系统工程的教育和科学研究多年，经验丰富，参与教学课程广泛，曾指导理学学科硕士生 150 人以上。目前执教"温室技术""生物系统设计""建筑物理和气候工程""畜牧技术""工程问题解决和研究方法"等课程，主要研究领域为农业系统的建

模和设计、系统操作、连续时间和离散事件系统。尤其在温室技术领域，参与开发了用于研究和教育的模拟模型。在学术期刊、会议论文集、书籍、讲义和专业杂志上共发表论文和著作 50 余篇。

邮箱： bert. vantooster@ wur. nl

Ep Heuvelink

瓦赫宁根大学及研究中心副教授

Ep Heuvelink 为瓦赫宁根大学及研究中心园艺与产品生理组副教授，在温室作物的科学研究和教育方面拥有 30 年以上经验，专长研究领域为温室作物生理学和作物模拟。曾指导理学学科硕士生 120 人以上，先后担任 22 名博士的博士生导师，常应邀作为国际学术研讨会的主题演讲者，在世界各地讲授有关温室生产、作物生理学和作物建模的高级课程。为瓦赫宁根大学温室园艺暑期班专职教师之一，在学术期刊上发表论文 94 篇，在专业期刊上发表论文 150 多篇，撰写专著 5 部。

邮箱： ep. heuvelink@ wur. nl

钱田

荷兰瓦赫宁根大学及研究中心博士。现任上海兰桂骐技术股份发展有限公司副总裁，主要负责兰桂骐与瓦赫宁根大学的《中国现代农业大数据量化与建模》项目。在农业领域特别是温室园艺领域拥有 20 年的科研与产业结合的工作经验。本科毕业于浙江大学农业与生物学院园艺专业，硕士与博士就读于瓦赫宁根大学温室园艺专业，博士期间从事封闭与半封闭温室中植物生理研究。曾于荷兰最大的农业咨询公司 Delphy 工作六年，管理并实施了多个中荷大型温室合作项目。在温室园艺领域、产学研结合项目与中荷国际合作项目中积累了丰富的经验。

邮箱：　　tian. qian@ lankuaikei. cn

杨坤

西北农林科技大学园艺学院蔬菜遗传育种专业硕士。温室园艺种植顾问。毕业后首先从事传统日光温室和塑料冷棚的生产管理，积累了传统栽培模式的技术经验以及传统农场的运营经验。2014 年开始接触现代玻璃温室的运营管理，前期参与温室功能设计，温室主体施工，温室设备安装调试等建设工作，后期组织开展温室的

作物生产管理，积累了很多一线的实战经验，包括育苗管理，灌溉管理，植保管理，劳工管理以及环境控制等。对于荷兰温室种植技术在国内的本土化有一定的研究。

邮箱： yk19841016@sina.com

戴剑锋

南京农业大学农学博士，荷兰瓦赫宁根大学访问学者，现任昕诺飞（原飞利浦照明）园艺照明部高级植物专员 & 项目顾问。曾于南京农业大学工作五年，从事设施园艺领域教学、科研和应用 20 多年来，多次应邀参加国际园艺学会（ISHS）主办的 GreenSys、LightSym、HortiModel 系列学术会议。主持国家级、省部级科研项目 7 项，发表论文 70 余篇、撰写专著两部、制定国家标准 1 项、登记计算机软件著作权 13 项。在温室作物模拟模型、温室小气候模型、设施环境调控、植物 LED 光配方开发、温室（蔬菜和花卉）及植物工厂补光优化设计等方面积累了丰富的经验。

邮箱： jianfengdai@163.com